Koehler
New Networking

Kathrin Koehler

NEW NETWORKING

Der smarte Weg
zu digitaler Sichtbarkeit und
souveränem Netzwerken

Verlag Franz Vahlen München

ISBN Print: 978 3 8006 7074 1
ISBN E-Book: 978 3 8006 7075 8

© 2023 Verlag Franz Vahlen GmbH, Wilhelmstr. 9, 80801 München
Satz: Fotosatz Buck
Zweikirchener Str. 7, 84036 Kumhausen
Druck und Bindung: Beltz Bad Langensalza GmbH
Am Fliegerhorst 8, 99947 Bad Langensalza
Strategische Beratung: Juliane Seyhan
Umschlaggestaltung: Vera Müller Design &
Ralph Zimmermann – Bureau Parapluie
Illustrationen: Eva Hartmann
Grafiken: Maribel Koehler

vahlen.de/nachhaltig

Gedruckt auf säurefreiem, alterungsbeständigem Papier
(hergestellt aus chlorfrei gebleichtem Zellstoff)

Für Hendrik.

Inhaltsverzeichnis

Vorwort:
Ein Stück des Weges

Schön, dass wir uns treffen, um den smarten Weg zu digitaler Sichtbarkeit einzuschlagen. In den vergangenen Jahren hat sich innerhalb der digitalen Business-Netzwerke eine neue Ebene des virtuellen Austausches etabliert, an dem viele Menschen passiv teilhaben. Wenn Du prüfen willst, ob es sich für Dich persönlich lohnt, Dich dort zukünftig einzuschalten, dann lass uns ein Stück des Weges gemeinsam gehen. Eventuell gehört das digitale Netzwerken für Dich bereits zum Alltag und Du willst es nun bewusster angehen oder optimieren. Wenn Du mehr Sicherheit, Souveränität und Sichtbarkeit aufbauen willst, dann lade ich Dich herzlich ein, mit diesem Buch in die gründliche Reflexion zu kommen.

Ich werde Dir von meinen Erfahrungen berichten und wir werden schauen, wie sich die neue Arbeitswelt auf das Netzwerken auswirkt. Du begleitest mich beim Vertiefen einiger Themen, bei denen ich selbst noch Fragezeichen setze. Eventuell kommst Du ins Tun und meldest Dich zwischendurch mit einem Bericht, wie es Dir ergeht. Wenn Du den Aufwand auf Dich nimmst, kannst Du mit meiner praktischen Anleitung schließlich Schritt für Schritt in die digitale Sichtbarkeit kommen.

Dieses Buch schreibe ich für alle Menschen, die Fragezeichen hinsichtlich der Nutzung der digitalen Business-Netzwerke formulieren. Die verstehen wollen, warum deren Nutzung in der neuen Arbeitswelt noch relevanter wird im Vergleich zu den hierarchisch geprägten Zeiten. Die für sich prüfen wollen, was ihnen die Plattformen bringen und wie sie den Weg zu mehr digitaler Sichtbarkeit souverän beschreiten können. Die skeptisch sind hinsichtlich der Ego-Zentriertheit des Personal Brandings. Die sich fragen: Wie kann ich gute Inhalte erschaffen in einer Welt, in der bereits alles gesagt scheint? Was mache ich mit dieser Sichtbarkeit und wie hilft sie mir in der neuen Arbeitswelt? Wie kann ich das Netzwerken in Präsenz und im digitalen Raum optimal miteinander verbinden?

Ich bin Praktikerin, keine Theoretikerin. Ich kann nicht anders: Ständig werde ich Dich auffordern, ins Tun zu kommen und die Inhalte umzusetzen. Der Punkt ist: Durchs pure Lesen wird sich nichts ändern. Also schreib dieses Buch voll, unterstreiche, krickele hinein, arbeite konkret damit. Nur durch erste aktive Schritte wirst Du etwas ändern und erreichen. Nimm mich mit als Begleiterin bei Deiner persönlichen Entwicklung und fange jeden Gedanken ein, der Dir beim Lesen kommt. Sammle sie an einem Ort, lass sie wirken, bring sie in Deine Ordnung. Die Mühe lohnt, schließlich sind es die menschlichen Beziehungen in unseren Netzwerken, die uns persönlich wachsen lassen. Auf dem smarten Weg wirst Du online weitere Materialien erhalten, mit denen Du Deine persönliche Route zu mehr Sichtbarkeit gestalten kannst. Übrigens schreibe ich „Du" ganz oldschool groß, ich empfinde das als wertschätzender.

Das Konzept des New Networking hat den Menschen und vor allem dessen berufliche Beziehungspflege in der neuen Arbeitswelt im Blick. Sprechen wir also vom Personal Branding? Ja, solange es um den bewussten Aufbau Deines Profils und Deiner Positionierung geht. Und nein, denn beim New Networking richten wir den Fokus nicht auf Dich als Person, sondern gleichwertig auf Dich, Dein Netzwerk und die Beziehungen, die Du durch Deine Aktivitäten aufbaust und pflegst.

Ob Du im öffentlichen oder privaten Sektor tätig bist, ob Du in den Strukturen einer Organisation arbeitest oder selbständig als Freiberufler:in oder Unternehmer:in – die Prinzipien des Netzwerkens und der Kontaktpflege gelten für alle Berufstätigen und deren Laufbahn. Wann immer eine Differenzierung notwendig wird, werden wir diese vornehmen. Angestellte streben nach Sichtbarkeit und Reputation innerhalb ihrer Organisation und bei ihren Marktpartnern. Nur einige haben konkrete Vertriebsabsichten für Produkte oder Dienstleistungen. Selbständige sind häufig deutlich fokussierter auf die Vermarktung – da es in den Business-Netzwerken primär um Vertrauensaufbau geht und nicht um den harten Sales-Pitch, können wir beide Konstellationen parallel besprechen.

WIE SICHTBARKEIT ERZEUGEN?

Um spätere Enttäuschungen zu vermeiden: Dieses Buch ist keine Anwender-Schulung für eines der sozialen Business-Netzwerke. Ich erkläre Dir weder, warum Xing die Gruppen abgeschafft hat, noch wie Du bei LinkedIn mit dem Privatmodus unsichtbar wirst, was Twitter Spaces sind oder warum Instagram Reels aktuell so gut funktionieren. Sobald Funktionen relevant sind, erläutere ich sie in den Kapiteln und gebe Dir ein paar Hacks an die Hand. Vor allem bei LinkedIn und Twitter, denn dort liegt unser Fokus.

New Networking behandelt die Aktivitäten von Menschen, nicht von Marken. Von Aldi bis Zeiss – viele Arbeitgeber-Marken nutzen heute Xing, LinkedIn, Instagram und Twitter für einen Mix aus Employer Branding und Corporate Communication. Dass Menschen lieber mit Menschen als mit Marken netzwerken, haben viele Führungskräfte, Marketing- und Vertriebsfachleute erkannt. Mit ihnen spreche ich häufig in Markenbotschafter-Programmen und Boot Camps über die Herausforderungen des Vertrauens- und Reichweitenaufbaus zum Aufbau starker Netzwerke – hieraus schöpfe ich meine im Buch geschilderten Erfahrungen.

Lass mich wie in meinem Alltag auch hier die Dynamik-Warnung aussprechen: Die Business-Netzwerke entwickeln sich jeden Tag weiter – LinkedIn, Instagram und Twitter passen die Funktionen immer weiter den Bedürfnissen der User an. Oder sie werden – wie im Fall von Twitter im November 2022 – von noch nicht einschätzbaren, neuen Eignern übernommen. Vor ein paar Minuten habe ich entdeckt, dass LinkedIn schon wieder die Gestaltung der Settings, also der Einstellungen, verändert hat. Dieser Satz wird auf gedrucktem Papier seine Gültigkeit behalten – dies passiert alle acht bis zehn Monate. Für uns beide bedeutet das: Hier ist nichts fix. Daher gehen wir in den Explorations- und Experimentier-Modus. Eine 1:1-Blaupause für Dich oder ein One-Size-Fits-All kann es nicht geben. Jede und jeder geht beim New Networking eine eigene Route, mit eigenen Zielen, Stärken und Herausforderungen, der persönlichen inneren Haltung und entsprechenden Meinungen und Standpunkten. Auch dies ist eine starke Parallele zu allen New Work-Themen. Es gibt nicht das eine, für alle gültige Rezept.

Ist es sinnvoll, dieses Buch von vorn nach hinten zu lesen? Ja, wenn Du erst einmal warm werden willst mit dem Netzwerken in der neuen Arbeitswelt, um dann mit voller Power und mehr Übersicht in die Umsetzung zu kommen und als souveräner Netzwerker, als souveräne Netzwerkerin das Buch am Ende zuzuklappen. Überspring das eher theoretische Kapitel 2 zum Thema New

Work, wenn Du schnell ins Tun kommen willst. Du kannst auch im vorderen Teil mit dem Lesen, Verstehen und Gedankensammeln starten und parallel weiter hinten mit der Umsetzung. Kapitel 9 bietet Dir relevante Überlegungen zu Deinem „Wozu". Es markiert gemeinsam mit dem Kapitel 10, „Sondierung auf dem smarten Weg: Inspirationen", den Übergang von der Theorie in die Praxis: Hier kannst Du Dir Inspirationen von anderen Usern holen – und dann fröhlich pfeifend weitermarschieren.

Um für mich offene Fragen zu klären und einige Themen zu vertiefen, habe ich Interviews geführt. Wenn wir bereits vernetzt sind, kennst Du eventuell das Format zum vernetzten Lernen namens „Show & Tell". Wenn Du Dich besonders interessierst für die Themen „Mut zur Sichtbarkeit", erfolgreiche Umsetzung in einem prall gefüllten Alltag, CEO-Kommunikation und Leadership, für Markenbotschafter-Programme, Tipps für Introvertierte und für die Dramaturgie beim Posten – dann pick Dir gern nach Interesse diese Kapitel heraus und folge den Gedanken der Expert:innen sowie meinen Erkenntnissen aus den Gesprächen.

Wenn Du keine Herausforderungen oder Blockaden verspürst und Deine Präsenz und die bewussten Beziehungen direkt aufbauen willst – dann starte im Praxisteil ab Kapitel 12 „Die Superpower: Energie freisetzen mit bewusster Positionierung". Schritt für Schritt gehen wir die relevanten Überlegungen für eine gelungene Positionierung und das souveräne Netzwerken an.

Persönliche Entwicklungen fühlen sich manchmal an wie ein steiniger, unübersichtlicher Weg, auf dem wir auch einmal ins Rutschen geraten können. Geh es gezielt, aber nicht verkrampft an, so kannst Du Dir die Kraft für die gesamte Strecke einteilen. Was schon immer gilt: Um uns herum verändert sich die Welt, weil wir Menschen uns verändern. Menschen verändern sich, weil sie neu auf die Welt schauen, andere Vorstellungen und Einstellungen entwickeln und sich schließlich anders verhalten. Impulse für diese Veränderung können in Gesprächen entstehen. Diese finden im beruflichen Kontext geplant oder zufällig statt, vor Publikum oder 1:1, bei Veranstaltungen – oder heute im virtuellen Raum.

Was ich sehe: Je komplexer und volatiler die Welt und die sich transformierende Arbeitswelt werden, desto mehr Sicherheit und Standfestigkeit sollten wir durch gute Beziehungen in unserem persönlichen Netzwerk aufbauen. Lass uns starten und die Gedankenstränge rund ums Netzwerken in der neuen Arbeitswelt ordnen: Wir sprechen über die Anforderungen in der New Work-Welt und was diese mit Deiner Präsenz und Sichtbarkeit zu tun haben. Warum Personal Branding hier als Konzept nicht ausreicht. Wir sprechen über Likes und Kommentare und Dein tragfähiges Beziehungsnetz und wie Du Dein Vermögen an guten Beziehungen mehren kannst.

Ich freue mich sehr darauf, Dich nun ein Stück Deines Weges zu begleiten.

„Fremde oder Freunde – die Frage ist gestellt.“

Howard Carpendale und vor allem: Dieter Thomas Kuhn

1

Herzlich Willkommen am virtuellen Stehtisch

„Frau Koehler, was soll eigentlich dieses ganze Gelike und Geteile?“ Mit dieser Frage überrascht mich der CEO an einem sonnigen Morgen in Hamburg zu Beginn des Austausches zum Thema soziale Netzwerke. Innerlich rolle ich die Augen zur Decke und denke: „Na, das kann ja heiter werden.“ Vordergründig schwingt bei dieser Frage mit: Ich habe Zweifel. Wozu machen wir das Ganze? Was bringt es mir? Was bringt es unserer Organisation? Schon beim Luftholen für die Antwort realisiere ich: Seine Frage trifft den Kern.

Lass uns mit einer Gedankenreise starten, die ich dem CEO damals in dem Digital Coaching darlegte: Du besuchst eine berufliche Veranstaltung, sagen wir eine Fachtagung. Während Du in den Pausen an den Stehtischen dieser Veranstaltung stehst, lernst Du bei den Gesprächen dort über den Tag drei, vier, vielleicht fünf neue Personen kennen oder Du triffst Menschen aus Deinem

Netzwerk wieder. Eine weitere Handvoll Personen hören jeweils nur zu. Die Personenzahl kann variieren, je nachdem, wie sich die Gesprächsrunden ergeben und wie offen Du an diesem Tag bist.

Stell Dir einmal vor, dass wir beide – Du und ich – uns an einem dieser Stehtische kennenlernen. Schnell erhalten wir einen ersten persönlichen Eindruck. Schnell erfassen wir, ob wir uns füreinander interessieren – in unseren Aussagen spiegeln sich unsere Themen, Stärken, inneren Haltungen und Meinungen wider. Eventuell hast Du eine „Story", die Du gerade erzählst – das kann Deine Motivation oder Deine Perspektive auf ein Projekt oder Thema sein, das Dich aktuell bewegt. Oder Du berichtest mir von einem Produkt oder einer Dienstleistung, die Du oder Deine Company aktuell in den Markt tragen.

Das persönliche Gespräch ist Startpunkt unseres Kontaktes. Bei Interesse tauschen wir Visitenkarten aus oder vernetzen uns direkt digital. Eine echte Geschäftsbeziehung bzw. aktives Netzwerken wird nach diesem ersten Kontakt daraus erst entstehen, wenn wir in einem nächsten Schritt erneut Kontakt aufnehmen und uns zu unseren Themen und Belangen austauschen. Wenn wir einen Kaffee gemeinsam trinken und besser verstehen, wie wir ticken und was wir benötigen. Wenn wir gemeinsame Erfahrungen schaffen, uns gegenseitig helfen, kooperieren oder ins Geschäft kommen. „Fremde oder Freunde – die Frage ist gestellt": Kennst Du diesen Schlager von Howard Carpendale, fröhlich in der Gegenwart interpretiert von Dieter Thomas Kuhn? Ob wir uns tatsächlich annähern, bleibt offen und hängt vom Interesse und vom Engagement und Feedback Deinerseits und meinerseits ab.

Wechseln wir nun von der physischen in die digitale Welt. Für mich ist das Schreiben eines Postings bei LinkedIn, Twitter oder Instagram nichts anderes, als einen virtuellen Stehtisch zu eröffnen. Hier lade ich alle meine Kontakte zu einem Gespräch über meine Themen ein. Hinsichtlich der Intensität kann ein solches Posting mit der Begegnung Mensch zu Mensch nicht mithalten. Zum Beispiel fehlt die chemisch-olfaktorische Dimension – schließlich sagen wir zurecht, dass wir „Menschen gut riechen können".

Ist der virtuelle Smalltalk oberflächlicher?

Am virtuellen Stehtisch fehlt uns die Sicht in den Raum. Wir wissen nicht, wer zufällig gerade die Plattform nutzt, wer vorbeikommt und nur passiv mitliest. Wir können die Personen erst wahrnehmen, wenn sie am Stehtisch stehen und nicken, also ein Like setzen. (Likes! Da sind sie wieder). Vielleicht schreiben einige Personen sogar einen Kommentar – damit klinken sie sich in das Gespräch an Deinem oder meinem Stehtisch ein.

Da wir die Menschen in dieser Situation nicht über alle Sinne wahrnehmen, könnten wir den Verdacht haben, dass diese Begegnung insgesamt oberflächlicher ist. Wir scrollen, lesen kurz, scrollen weiter und sind eventuell nicht ganz bei der Sache. In diesem Fall ist das Erlebnis flüchtiger. Ich beobachte auch das Gegenteil. Die Auseinandersetzung mit den Inhalten, die Diskussionen am virtuellen Stehtisch können sehr intensiv werden. Jedes Wort ist nachvollziehbar. Daher sollten sie möglichst unmissverständlich gewählt werden. Wir können ein Posting drei Mal lesen und unseren Kommentar intensiv reflektieren und formulieren.

In der heutigen Arbeitswelt begegnen wir uns sowohl am physischen als auch am virtuellen Stehtisch. Ich beobachte, dass viele Menschen gerade beim Start des digitalen Netzwerkens den digitalen Raum noch sehr getrennt „von der Realität" betrachten und völlig aus dem Häuschen sind, wenn sie diese Menschen „von Twitter" oder „aus LinkedIn" dann von Angesicht zu Angesicht treffen. Vor allem nach dem Übermaß des digitalen Netzwerkens während der Corona-Pandemie lesen wir häufig, dass die digitalen Bekanntschaften nun „ins reale Leben" übertragen werden. Einspruch! Ich lasse mich gern inspirieren von Sascha Lobo und verwende anstatt des Begriffs „real" lieber den Begriff „dinglich" oder „physisch", da es den Gegensatz zum virtuellen Raum besser beschreibt. Das reale Leben findet heute auch digital statt. Arbeit findet heute digital statt – und fühlt sich real an.

Das Digitale skaliert bei der Kontaktpflege

Lass uns einen weiteren relevanten Unterschied zu den Gesprächen an den physischen Stehtischen analysieren: Mit einer Botschaft in Form eines Postings erzielst Du aus dem Stand und je nach Größe Deines digitalen Netzwerks 100, 1.000, 10.000 und – ja, auch das gibt es – mehr als 100.000 Ansichten. Diese sogenannten „Views" oder „Impressions" sind kurze Begegnungen zur digitalen Kontaktpflege. Du setzt diesen Impuls sowohl in den Köpfen Deiner Kontakte als auch bei Menschen, die durch die Reaktionen Deiner Kontakte virtuell auf Dich aufmerksam werden. Das Digitale kann Deine Botschaft „skalieren".

Gehörst Du zu den 5 Prozent der User, die laut LinkedIn selbst Postings verfassen oder zu den restlichen Menschen, die „nur" mitlesen und kommentieren? Selbst wenn wir beim Scrollen durch unseren Feed den Eindruck haben, dass hier wirklich jede und jeder mitredet: Diejenigen, die selbst einen virtuellen Stehtisch eröffnen, sind deutlich in der Minderheit. Gute Chancen für Dich, wenn Du diese Art der Kommunikation in Dein Networking integrierst.

Du investierst also einmal die Zeit in die Formulierung einer Botschaft und erreichst auf einen Schlag viel mehr (neue) Kontakte. Du erreichst Sichtbarkeit und die sogenannte Reichweite. Doch hier endet die Story nicht. Hier fängt sie erst an – zumindest beim New Networking. Wirst Du im Anschluss allen Reaktionen auf Dein Posting nachgehen? Wirst Du aufgrund jedes Likes eine Beziehung aufbauen? Mit jeder Person das gegenseitige Interesse abklopfen? Ich mache das oftmals nicht. Andere Menschen streben genau dies an. Auch sie werden wir in diesem Buch kennenlernen. Jedes Like, jeder Kommentar ist für sie ein Anknüpfungspunkt zum Netzwerken. Mir hat dafür lange das Bewusstsein gefehlt. Mittlerweile priorisiere ich es mehr und mehr.

Wie viele digitale Kontakte können wir aufbauen und als unsere Community im Blick haben? Dunbar (1993) sagt, dass wir die Beziehungen zu 100 bis 250 Menschen *aktiv* pflegen können und dies kognitiv bewältigen. Diese Zahl sagt aus meiner Sicht nichts dazu aus, wie viele Personen wir in einer digitalen Community passiv, quasi schlummernd, versammeln können. 1.000? 10.000? „Ja, aber das kann man doch gar nicht alles pflegen", sagen Skeptiker. „Definiere pflegen", antworte ich dann. Kann ich bei 2.000 Kontakten jede Person einzeln ein- bis zwei Mal pro Jahr treffen oder anrufen? Nein. Bekommt sie von mir mehrfach pro Jahr Impulse durch Postings und eMails? Aber ja. Schwer zu zählen, aber ich habe das mal überschlagen und drehe jetzt mal so richtig auf: Ich halte zu mindestens 1.500 Personen in meinem Netzwerk eine passive Beziehung auch von meiner Seite aufrecht und kann Einzelheiten zu Begegnungen, Rollen, Erlebnissen abrufen. Diese Beziehungen sind mein „Netzwerk-Vermögen", an das ich mich mit einer Frage, Bitte oder einer Einladung zum Talk bei mir wenden könnte. In dem Schlummern der Beziehungen liegt für mich eine Qualität – und kein Makel. Diese Haltung ist ein wichtiger Aspekt des New Networking.

Eventuell pfeifst Du auf die Sichtbarkeit bei Tausenden von Menschen und konzentrierst Dich ganz bewusst auf jene 20 oder 200 Personen, die für Dich relevant sind. Mit denen Du aktiv verbunden bist: Mailst, telefonierst und lunchen gehst. Mit ihnen vernetzt Du Dich parallel digital und beobachtest sorgsam ihre virtuellen Stehtische. Ganz gezielt schaltest Du Dich bei ihnen in die Diskussionen ein – das fördert die Qualität Eurer Beziehung ungemein. LinkedIn selbst empfiehlt, dass Du Dir ein „Trusted Network" aus Menschen aufbaust, die Du alle persönlich kennst.[1] Dies ist ebenfalls ein möglicher und smarter Weg – wie Du ihn beschreiten kannst, werden wir im Praxis-Teil besprechen.

Schärfe Dein Bewusstsein für den digitalen Beziehungsaufbau

Wie ist das bei Dir? Setzt Du ein Like oder einen Kommentar unter jedes Posting, das Dich interessiert? Wirst Du sichtbar am Stehtisch Deiner Kontakte? So werden Deine Meinung und Dein Standpunkt transparent und nachvollziehbar und Deine Persönlichkeit erlebbar. So knüpfen Menschen bei Dir an und bauen eine Beziehung auf. So machst Du Dich auffindbar und Menschen können Kontakt mit Dir aufnehmen. An einem virtuellen Stehtisch lesen die meisten Personen mit, ohne direkt zu reagieren. Sie lernen Dich über Deine Botschaften etwas besser kennen, ohne dass Du Wind davon bekommst. Sie bilden sich eine Meinung über Dich – und Du hast davon keinen blassen Schimmer. Doch überleg einmal: Auch am Präsenz-Stehtisch weißt Du nicht, was die Menschen wirklich denken und hinterher über Eure Begegnung oder über Dich als Person erzählen.

Wenn Du nun denkst: Oje oje, das kann ich nicht überblicken, das ist ja ein echter Kontrollverlust – ja, das stimmt. Genau dies ist der wertschöpfende Kontrollverlust, den das New Networking ausmacht. Wir formulieren unsere Botschaften bewusst und bestimmen, was andere Menschen über uns erfahren. Wir kommunizieren in einen diffusen Raum hinein. Uneinsehbar. Unkontrollierbar. Ohne die komplette Kontrolle zu haben, vertiefen wir Beziehungen. Und wir treffen anschließend auf Menschen, die diese Botschaften wahrgenommen haben und

---

1   https://blog.linkedin.com/2019/june/19/helping-you-build-a-trusted-community-one-connection-at-a-time abgerufen am 13.8.22

sich bereits einen Eindruck von uns verschafft haben. Die uns bereits einseitig kennengelernt und Vertrauen aufgebaut haben. Mal direkt in einem kurz darauffolgenden Telefonat. Mal nach fünf Jahren Mitleserei.

Indem Du aktiv wirst an den virtuellen Stehtischen, baust Du Beziehungen zu Menschen asynchron auf und bleibst kontinuierlich „im Draht", also in Verbindung, ohne diese Kontakte direkt zu adressieren. Einige Menschen kannst Du für alle sichtbar ansprechen, indem Du sie „taggst" – dies werden wir noch vertiefen. Wenn Du also an den Stehtischen kommunizierst, anstatt nur stumm mitzulesen, dann erhalten Deine Kontakte Impulse von Dir und Erinnerungen an Dich als Person und an Deine Themen, die Du bewegst oder die Dich bewegen. Posting für Posting, Kommentar für Kommentar vertiefen sich Deine Beziehungen, ohne dass Du bei jeder einzelnen Person einen zusätzlichen Handschlag machen musst.

Du liebst das „echte" Netzwerken an den Stehtischen? Du schreibst eMails? Rufst Deine liebsten Kontakte regelmäßig zu einem Hintergrundgespräch an? Veranstaltest Salons, Dîners, MeetUps, Partys oder gehst gern zu Stammtischen, Kongressen, Fachveranstaltungen und zum Lunchen? Bleib dabei. New Networking bedeutet nicht, das Du nun komplett ins Digitale wechselst.

TAKE THAT
New Networking bedeutet, dass Du das Analoge mit dem Digitalen verbindest, und Dein Netzwerk als immaterielles Vermögen in einer komplexen Welt siehst.

New Networking bedeutet, dass Du Dir bewusst bist, dass die Mehrheit der Nutzer:innen der digitalen Netzwerke keinen Pieps machen – und dass sie trotzdem eine Beziehung zu Dir aufbauen. Die Technik macht's möglich: Du kannst Dich vernetzen, ohne ein Wort miteinander zu sprechen. New Networking bedeutet, dass Du Deine Netzwerke in der dinglichen und in der digitalen Welt parallel aufbaust. Schlussendlich nutzt Du mit dem New Networking Deine digitale Sichtbarkeit für die Anforderungen in der neuen Arbeitswelt – die heute mehr denn je darauf basieren, dass Menschen Menschen besser einschätzen können und ihnen vertrauen.

Die Vielfalt der Menschen auf den Plattformen spiegelt die Vielfalt im Leben wider: Manche stellen sich einfach an diese Stehtische und plappern los. Even-

tuell ist das aus Deiner Sicht zu unreflektiert, zu geschönt oder zu selbstherr-
lich. Meinen Klient:innen sage ich stets: Soziale Netzwerke sind ein Spiegel
der Welt. Für mich sind die Plattformen ein Werkzeug, nicht Selbstzweck. Das
Geplapper und Getöse ist die laute Seite der Medaille. Hier musst Du Dich nicht
einreihen. Lass uns die Plattformen als Tool gut kennenlernen und einen Plan
für Dich persönlich machen, Dich smart positionieren und die Nutzung damit
fundiert und souverän angehen. Lass uns so den Selbstdarsteller:innen etwas
Smartes entgegensetzen.

Reflexion und Skepsis verhindern blanken Aktionismus

Denn es gibt die stillere Seite der Medaille: Introvertierte nutzen bewusst den
digitalen Schutzraum, weil sie die Inhalte ganz in Ruhe und mehrfach studieren
können, bevor sie eine – wohl überlegte – Reaktion beisteuern. „Rezeptions-
Zeitlupe" nenne ich das. Reflektierte Persönlichkeiten erkennen und scheuen
den Kontrollverlust, den der virtuelle Raum mit sich bringt. Sie haben Sorge,
Fehler zu begehen, die sich anschließend negativ auf ihre Reputation auswirken
könnten. Diese Reflexionen und Skepsis sind wertvoll. Sie bewahren uns vor
blankem Aktionismus.

Dieses Buch fokussiert auf die persönliche, berufliche Präsenz in den Netzwerken und auf den Content, den wir als Einzelpersonen senden. Wenn Du
z.B. in einer Organisation zu einem Markenbotschafter-Programm gehörst
oder dieses etablieren willst – dann bist Du hier richtig. Und selbst, wenn es
in Deiner Organisation kein offizielles Programm gibt und in absehbarer Zeit
nicht geben wird: Du bist auch ohne Programm und ohne Mandat an allen
Stehtischen dieser Welt eine Markenbotschafterin, ein Markenbotschafter. Be-
sonderheit der angestellt Erwerbstätigen: Sie sind beruflich als Vertretung des
Arbeitgebers unterwegs, tragen also sichtbar dessen Namen am Revers auf dem
Namensschild. Digital übersetzt: Auf der digitalen Visitenkarte bei LinkedIn
oder in der Twitter- und Instagram-„Bio", der kurzen Zeile zur Person.

Diese Verknüpfung ist tricky. Schon immer mussten hier beide Interessen
zusammenkommen. Einerseits vertrittst Du Deinen Arbeitgeber bzw. dessen
Marke, andererseits bis Du eine unabhängige Persönlichkeit mit der Möglichkeit, Deine digitale Identität selbstbestimmt abzubilden. Niemand kann Dir
bis ins letzte Detail vorschreiben, welche Inhalte Du auf Deinem persönlichen
Profil in einem sozialen Netzwerk platzierst – ebenso, wie Dir niemand vorschreiben kann, was Du an einem physischen Stehtisch besprichst.

Spannend ist dabei immer die Frage, ob Dein Vorgesetzter, Deine Chefin, „die HR" oder „das Marketing" – ob sie die digitale Sphäre kennen. Haben sie ein Bewusstsein nur für die Risiken oder auch für die Chancen? Wenn Du aktiv wirst in den digitalen Business-Netzwerken und Deine Marke oder die Deines Arbeitgebers sichtbar ist auf Deinem Profil, verbinden die Menschen in Deinem Netzwerk Deine Botschaften mit Dir und indirekt auch mit Deinem Arbeitgeber. Diese kommunikative Verantwortung lässt viele Menschen zu Recht zögern. In der heute komplexen Arbeitswelt geht es darum, sich dieser Aufgabe zu stellen und das Bewusstsein für die eigene Rolle in Bezug auf die Organisation aufzubauen und durch die Kommunikation Sicherheit und Wissen für Dich und für Dein Umfeld und am Ende für alle zu mehren.

Damit sind wir zurück bei unserem CEO. Zusätzlich zum Bild des Stehtisches habe ich ihm noch eine weitere Botschaft mitgegeben. Mit jedem Like, jedem Kommentar und jedem geteilten Posting senden wir Signale an den Algorithmus, was uns persönlich besonders interessiert. Damit wollen die Anbieter die Auswahl der Postings in unserem Nachrichten-Feed bestmöglich für uns zusammenstellen und uns möglichst lange auf der Plattform halten. Das digitale Netzwerken hat also neben der menschlichen immer auch eine technische Ebene, die wir grundsätzlich kennen sollten und die Du auf unserem gemeinsamen Weg besser kennenlernen wirst. Lass Dich davon nicht zu sehr beeindrucken: Eine spannende Geschichte will immer gehört werden, sie schlägt aktuell noch jeden Algorithmus. Dieser hilft Dir als Booster, mehr nicht.

Der CEO ist übrigens aktiv geworden und er schmunzelt, wenn ich ihm bei Gelegenheit seine skeptische Frage stelle. Er hat das digitale Netzwerken in seinen Tagesablauf integriert und lässt sich von einem Mitarbeiter gezielt unterstützen. Zunächst war er im Sinne des „höher, schneller, weiter" sehr auf die sichtbare Anzahl der Kontakte und deren Reaktionen fixiert. Er wollte unbedingt möglichst viele von diesen Likes und Views für seine Inhalte erzielen – schließlich können sie schnell als Indikator missverstanden werden, wie gut wir bei anderen ankommen. Später kam ein anderer Wert hinzu: Ihm wurde bewusst, dass das Gelike und Geteile seine beruflichen Beziehungen nährt. Und vor allem, dass sich Geschäft daran anschließt.

Komm ins Tun
Wenn Du zu den Menschen gehörst, die bislang nicht ein einziges Like oder einen Kommentar abgesetzt haben: Komm' ran an den virtuellen Stehtisch. In

meinen Workshops und Gesprächen treffe ich sehr viele Menschen, die dem digitalen Netzwerken skeptisch gegenüberstehen oder die vor sichtbarer und selbstbestimmter Kommunikation zurückschrecken. Die eigentlich wissen, dass das Netzwerken in der heutigen Welt wichtig ist, die aber den Zugang für sich nicht finden. Die sich fragen: Ist das wirklich etwas für mich? Bin ich gut genug? Ist das nicht viel Aufwand und lohnt sich dieser überhaupt? Welches Bild will ich von mir hier zeichnen? Und wenn ich negative Kommentare erhalte? Du kannst mir gern bei LinkedIn eine Nachricht schreiben, dass Du gerade an dieser Stelle bist und Dich mit mir vernetzen. Dein Benefit: Ich werde Dir eine virtuelle Überraschung für Deinen weiteren Weg hier senden. Ich freue mich, dass wir ab jetzt miteinander im Austausch sind!

TAKE THAT
Netzwerken ist wie atmen. Wenn Du es bewusst machst, gibt es Dir unendliche Kraft.

Der smarte Weg zu mehr Sichtbarkeit

Am virtuellen Stehtisch vereinen sich Publishing und Networking. Wir veröffentlichen unsere Inhalte, werden damit sichtbar und erzeugen Präsenz und Interesse bei unseren Kontakten. Mit vielen pflegen wir passiven Kontakt. Einige von ihnen reagieren und wir entwickeln einen potenziellen Anknüpfungspunkt für das weitere Gespräch. Berufstätige netzwerken heute sowohl in Präsenz als auch digital, wobei diese Sphäre undurchsichtiger ist. Diesen wertschöpfenden Kontrollverlust scheuen viele Menschen, anstatt die positive Wirkung der digitalen Sichtbarkeit zu nutzen. Dein Name, Dein Profil, Deine Botschaften: Die Verlagerung zur Eigenverantwortung und Selbstbestimmtheit beim digitalen Netzwerken zeigt viele Parallelen zur sich heute transformierenden Arbeitswelt. Beim New Networking sind wir uns der Relevanz von Netzwerken in der neuen Arbeitswelt bewusst. Wir gestalten den persönlichen wie gesellschaftlichen Fortschritt durch bewusste Beziehungspflege. Mit diesem Buch startest Du Deinen eigenen Weg in die (digitale) Sichtbarkeit. Du weißt nun, dass Likes und Kommentare Vertrauen in Dich aufbauen und die Beziehungen zu Menschen bereichern können. Dir ist bewusst, dass wir dies gern gemeinsam skeptisch reflektieren können, um die Qualität für den Diskurs mit allen zu steigern. Du wirst für Dich entscheiden, ob Du Deine Botschaften skalieren willst und ein Publikum an Followern aufbauen willst. Und Du wirst wissen, welcher Aufwand dafür notwendig ist. Eventuell entscheidest Du Dich dafür, wenige Beziehungen intensiv zu pflegen – auch das ist clever. Schritt für Schritt gehen wir nun diesen Weg. Gern stumm oder – Angebot meinerseits – im direkten Austausch.

> „Es geht nicht darum, dass Sie sich selbst opfern, sondern dass Sie sich selbst gewinnen."
>
> Frithjof Bergmann

2

Definiere „New"

Auf unserem smarten Weg diskutieren wir das Thema Netzwerken vor dem Hintergrund persönlicher Erfahrungen und den Entwicklungen in der heutigen Arbeitswelt. Zwischen New Work und New Networking gibt es viele Überschneidungen und Zusammenhänge, die wir nun herausarbeiten werden. Falls Du noch keine Berührungspunkte hattest mit der „New Work"-Welt, dann kannst Du mit diesem Kapitel eine theoretische Grundlage legen. Wenn Du es nicht abwarten kannst und in die Umsetzung kommen willst, dann kannst Du Dir dieses Kapitel als Bonus-Runde nach Deinen Umsetzungen aufheben.

Wenn wir „New" definieren, sollten wir dies erledigen zum einen für New Work und zum anderen für New Networking. Das erste kann ich schon mal nicht liefern: Es gibt – bislang – keine eindeutige, knackig auf fünf Zeilen reduzierte Definition von New Work, sondern eine lange Liste und viele Annäherungen, die wir nun gemeinsam betrachten werden. Wir werden hinabsteigen ins New Work-Archiv und analysieren, wie sich die Diskussion über das System „Arbeitswelt" seit den 1970-er Jahren entwickelt hat. Wir werden einige aktuelle Entwicklungen besprechen und auf die Herausforderungen blicken. Was absolut machbar ist: Daraus können wir den theoretischen Rahmen fürs New Networking als Teildisziplin von New Work setzen.

Steigen wir also ein mit den relevanten Aspekten, die das Thema New Work beschreiben:

- **Mensch im Mittelpunkt:** New Work fokussiert nicht auf die Arbeit an sich, sondern auf die arbeitenden Menschen und die Relevanz von Beziehungen in der Zusammenarbeit.
- **Stärken als Basis:** In der neuen Arbeitswelt entwickeln wir unser Wissen und unsere Kompetenzen entlang unserer Stärken und Talente.
- **Komplexität und Wandel:** Unsere Arbeitswelt wird bestimmt wird durch sehr hohe Geschwindigkeit, hohe Komplexität und Unsicherheit, Veränderung als Normalzustand.
- **Lebenslanges Lernen**: Grundvoraussetzung für alle, dies passiert parallel zu formellen Angeboten in selbstorganisierten Runden.
- **Flexibilität und Agilität:** Wir arbeiten in flexibleren und agileren Strukturen, um mit dem Wandel Schritt zu halten.
- **Partizipation:** Häufig arbeiten wir vernetzt mit einem hohen Maß an Teilhabe – damit werden die Themen Leadership, Macht und Verantwortung neu definiert.
- **Räume gestalten Arbeit:** New Work ist ein innerer und äußerlicher Prozess – dies spiegelt sich in der Architektur des Raumes wider.
- **Pro Natur, pro Sinn:** Deutlich höheres Bewusstsein für die Themen Nachhaltigkeit und Sinnhaftigkeit (Purpose).

New Work wird auch als „Container-Begriff" bezeichnet, da darunter alle Aspekte besprochen werden, die den Wandel in der Arbeitswelt umfassen: Die Veränderungen auf individueller Ebene, hinsichtlich der Zusammenarbeit in Teams und Organisationen bis hin zu gesellschaftlichen Implikationen wie z.B. dem Umgang mit unseren natürlichen Ressourcen.

Arbeit, die uns Menschen stärkt

Für die einen ist New Work ein Trend in der Arbeitswelt, für die anderen eine seit mehr als 40 Jahren geführte Debatte mit lähmend langsamen Fortschritten in Gesellschaft und Wirtschaft. New Work-„Urvater" Frithjof Bergmann (2004) führt aus, dass sich ein neues System mit einer „anderen Kultur" samt neuer Arbeitskultur bilden muss, da die Systembalance zwischen Kapitalismus und Sozialismus weggefallen ist. Arbeit wird dabei zu etwas, dass uns Menschen Kraft gibt, anstatt sie uns zu rauben. Diese Zentrierung auf den Menschen anstatt auf die Arbeit ist der grundlegende Paradigmenwechsel, der Bergmanns Ansatz der „Neuen Arbeit" ausmacht.

Die große Errungenschaft dabei für jede:n einzelne:n: „Ich kann jetzt mehr entscheiden."

Die große Herausforderung für jede:n einzelne:n: „Ich kann jetzt mehr entscheiden."

Kernwerte: Freiheit, Selbstbestimmtheit, Menschlichkeit

Bergmanns Überlegungen zum Thema „Neue Arbeit" konkretisierten sich im Detroit der 1970-er Jahre. Als Philosophieprofessor blickte er durch die Brille der Arbeit auf die Welt. Er durchdrang das Thema Arbeit historisch, philosophisch und gesellschaftspolitisch – und er dachte nach vorn. Massenarbeitslosigkeit war durch die fortschreitende Automatisierung in der US-Automobilindustrie unabwendbar. Die von Lohnarbeit geprägte Arbeitswelt war für ihn am Ende. „Das Ziel der Neuen Arbeit besteht nicht darin, die Menschen von der Arbeit zu befreien, sondern die Arbeit so zu transformieren, damit sie freie, selbstbestimmte, menschliche Wesen hervorbringt."

In den „Zentren für neue Arbeit" setzte Bergmann der befürchteten Arbeitslosigkeit und sozialen Spaltung eine neue Form der Arbeit mit einem Mix aus Lohnarbeit und selbstverwirklichender Arbeit entgegen: Parallel zu einer um 50 Prozent reduzierten Lohnarbeit sollten die Menschen nun parallel einer Tätigkeit nachgehen, die sie „wirklich, wirklich" wollten. Bergmann verordnete nicht, er arbeitete auf Augenhöhe und im Austausch. In vielen Gesprächen wollte er gemeinsam mit den Arbeiter:innen herausfinden, was sie „im Innersten wirklich und wahrhaftig leisten wollten". Dafür setzte er bei ihren Talenten und Fähigkeiten und bei ihren Werten an.

„Wenn man Menschen ganz spontan fragt, was sie wirklich und wahrhaftig möchten, dann halten die allermeisten den Atem an", so Bergmann. Er gab diesem Phänomen einen passenden Namen: Die Armut der Begierde. Diese verstand er nicht nur als den Gegenpol von „Wirklich, wirklich-etwas-Wollen". Das Aufbrechen dieser Armut bzw. Ahnungslosigkeit und die Entwicklung der jeweils individuellen Antwort war für ihn der entscheidende Schritt für jeden einzelnen Menschen, parallel zur Lohnarbeit eine kraftspendende Tätigkeit zu etablieren.

Entwicklungen in der Gesellschaft verweben sich mit uns persönlich

Ob die Rezession zu Bergmanns Zeiten in den 80er Jahren in den USA oder die heutigen Herausforderungen wie Klimawandel, Digitalisierung, Pandemie, Krieg in Europa, demografischer Wandel: Die gesellschaftliche Realität wirkt sich immer auf uns persönlich und unsere Arbeitswelt aus. Wenn wir auf die aktuellen Entwicklungen schauen, sind typische Merkmale des Wandels die Bestrebungen zu mehr Nachhaltigkeit, Diversität und Inklusion in Politik, Wirtschaft und Gesellschaft. „New Work ist – fasst man den Begriff weit genug – ein Teil der Lösung", schreiben Swantje Allmers, Michael Trautmann und Christoph Magnussen (2022).

Viele, die sich mit New Work befassen, betonen den Zusammenhang unserer persönlichen Transformation parallel zu den System-Veränderungen (Bergmann, 2004; Allmers/Trautmann/Magnussen, 2022). Wir erfahren von Menschen, die den Mut haben, neue Wege in der Zusammenarbeit zu gehen und in sich verändernden Organisationen Verantwortung zu übernehmen (Laloux, 2016; Breidenbach & Rollow, 2019; Jankowski, 2022). Neu ist der Fokus auf eine Gesellschaft, die in ihrem Zusammenwirken in der Arbeitswelt den Krisen trotzt bzw. sie nicht weiter verstärkt (Allmers, 2022). Neu ist ein Leadership-Ansatz, der zwischen Führung und fachlicher Expertise unterscheidet und beide gleichwertig betrachtet – das erläutert mir Swantje Allmers in einem Talk, den ich auf new-networking.de verlinke.

Unter dem Dach von New Work war und ist noch viel mehr möglich. Mit „Wir nennen es Arbeit" setzten Holm Friebe und Sascha Lobo (2008) einen wichtigen Impuls für Freiheit und Selbstbestimmtheit durch vernetztes Denken und digitale Tools beim Arbeiten. Markus Albers (2012) diskutierte den Wandel in der Gesellschaft und die Umsetzung seiner Arbeit im digitalen Raum bereits, als der Begriff „New Work" in Deutschland noch nicht gesetzt war. „Future of Work", so der internationale Begriff, tangiert zudem die selbstbestimmte

Zusammenarbeit von Einzelpersonen im Rahmen von Graswurzelinitiativen in Unternehmen (Kluge & Kluge, 2020) und das selbstbestimmte Lernen und Erreichen von persönlichen Zielen mit Working Out Loud (Stepper, 2015). Vor allem in diesem Programm spielen die persönlichen Aktivitäten in den digitalen Business-Netzwerken eine entscheidende Rolle beim Aufbau von beruflichen Beziehungen – die persönliche Weiterentwicklung wird eng mit den Aktivitäten im eigenen Netzwerk verwoben.

New Work kann zudem den Lebensstil verändern: Zum Beispiel lebt, reist und arbeitet Leonie Fischer im New Work-Van und empfängt dort zu Workshops und zum Coaching. Anna und Nils Schnell sind aktuell bereits zum zweiten Mal unterwegs und auf eine thematische Weltreise bzw. auf die „New Work-Walz" gegangen (2021).

Herausforderungen von New Work

Besonders prägend und für jede:n nachvollziehbar sind die Erfahrungen des zunächst unfreiwilligen Wechsels vieler Berufstätiger ins Home-Office während der Pandemie-Jahre ab 2020. Der Transformations-Turbo für Remote Work lief auf Hochtouren. Aktuell sind wir dabei, die neuen Konstellationen von Präsenz-, Hybrid- und Remote-Work in Form von „Distributed Work" zu sortieren und zu schauen: Was macht Sinn, was kann weg?

Unternehmen ächzen heute unter einem Fachkräftemangel, der von Monat zu Monat deutlicher wird – hier verspricht der Wandel zu New Work Abhilfe: In vielen Unternehmen werden Maßnahmen geprüft, um zeitgemäße Arbeitsbedingungen anbieten zu können und als Arbeitgeber attraktiv zu werden. Denn Mitarbeitende wollen nicht mehr in althergebrachten Strukturen arbeiten und es stellt sich mehr und mehr die Frage: Wie lange können wir noch neue Angestellte finden, wenn wir unsere Strukturen und die entsprechenden Angebote nicht an die Bedürfnisse der Menschen anpassen? Hier sind die digitalen Business-Plattformen der zentrale Kanal für Unternehmen, die Kultur nach außen sichtbar zu machen und die Organisation im Sinne des Employer Brandings zeitgemäß zu positionieren. Je nach Kultur und Unternehmen spielen die einzelnen Mitarbeiterinnen dabei eine Haupt- oder Nebenrolle auf den digitalen Bühnen.

In den Auseinandersetzungen mit New Work finden sich Parallelen der Autor:innen, die jeweils aus ihren Perspektiven auf das Thema schauen – Führungskräfte in Unternehmen anders als Berater:innen, Organisationsentwickler:innen anders als Trainer:innen und Coaches. Sie alle führen das menschenzentrierte Denken von Frithjof Bergmann fort. Sehr verbreitet ist zudem die Entwicklung eigener Prinzipien anstatt starrer Regeln, die uns wie Leitplanken durch die komplexe Welt leiten. Diese wird immer digitaler, komplexer, dynamischer und damit für uns unberechenbarer – darin sind sich alle Expert:innen einig.

Ist New Work in der Arbeitswelt angekommen? In ihrer kritischen Auseinandersetzung mit der Szene und dem Begriff an sich stellt Jule Jankowski (2022) fest: „Auch wenn New Work unter Wissensarbeitern immer intensiver besprochen und diskutiert wird, gelingt es eben noch nicht wirklich, die Konzepte in der breiten Arbeitsrealität zu leben." Und weiter: „Nicht wenige Menschen – insbesondere Arbeitnehmer in einem klassischen Angestelltenverhältnis – fremdeln mit dem New Work-Gedanken." Dieser Logik folgend schafft sie mit ihrem Konstrukt „Good Work" eine Brücke zwischen der alten und der zukünftigen Arbeitswelt. Zu Beginn der Pandemie hat die Autorin mit den täglichen „Corona Chroniken" in ihrem Good Work-Podcast ein beeindruckendes Zeitdokument geschaffen, indem sie mit Expert:innen vieler Disziplinen jeweils die aktuelle Lage und die persönlichen Erkenntnisse reflektierte.

„New Work needs Inner Work", titeln die Autorinnen Breidenbach und Rollow (2019). Sie haben die Zusammenarbeit der Menschen in Organisationen im Fokus und verstehen unter New Work „eine Transformation der Arbeitswelt, die den Mitarbeiter und seine Fähigkeiten ins Zentrum stellt, in der Hierarchien verflacht oder sogar ganz abgeschafft und von gemeinsamer Führung und Selbstorganisation abgelöst werden."

Wenn sich also unser persönlicher Spielraum in einer von New Work geprägten Umwelt vergrößert, wenn wir mehr Freiraum und Verantwortung erhalten, dann bedarf es eines Kompetenzaufbaus, innerer Reife und mehr Selbstbewusstheit für uns Menschen. „Also sollten wir herausfinden, wie wir die Grundbedürfnisse nach Sicherheit und Orientierung auch dann erfüllen können, wenn alles im Fluss ist" (Breidenbach & Rollow, 2019).

Was hier für die Arbeitswelt auf übergeordneter Ebene diskutiert wird, gilt ebenso für einen relevanten Teilbereich der Arbeit, das Netzwerken: Die digitalen Networking-Plattformen entwickeln sich dynamisch und wir Menschen können darauf selbstbestimmt sichtbar werden und für uns und unsere Themen einstehen und diese diskutieren. Dabei zeigen New Work und New Networking deutliche

Parallelen: Der Umgang mit diesen Möglichkeiten in Zeiten der Transformation ist sehr unterschiedlich: Einige Menschen blühen auf, andere scheuen vor den vielfältigen Möglichkeiten und digitalen und diffusen Gegebenheiten zurück.

Selbstreflexion ist ein wichtiges Gegengewicht in einer Welt, in der wir immer mehr im Außen sind über die sozialen Netzwerke, schreiben Allmers, Trautmann und Magnussen. Gleiches gilt für das Netzwerken selbst. Wenn wir uns nicht im Klaren sind über die persönliche Haltung und die Zielrichtung, werden wir keine klare Positionierung aufbauen, keine klaren Worte finden, dann verplempern wir viel Zeit mit digitalem Gedaddel. Auf dem smarten Weg machen wir uns vorab Gedanken über uns und unseren persönlichen Prozess und beschreiten unseren Weg dann mit geschärftem Blick und persönlichen Zielen im Gepäck. Daher gehen wir in Kapitel 11 „Blick nach innen für mehr Kraft nach außen" genau diese Reflexion an.

Digitale Netzwerke sind Bühne und Lebensader von New Work

Meine Überzeugung: Für unsere persönliche Transformation in der neuen Arbeitswelt sind die Business-Netzwerke Trainingscamp, Diskursraum und Bühne zugleich. Hier können wir anwenden, was in der New Work-Welt notwendig ist: Wir können lernen, Verantwortung zu übernehmen, uns selbstbestimmt zu verhalten und mit anderen zu interagieren. Hier können wir uns austauschen, uns präsentieren und kollaborieren. Hier können wir wachsen und andere auf ihrem Weg begleiten und unterstützen. In den digitalen Netzwerken werden Narrative verhandelt und fortgeschrieben. Tag für Tag, Posting für Posting. Ausgehend von einem persönlichen Profil, über das wir selbst bestimmen.

> ## TAKE THAT
> Genau hier zeigen sich die Herausforderungen von New Work und New Networking. Beides braucht den Mut der Menschen, sich von der Transformation nicht überrollen zu lassen, sondern in eine gestaltende Rolle zu kommen: Die persönliche Position zu definieren, sie einzunehmen, damit zu arbeiten und in den Austausch zu gehen.

Dieser Umbau des Systems „Arbeit" hat Auswirkungen bis auf die persönliche Ebene: Unsere Einstellungen, Vorstellungen, das Verhalten und die Arbeitsergebnisse selbst können wir heutzutage in den internen und externen Business-Netzwerken sichtbar machen. Parallel dazu etablieren sich die Plattformen als Lebensader dieses neuen Systems und der neuen Arbeitsformen: Durch den leichteren Zugang zu Techniken wie Streaming von Video und Audio werden vernetztes Arbeiten und Lernen hier direkt möglich – dies sogar über die Grenzen der eigenen Organisation hinaus, für alle sichtbar in den digitalen Business-Netzwerken.

Bei New Work und beim digitalen Netzwerken bröseln die Hierarchien

Das digitale Netzwerken bietet dabei neue Möglichkeiten, Vorteile und Nachteile, die sich von der Präsenz-Welt unterscheiden.

Vorteile sind:

Jede und jeder kann heute einen digitalen Stehtisch eröffnen und wertvolle Beiträge liefern. Jede:r kann heute wertschätzende Kommentare beisteuern und Diskussionen mit neuen Perspektiven bereichern. Dabei können wir ebenso wie bei New Work Hierarchien überwinden und uns an die Stehtische von CEOs, Führungspersönlichkeiten oder den Mitarbeitenden gesellen. Und wir können auch einfach „mit einem letzten Like verschwinden" vom virtuellen Stehtisch, ohne uns vermeintlich ans Buffett oder in die Waschräume verabschieden zu müssen – so das Fazit einer CEO, die sich in sehr kurzer Zeit eine souveräne Präsenz aufgebaut hat und mir diese smarte Perspektive im Gespräch zurückspielte.

Nachteile sind:

Jede und jeder kann sich heute sich selbst im besten Licht erstrahlen lassen und eine Ego-Show ohne viel Tiefgang starten. Ohne gute Strategie und Planung bleibt es bei den Inhalten häufig bei oberflächlichen Plattitüden ohne Mehrwert, in meinem Netzwerk auch als „Kühlschrank-Sprüche" tituliert. Auf Dauer können diese die Kontakte mehr nerven als informieren oder unterhalten. Zudem kennst Du vielleicht unliebsame Zeitgenoss:innen, die sich an die digitalen Stehtische anderer Personen stellen und dort schwafeln, trollen, mobben oder beleidigen. Wie wir mit diesen Personen umgehen – auch das zählt zum souveränen Umgang beim digitalen Netzwerken und auch das werden wir hier ansprechen.

Definiere „New" – beim Networking

Übers Netzwerken in den analogen Zeiten haben viele schlaue Menschen schon viele schlaue Dinge geschrieben. Zurecht rät uns Keith Ferrari, nie alleine essen (2009) zu gehen. Herminia Ibarra teilt unsere Netzwerke ein in die Kategorien „operativ", „persönlich" und „strategisch" und gibt uns den wertvollen Tipp mit auf den Weg, vor allem Menschen außerhalb unserer Komfortzone zu treffen und mit Blick in die Zukunft Verbindungen aufzubauen, die uns neue Impulse geben und neue Verbindungen zu – im neuen Sinne des Wortes – diversen Kontakten aufzeigen (2015). Bereits vor 50 Jahren hat Nick Granovetter darauf verwiesen, dass uns vor allem diese schwachen Verbindungen in unserem Netzwerk („Weak ties") häufig weiterempfehlen und unsere Reputation stärken (1973). Isabel de Clercq (2018) zieht zur digitalen Vernetzung in der Arbeitswelt das Fazit, dass Menschen heute nicht mehr auf ihre Position in der Hierarchie reduziert werden; sie werden vielmehr zu starken Knotenpunkten im Netzwerk.

Debora Zack richtet sich gar an die Networking-Hasser. Sie rät uns, dass wir uns nicht ständig mit anderen Menschen vergleichen sollten (2012). In den heutigen Zeiten der digitalen Nachvollziehbarkeit gilt dies umso mehr: „Vergleichen Sie nicht Ihr Innenleben mit dem äußeren Erscheinungsbild anderer." Damit sind wir bei einer Kern-Herausforderung in den digitalen Netzwerken, die auch die Beziehungspflege beim Netzwerken tangiert: Rund um die Uhr können wir uns mit anderen Menschen vernetzen und vergleichen. „Das Internet ist nicht nur für jeden eine zugängliche Informationsquelle, sondern es ist auch eine Quelle der Unsicherheit, Selbstzweifel und Schamgefühle", weist Mark Manson mit einem Buch voller drastischer Formulierungen auf die psychologischen und sozialen Dimensionen hin (2021).

Eine sehr gute Definition für strategisches Netzwerken liefert Marina Zayats (2020), indem sie Markus Härlin, Vertreter der Company „Hays" zitiert: „Networking ist die Fähigkeit, gute Beziehungen zu Schlüsselpersonen der Gegenwart und Zukunft aufzubauen, auszubauen und zu halten. Networking hilft mir, heute erfolgreich zu performen und Wachstumschancen für morgen wahrzunehmen."

Was genau ist nun das „New" in Bezug auf das Netzwerken? Beim New Networking schärfen wir unser Bewusstsein dafür, dass wir einerseits selbstbestimmt sind hinsichtlich der Kommunikation über unsere persönlichen digitalen Ka-

20   näle. In den Business-Netzwerken können wir uns erlebbar machen als Mensch im beruflichen Kontext. Andererseits haben wir ein klares Verständnis, dass wir uns in den Systemen unserer Kontakte bewegen und daher nicht komplett frei sind, sondern uns hier vor allem durch die Interaktionen mit den Menschen aus unserem persönlichen Netzwerk entfalten können.

„Der smarte Weg zu digitaler Sichtbarkeit und souveränem Netzwerken", so lautet der Untertitel dieses Buchs. „Souverän" ist dabei ein hervorragender Begriff, der sich zum einen heute als „emotional stabil" übersetzen lässt und der eine sichere Ausstrahlung verspricht. Souveräne Menschen kennen ihre Stärken und Schwächen. Sie betrachten Situationen und bilden sich eine eigene Meinung, der sie vertrauen. Zum anderen beziehen wir die althergebrachte Konnotation ein: Das Eigenständige, das Unabhängige, das Selbstbestimmte, das direkt an die Grundwerte von New Work in der Arbeitswelt anknüpft und das heute beim Netzwerken über unsere eigenen Kanäle möglich ist.

Damit nähern wir uns der **Definition des New Networking**: Wir richten den Blick darauf, wie wir die Pflege unserer internen und externen Geschäftsbeziehungen in dieser komplexen, sich stetig wandelnden Arbeitswelt neu justieren können. Wir diskutieren, wie wir die digitalen Möglichkeiten nutzen können,

- ohne uns von der Technik blenden oder beeindrucken zu lassen,
- ohne auf gesunden Menschenverstand und unsere Intuition zu verzichten,
- ohne bewährte Gepflogenheiten aus dem analogen Zeitalter zu vernachlässigen,
- ohne die digitalen Netzwerke auf eine Marketing-Funktion zu reduzieren.

Grundsätzlich gilt: In demokratischen Gesellschaften können wir frei denken und kommunizieren. Wir können im Rahmen unserer Möglichkeiten und der Bedürfnisse unserer Mitmenschen frei handeln. Das bedeutet Chance und Risiko zugleich. Unsere persönliche Kommunikation wird dabei durch unsere innere Haltung bestimmt und angereichert durch allerlei technische Möglichkeiten.

TAKE THAT
Beim New Networking bewältigen wir die Technik, verlieren jedoch die Menschen nicht aus dem Blick. Wir pflegen die Beziehungen, nicht die Anzahl der Follower.

- dass wir Geschäftsbeziehungen heute parallel auf der virtuellen und auf der physischen Ebene pflegen können – ohne qualitative Wertung für das eine oder andere,

- dass wir durch die Vernetzung eine passive Kontaktpflege betreiben,

- dass wir am virtuellen Stehtisch durch bewusst gesetzte Impulse in Form von Beiträgen, Likes und Kommentaren nicht nur die Beziehung zu unseren Kontakten pflegen, sondern im gleichen Atemzug sichtbar werden in deren Netzwerken und damit Wirkkraft entfalten,

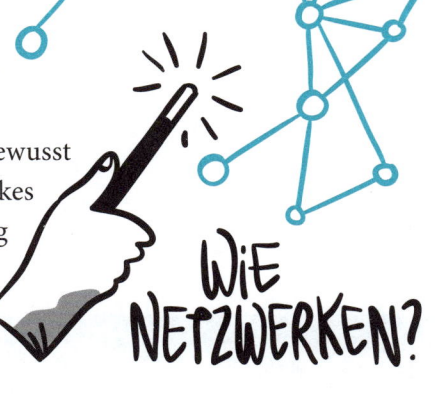

WIE NETZWERKEN?

- dass wir dadurch mit neuen Menschen in Kontakt kommen, die sich für uns und unsere Themen interessieren (in der extremen Form auch „Filterblase" genannt),

- dass diese Menschen gefühlt aus dem Nichts auch in der physischen Welt auf uns zukommen und wir in diesem Moment nicht verstört reagieren, weil sie einige oder sogar viele Details über uns wissen,

- dass wir aufgrund unserer persönlichen strategischen Leitplanken wissen, mit wem wir netzwerken wollen und – die Klassikerfrage – welche Kontaktanfrage wir bei LinkedIn annehmen sollten,

- dass wir unsere physischen Kontakte stets abgleichen mit den digitalen Kontakten und unser Netzwerk digital aktualisiert halten: Ob Kontakte privat oder beruflich, langjährig oder ganz frisch sind – wir vernetzen uns digital,

- wie wir den wertschöpfenden Kontrollverlust des digitalen Netzwerkes optimal für uns persönlich und – wenn vorhanden – unser Team und unsere Organisation nutzen können,

- dass der digitale Austausch Nachteile in Form von negativen Kommentaren oder Störgefühlen mit sich bringen kann, die wir durch Funktionen und durch Formulierungen aktiv abwehren und bewältigen können.

Diese Punkte werden wir auf unserem gemeinsamen Weg erörtern. Wir werden in den Gesprächen ab Kapitel 4 weitere Fragen auf unserem Weg klären und Erfahrungen aus meinem Netzwerk dazu sammeln. Du wirst bei Deiner persönlichen Umsetzung immer wieder mit diesen Punkten in Kontakt kommen und für Dich reflektieren.

Wir können nicht nicht netzwerken

Watzlawick hat für den menschlichen Austausch den bestechenden Gedanken formuliert, dass wir „nicht nicht kommunizieren" können (Watzlawick, Beavin, Jackson, 1967). Meint: Egal, ob und wie wir kommunizieren: Immer senden wir Botschaften. Mit unserer Sprache oder unserem Verhalten oder indem wir uns nicht äußern oder verhalten. Der Akt des Netzwerkens besteht aus bewusst oder unbewusst gesetzten Botschaften und vollbrachter oder ausgelassener Kommunikation. Daher lässt sich dieses Prinzip 1:1 auf das Netzwerken übertragen.

> ## TAKE THAT
> Wir können nicht nicht netzwerken.

Dieses Verständnis nehmen wir mit auf unseren smarten Weg und werden mehr Klarheit finden für bewusst gesetzte Botschaften und für die Umsetzung von zielgerichteter Kommunikation, die Chancen nutzt, anstatt sie auszulassen. In der Betriebswirtschaftslehre lassen sich Opportunitätskosten errechnen: Was kostet es uns, spezifische Maßnahmen nicht umzusetzen? Diese Rechnung hätte ich heute gern für mein persönliches Netzwerken: Wo stünde ich ohne die Unterstützung, die ich aus meinem Netzwerk immer wieder erfahre?

Überschneidungen von New Work & New Networking

Themen aus dem New Work-Kontext zeigen häufig starke Parallelen zu den Themen, die wir beim digitalen Netzwerken diskutieren. Diese inhaltliche Verknüpfung der Themen macht die Formulierung „New Networking" so naheliegend.

Ein zentraler Aspekt ist dabei die wachsende Verantwortung des Einzelnen. Im Gespräch hat Swantje Allmers einmal diese Beobachtung mit mir geteilt: Menschen entscheiden im Privatleben völlig eigenständig über die Investition in ein Haus, eine Wohnung, ein Auto, einen Urlaub. Im Berufsleben müssen sie hingegen für eine Ausgabe von mehr als 500 Euro den Vorgesetzten hinzuziehen. Zum Teil dürfen sie nicht selbst entscheiden, ob sie heute lieber im Office oder zu Hause arbeiten wollen. „Hier wird ihnen die Verantwortung abgesprochen. Das passt doch hinten und vorn nicht."

Dieses Spannungsfeld von Kontrolle und Verantwortung spricht auch Sascha Lobo an, der im Kontext von Digitalisierung und Leadership mit Jule Jankowski (2022) über den Unterschied vom vernetzten Arbeiten zum hierarchischen Präsenzarbeiten gesprochen hat: „Bei der Präsenzarbeit ist das Thema Kontrolle sehr viel größer." Und weiter: „Es gibt also plötzlich eine Verantwortungsverschiebung in Richtung Netzwerk, in die einzelnen Instanzen und Subinstanzen. Und dafür braucht man irrwitzig viel Vertrauen in dieses Netzwerk. Von allen Seiten."

Damit bin ich gedanklich direkt bei den Arbeitnehmerinnen und Arbeitnehmern, die im Zuge von Markenbotschafter-Programmen eigenverantwortlich über ihre Arbeit kommunizieren dürfen, sollen, können. Auch hier zeigt sich die Vertrauensverschiebung vom einzelnen professionellen Sprecher, der Sprecherin des Unternehmens hin zu den einzelnen Mitarbeiterinnen und der eigenständigen Kommunikation über ihre Arbeitsfelder.

Schlussfolgerungen für alle, die aktiv teilhaben wollen

Arbeit, so wie sie sich uns heute darstellt, ist nur ein Pünktchen auf der langen Achse der Entwicklung von Arbeit in der Menschheitsgeschichte. „Wissensarbeit" als Disziplin ist noch recht jung. New Work-Experte Stefan Grabmeier fädelt in einem Gastbeitrag bei Jule Jankowski (2022) die historische Kette auf: In westlichen Agrargesellschaften trugen Männer und Frauen zum Überleben der Hofgemeinschaft bei. Erst mit der Industrialisierung entstand die Erwerbstätigkeit mit Arbeitsplätzen außerhalb dieser Gemeinschaft. Fortan konzentrierten sich politische, wirtschaftliche und gesellschaftliche Entwicklungen auf Arbeit, die mit dem Einkommen verknüpft ist. Unser Verständnis von Arbeit, so Grabmeier, ist also noch recht jung – und mit dem heutigen Work-Life-Blending an einem Punkt, bei dem Beruf und Freizeit ineinandergreifen.

Wir alle, die im Eigenauftrag oder für andere arbeiten, gestalten den weiteren Verlauf dieser Geschichte der Arbeit. Wenn Du Dich also einschalten willst in die Diskurse – sei es zu New Work oder Deinem beruflichen Herzensthema –, dann kannst Du Dich in der dinglichen und in der digitalen Welt an die Stehtische stellen und den Wandel der Arbeitswelt aktiv durch Gedanken, Diskurs und Taten gestalten. Ich sage häufig in meinen beruflichen Gesprächen, dass ich extrem dankbar bin, in diesen transformativen Zeiten leben zu dürfen und meinen kleinen Teil dazu beizutragen. Lass uns im kommenden Kapitel betrachten, was ich in meinem Alltag beobachte und wie wir damit den smarten Weg besser gestalten können.

Komm ins Tun

Wie schaut es bei Dir aus? Bist Du bereits im New Work-Kosmos angekommen und mitten in den Umsetzungen? Oder (er-)lebst Du noch alte Hierarchie und das Top-Down-Leadership? Erinnern wir uns an die große Leitfrage von Frithjof Bergmann: Machst Du in Deinem Arbeitsleben das, was Du wirklich, wirklich willst? Mit der stets doppelten Nennung des Wortes „wirklich" verdeutlicht Bergmann: Hier geht es ans Eingemachte. Leicht gesagt, schwergetan. Was willst Du wirklich, wirklich? Hast Du eine Antwort?

Du willst parallel noch mehr über das Thema New Work erfahren? Kein Problem – dazu findest Du viele Gespräche an den virtuellen Stehtischen. Bevor wir uns nun um Dich und Deinen persönlichen Weg kümmern, klink Dich doch direkt ein in die bereichernden Diskussionen, die zum Thema in den sozialen Netzwerken stattfinden. Hier einige Ideen: Schau Dich dazu um bei Xing und gib das Schlagwort ein. Setze den Hashtag #NewWork bei Twitter, Instagram oder LinkedIn ins Suchfeld und lies parallel, wer hier diskutiert und aus welchen Blickwinkeln die Menschen auf das Thema blicken. Hör gern parallel hin: Im Digital You-Podcast sind viele Protagonisten aus der New Work-Welt zu Gast wie z.B. Swantje Allmers und Jule Jankowski. Zu finden bei Spotify oder bei Apple Podcast.

Die digitale Transformation führt zu einem Wandel in der Arbeitswelt und zu neuen Modellen von Arbeitszeit und Teamwork. Die Digitalisierung führt dazu, dass Erwerbstätige ortsunabhängiger und damit asynchroner arbeiten können. Ob flache oder vielschichtige Hierarchie: Agile Methoden dienen der Durchführung komplexer Projekte und schärfen das Bewusstsein für Zusammenarbeit. Dadurch können Menschen eigenverantwortlicher arbeiten – wenn sie selbst diese Freiheit und Unabhängigkeit zulassen.

Die Arbeitswelt ist im Umbruch – für jede:n einzelne:n, hinsichtlich der Zusammenarbeit in Teams und Strukturen in Unternehmen. Nachhaltigkeit, Diversität, Inklusion: Die großen gesellschaftlichen Herausforderungen haben direkte Auswirkungen auf unsere persönlichen beruflichen Aktivitäten. New Work erfordert für die einzelne Person mehr Eigenverantwortung und die Übernahme von Verantwortung in einer komplexeren Welt, die immer weniger berechenbar wird. Um Sicherheit und Orientierung zu erhalten, sind Reflexion und Selbst-Bewusstheit notwendig. Das pure Command und Control hat ausgedient, bei der Arbeit ebenso wie beim Kommunizieren: Die digitalen Plattformen ermöglichen persönliche Gestaltungsräume beim vernetzten Arbeiten, Lernen und Führen. Parallel ermöglichen sie Sichtbarkeit. Damit einher geht eine große Unsicherheit, wie wir mit diesen neuen Freiheiten umgehen sollten. Welche Befindlichkeiten wir hier erleben und wie Du dieser Unsicherheit persönlich begegnen kannst, besprechen wir in den nächsten Kapiteln.

> „Produkte haben Marken.
> Menschen haben Beziehungen und Reputationen."
>
> Adam Grant

3

Bestandsaufnahme: Beobachtungen aus der Arbeitswelt

„Likes und Kommentare – die brauchen Menschen doch nur, um kurzfristig ihren Selbstwert zu steigern." Ich schmunzele in mich hinein. An einem lauen Sommerabend auf einer Terrasse in Berlin kommt das Gespräch unter den Kolleginnen und Kollegen Coaches grundsätzlich auf das Thema Selbstwert. Zunächst im Hinblick auf Erfahrungen in Therapie und Coaching, schließlich in direktem Kontext zum Thema Sichtbarkeit und den digitalen B2B-Plattformen. Wenn sich in einer solchen Runde zufällig das Gespräch übers digitale Netzwerken ergibt, verstumme ich mittlerweile sehr bewusst und nehme die Rolle der Beobachterin und Zuhörerin ein. Wie sprechen Menschen über ihre Aktivitäten? Welche Erfahrungen machen sie? Welchen Nutzen thematisieren sie zuerst? Welche Haltung und Blockaden formulieren sie? Das „Best of" der Fragen und Gedanken möchte ich in diesem Kapitel mit Dir teilen, um Dir einen Überblick über mögliche Herausforderungen zu geben.

Seit meinem Start bei Twitter im Jahr 2008 habe ich sicherlich mehr als 1.000 Gespräche über das digitale Netzwerken geführt – ob direkt im Digital Coaching, bei Keynotes oder in der Kaffeeküche, bei der re:publica, OMR, dmexco oder bei Veranstaltungen anderer Branchen, in der Schule unserer Tochter oder mit Fremden beim Business-Smalltalk im Zug. Jede und jeder sammelt Erfahrungen und lässt mich gern daran teilhaben. „Wie geht das jetzt mit den externen Links?!" Die Plattformen sind dynamisch, die aktuell wichtigste Frage wird schnell platziert, um sich noch besser zurechtzufinden. Viele Menschen wenden sich an mich, weil sie ihr LinkedIn-Profil bislang „stiefmütterlich behandeln" (x-fach so gehört) und sich besser präsentieren wollen.

Nahtlos sind wir mitten in einer Diskussion über berufliche Ziele, Kompetenzen, Träume, über den Plan B, Erfolge und Rückschläge. Die begleitende persönliche Kommunikation zu unserer Arbeit, zu deren Prozessen und Ergebnissen, ist eng mit unserer Persönlichkeit verknüpft. Ein Start bzw. die Optimierung dieser Kommunikation hinein in den unkontrollierbaren digitalen Raum benötigt eine gründliche Reflexion, die weit über das Ausfüllen der beruflichen Stationen in einem LinkedIn-Profil hinausgeht. Arbeit ist heute performant, schreibt Daniel Jungblut (2020): Es geht also nicht nur darum, gute Leistungen zu erbringen, sondern dies auch bestmöglich nach außen darzustellen.

Im professionellen Setting höre ich die Einstellungen und Haltungen 1:1 und kann direkt bei jenen Punkten ansetzen, bei denen die Gesprächspartner:innen den größten Bedarf formulieren. Zusätzlich höre ich gegebenenfalls unbewusste und blockierende Positionen heraus und setze Impulse, um zum Umdenken anzuregen. Oftmals diskutieren wir die Unterschiede des Netzwerkens in Präsenz und digital, welches durch die virtuelle Bühne, durch Transparenz und Sichtbarkeit neue Gesetzmäßigkeiten erfährt.

Da sind zum Beispiel diese vielen Menschen, die sich mit Dir vernetzen wollen und bei denen Du Dich fragst: Will ich das überhaupt? Wie gehe ich mit diesen „Kontaktanfragen" um? Wie vernetze ich mich mit meinen Vorgesetzten, mit meinen Mitarbeitenden? Was unterscheidet bei LinkedIn das „Folgen" vom „Vernetzen" und wie wirkt sich das aus? Hinzu kommt: In vielen Gesprächen höre ich eine Aversion gegen die Ego-Show, eine missverstandene Form des Personal Brandings. Sie schreckt viele Menschen von der aktiven Nutzung ab. Deine Einstellung zu diesen Themen wirkt sich direkt auf die Art und Weise aus, mit der Du zukünftig digital sichtbar wirst. Wenn Du zu viele „Ja, aber…" im Kopf hast, wirst Du bei der digital vermittelten Kommunikation nicht frei aufspielen. So wie jene Menschen, die Likes und Kommentare ausschließlich als Booster für den Selbstwert ansehen und von den digitalen Stehtischen lieber fernbleiben.

Beziehungen und Befindlichkeiten: Die zwei Seiten der Networking-Medaille

Gute Beziehungen sind das immaterielle Kapital unserer beruflichen Laufbahn. Daher sind viele Menschen sensibel oder unsicher hinsichtlich des Vertrauensaufbaus über die digitalen Business-Netzwerke und deren Nutzung generell. Schließlich können durch unüberlegte und unkontrollierte Kommunikation diese Beziehungen schnell entstehen, aber auch schnell gestört werden.

First things first. Lass uns hier also direkt über auf die am häufigsten gestellte Frage in den Workshops zum Thema digitales Netzwerken sprechen:

„Welche dieser Kontaktanfragen soll ich annehmen?"

Manche Menschen erhalten aus dem Nichts sehr viele Kontaktanfragen, weil sie für andere ein Geschäft versprechen: Sie verwalten einen Fördertopf, vergeben Aufträge oder arbeiten in einer attraktiven Branche oder Rolle. Falls Dir diese Frage auch auf den Nägel brennt und Du in Deinem Postfach mit 142 unbeantworteten Vernetzungsanfragen endlich aufräumen willst: Auf diese Frage gibt es nicht die eine, allgemeingültige Antwort. Die erste, schnelle Antwort: Vernetze Dich mit Menschen, die Du einschätzen kannst und die Dich persönlich interessieren.

In meinem Workshop-Alltag habe ich zwei Positionen zum Thema Vernetzen bei LinkedIn erlebt, die einmal sogar während einer WarmUp-Runde innerhalb eines Teams direkt aufeinander folgend geäußert wurden. Das einsetzende Gelächter klang recht gequält.

„Wenn ich dem CEO eine Kontaktanfrage sende, denkt er doch, dass ich mich anbiedere."

Sagt so der oder die Mitarbeiter:in.

„Wenn ich mich mit den Mitarbeiterinnen und Mitarbeitern vernetze, denken sie doch, dass ich sie stalke."

Sagt so der oder die CEO.

Das Dilemma wird deutlich. Wenn beide Seiten so denken, brauchen wir eine neue Haltung und Herangehensweise, um die souveräne Vernetzung auch im digitalen Raum zu erreichen. Diese Gedanken machen die Kultur innerhalb einer Organisation sichtbar. Besonders häufig höre ich sie in hierarchisch geprägten Unternehmen. Ihnen liegt die Vermutung zugrunde, dass die digitale Kontaktaufnahme eine Grenzüberschreitung in der Beziehung zwischen den Hierarchieebenen darstellt. Diese Gedanken verdeutlichen, dass wir Menschen als soziale Wesen nichts mehr fürchten als Ausgrenzung. Dass jemand etwas weitererzählen könnte und dabei ein schlechtes Bild von uns zeichnet. Ob CEO oder Teammitglied: Wir wollen dazu gehören und uns nicht ins Abseits stellen durch unangebrachtes Verhalten. Wenn Du Dich bei den letzten Punkten gar nicht wieder gefunden hast, spricht vieles dafür, dass die Kultur in Deinem Unternehmen nicht (mehr) streng hierarchisch geprägt ist.

Schön für alle, die ihr eigener Chef oder ihre eigene Chefin sind – könnten wir meinen. Keine Anforderungen eines Arbeitgebers, die zu berücksichtigen sind. Doch hier rücken die Beziehungen der Auftraggeber:innen zu den Auftragnehmer:innen in den Fokus – und diese sind ebenfalls zuhauf geprägt von Befindlichkeiten. Andere Konstellation, gleiche Gedankenströme:

„Wenn ich mich mit einem potenziellen Kunden vernetze, denkt der doch nur, dass ich sofort einen Auftrag will."

Sagt so der oder die Dienstleister:in.

„Wenn ich mich mit dieser Person vernetze, will sie doch sofort einen Auftrag von mir."

Sagt so der oder die Auftraggeber:in.

Lass uns an dieser Stelle eines festhalten: Digitale Plattformen bringen das komplexe Konstrukt menschlicher Beziehungen mit technischen Funktionen und offensichtlichen oder ausbleibenden Klicks zusammen. Sie bilden das gesamte menschliche Spektrum ab – von Wertschätzung bis Neid, von Unsicherheit bis Draufgängertum, von vertrauensvollem Austausch bis zu plumper „Verkoofe".

Diese Ambivalenzen müssen wir aushalten, wenn wir die positive Wirkmacht für uns nutzen wollen.

Plagegeister im Postfach

Ich schüttele meinen Kopf regelmäßig bei Kontaktanfragen oder Inmails von vertriebsorientierten Männern, die mir als Coach eine bessere Sichtbarkeit bei LinkedIn bescheren wollen. Oh boy, ein kurzer Check meines Profil hätte Dir gezeigt, dass Du Deine Energie vergeudest. Da ich Teil einer automatisch personalisierten Massenaussendung bin, ist das wohl zu viel verlangt.

Geht es Dir auch so? In Deiner LinkedIn-Mailbox finden sich sinnlose Akquise-Avancen und Du bist genervt von Menschen, die Dir Was-auch-immer verkaufen wollen. LinkedIn-Expertin Britta Behrens hat für diese Typen den Begriff #Salespfosten geprägt: In teuren Ausbildungen wird ihnen vermittelt, wie gut massenhaft versendete Kaltakquise bei LinkedIn über die Postfächer funktioniert. Sie funktioniert tatsächlich, wie ich aus meinem persönlichen Netzwerk weiß – hier entsteht Umsatz mit viel nervendem Streuverlust. Leider tritt durch diese Aufdringlichkeit solcher Vertriebsakteur:innen in den Hintergrund, dass wir die Plattformen bewusst nutzen können für das solide, ehrliche, authentische Netzwerken. Wenn ich also eine persönliche Nachricht an einen Kontakt richte, landet meine Botschaft aktuell genau im selben Postfach wie diese pushy Sales-Botschaften. Ob Du nun angestellt arbeitest oder in der Selbständigkeit – lass Dich nicht abschrecken von diesen Plagegeistern und fokussiere bewusst und strategisch auf den Nutzen, den das digitale Netzwerken Dir bringen kann.

TAKE THAT

Wenn bei LinkedIn drei kleine, horizontal angeordnete Punkte zu sehen sind, stecken immer sinnvolle Anschluss-Funktionen dahinter. Du solltest nervende Zeitgenoss:innen gleich wieder aus Deinem Netzwerk herausnehmen – sonst „wildern" sie noch in Deinen Kontakten. In Deinem Postfach kannst Du sie auch stumm stellen oder gar blockieren – dann können sie nicht mehr mit Dir interagieren.

Personal Branding oder der Jahrmarkt der Eitelkeiten

„Kathrin, es geht mir wirklich auf den Wecker, wie sich die Leute bei Instagram und LinkedIn selbst darstellen – ich habe bald keine Lust mehr." Ich sitze mit der Teilnehmerin eines Boot Camps bei einem Kaffee zusammen und berichte ihr, dass ich lange Zeit mit dem Begriff Personal Branding gehadert habe und dass ich in diesem Buch eine Abgrenzung für mich vornehmen will. Ich pflichte ihr bei – bei allem Nutzen, den ich aus den digitalen Plattformen ziehe: Die sozialen Netzwerke sind ein gigantischer Jahrmarkt der Eitelkeiten. „Stopp die Ego-Show" stand für rund ein Jahr in meinem LinkedIn Slogan geschrieben und in dieser Zeit wurde ich häufig darauf angesprochen, dass die Selbstdarstellung viele Menschen nervt oder sie gar davon abhält, selbst aktiv zu werden. Ob dies dann wiederum nur eine willkommene Ausrede ist, klären wir in Kapitel 4, „Mut zur Sichtbarkeit".

Ich lehne das Konzept des Personal Brandings nicht komplett ab. Ich nutze den Hashtag in meiner Kommunikation, weil viele Menschen danach suchen und ein Teil meiner Themen unter diesem Keyword diskutiert werden. Lange Zeit konnte ich nicht genau sagen, warum ich Bauchgrummeln mit dem Begriff hatte. Adam Grant gab mir zum Jahreswechsel 2021 auf 2022 in einem Tweet einen wertvollen Anstoß. Und auch sein Satz zur Authentizität ist lesenswert:

„The time people spend building personal brands would be better invested in personal connections.

Products have brands. People have relationships and reputations.

Authenticity is not about marketing yourself to create an image. It's about aligning your actions with your values."

Adam Grant bei Twitter am 27.12.2021

„Aber wir netzwerken doch in den Kommentaren, dort findet doch der gegenseitige Austausch und die Beziehungspflege statt", höre ich den Widerspruch der – sehr geschätzten – Kolleg:innen und Befürworter:innen des Personal Brandings. Das ist alles richtig und ich gehe sogar mit, dass die strategische Positionierung und die Gestaltung der Profile und des Contents das Personal Branding ausmachen. Vor allem viele CEOs und Führungspersönlichkeiten

betreiben intensives Personal Branding und bringen ihre Profile und Postings
perfekt zum Strahlen.

Der Begriff Personal Branding hat sich etabliert, weil hier die Analogie des „Brandings" aus der Markenführung für Unternehmen auf uns als Personen angewendet werden kann. Diese Analogie zum Unternehmens- oder auch zum Employer Branding ist stimmig, solange wir die Beziehung zwischen „Sender" und „Empfänger" einseitig sehen: Unternehmen senden Markenbotschaften, die Konsumenten empfangen. Interesse wird erzeugt, Emotionen werden aufgebaut, schließlich wird gekauft oder beauftragt. Unternehmen senden Botschaften über ihre Kultur und freien Positionen. Und müssen feststellen, dass sich in der heutigen Arbeitswelt immer weniger Bewerber:innen melden. Das ist die alte Welt der Top-Down-Kommunikation. Sie spiegelt nicht die Kommunikation auf Augenhöhe in der neuen Arbeitswelt wider.

New Networking ist nicht Personal Branding

Für das Konzept des New Networking wende ich den Begriff Personal Branding bewusst nicht als Synonym an. Beim Blick auf das System wird deutlich: Das Personal Branding stellt die einzelne Person als Sender:in in den Mittelpunkt, zum Beispiel den oder die CEO oder eine herausragende Persönlichkeit. Sie sticht heraus. Das einseitige Senden beim Personal Branding bedeutet nämlich nicht, dass sich aus dieser Kommunikation zwingend gegenseitiger Austausch und wertschöpfendes Netzwerken aufbaut. Beim Personal Branding werden die Follower oftmals eher als Publikum denn als Netzwerk gesehen; die Aktivitäten werden wie Marketingmaßnahmen geplant und verabschiedet.

New Networking bedeutet, mit den Aktivitäten bewusst Sichtbarkeit aufzubauen – direkt bei den relevanten Personen. Und die digitalen Aktivitäten als Ausgangspunkt für den Aufbau von Interesse und das gezielte 1:1-Netzwerken zu nutzen. Diese direkte Verbindung zu einzelnen Personen wird von Führungspersönlichkeiten häufig parallel in der physischen Welt gelebt, weil digitale Kontakte vermeintlich weniger wert oder wichtig sind. Smarte Führungspersönlichkeiten nutzen das Personal Branding zur Gestaltung des persönlichen digitalen Vorgartens, der mögliche interessierte Flaneure zum Anhalten bringt. Der nun startende Austausch auf Augenhöhe ist Austausch beim Netzwerken und meiner Meinung nach nicht mehr Personal Branding. Somit ist es ein Teil des Systems, aber nicht das System selbst.

Herzlich und doch etwas gequält gelacht habe ich bei den vertraulichen Schilderungen einiger meiner Kontakte, bislang nur mit männlichen Beispielen: Ein CEO trifft an einem physischen Stehtisch auf eine ihm durchaus bekannte Person, mit der er kurz zuvor unterhalb eines Postings bei LinkedIn kommuniziert hat. Der Kontakt spricht das Thema und die spezifische Botschaft an und möchte direkt anknüpfen. Offensichtliche Irritation beim CEO – leider hat er dieses digitale Gespräch selbst nicht geführt. Er hat sein persönliches Profil, das seinen Namen trägt, nicht im Blick. Der Assistent oder die Assistentin betreibt das Personal Branding und hantiert bei LinkedIn mit Textbausteinen und Plattitüden. Demnach wurde dieser persönliche Austausch nur einseitig wahrgenommen. Nachträglich darauf angesprochen, sagt der CEO: „Ach, da bin ich drüber weggegangen."

Viel Erfolg beim Überspielen solch einer irritierenden und überflüssigen Situation, die die geschäftliche Beziehung sicherlich nicht bereichert. Taktischer Hinweis: Viel einfacher wäre an dieser Stelle gewesen zu sagen: „Sorry, das habe ich glatt vergessen", was bei viel beschäftigten Menschen durchaus vorkommen kann. Dazu müsste man allerdings eine kleine Schwäche zugeben – und das ist nicht jedermanns Sache.

Beim Personal Branding steht also eine Person im Mittelpunkt. Die Kontakte folgen. Womit wir beim Unterschied von Folgen und Vernetzen sind und bei einem Spezifikum bei LinkedIn, dass vor allem neue User häufig verwirrt. Eventuell fragst auch Du Dich: Warum wird auf einem Profil ein „Vernetzen"-Button angezeigt und auf einem anderen ein „Folgen"-Button? Diese hybride Lösung hat Auswirkungen auf den Fluss der Kommunikation. Somit können wir Beziehungen zu anderen Personen bewusst unterschiedlich gestalten.

„Vernetzen" vs. „Folgen" oder „Following"

Wenn wir bei LinkedIn starten, findet sich auf unserem Profil der „Vernetzen"-Button auf der digitalen Visitenkarte im oberen Bereich unseres Profils. Ohne dass es den meisten Usern bewusst ist, starten sie also im Modus der gegenseitigen Vernetzung. Diese Grundeinstellung seitens LinkedIn ist sehr sinnvoll. Wenn beide Personen die Vernetzung bestätigen, werden die Postings gegenseitig im Nachrichtenfeed im mittleren Part der Startseite angezeigt. Wenn wir die technische Verbindung auf diese Weise anlegen, entwickeln wir eine ebenbürtige Beziehung zwischen Menschen, die miteinander netzwerken und sich gegenseitig unterstützen können.

Wenn wir den Button „Folgen" auf der digitalen Visitenkarten unseres Profils platzieren, bieten wir neuen Kontakten zunächst eine einseitige Beziehung an – sie sollen uns und unseren Botschaften folgen. Dies ist die Form des Personal Brandings, das z.B. viele kommunizierende CEOs einrichten – wir können ihre Botschaften in unserem Newsfeed abonnieren, sie sehen unsere Botschaften hingegen nicht. Doch wir haben immer die Wahl: Wir können Menschen folgen, die uns auf der Visitenkarten das „Vernetzen" anbieten und wir können Menschen um eine Vernetzung bitten, denen wir eigentlich folgen sollen (immer zu finden über den „Mehr"-Button. Halleluja!).

Das kennen wir alle vom realen Stehtisch, haben es beobachtet oder selbst erlebt: Eine Person bittet die andere bei der Begegnung um eine Visitenkarte, um den Kontakt zu vertiefen, einen Termin zu vereinbaren, um weiter anzuknüpfen für weitere Anliegen. Spannend ist doch immer der nun folgende Moment: Wenn der Impuls zunächst einseitig von einer Person ausgeht – erbittet die andere Person ebenfalls eine Visitenkarte? Ist auch sie an einer Kontaktaufnahme und somit der Vernetzung interessiert und drückt sie dies deutlich aus – verbal oder nonverbal? Oder ist die Aufmerksamkeit schon wieder bei einer anderen Person oder dem Mobiltelefon?

Echte Vernetzung entsteht nur, wenn beide Beteiligte das wünschen und Interesse daran haben, die Beziehung zu diesem beruflichen Kontakt zu vertiefen. Wenn Du also den „Folgen"-Button vorn auf Deiner digitalen Visitenkarte platzierst, dann schau in regelmäßigen Abständen nach, wer Dir und Deinen Botschaften folgt und überlege: Ist es nicht eventuell ratsamer, mit dieser Person gegenseitig vernetzt zu sein? Um ebenfalls zu sehen, welche Themen sie postet? Und bei Interesse dann irgendwann mal wirklich einen Kaffee im gleichen Raum zu trinken?

TAKE THAT

Dieser Sprung macht das New Networking aus:
Wenn Du Menschen in Präsenz triffst, die Du bislang
nur vom digitalen Stehtisch kennst. Und dann bemerkst:
Wir knüpfen inhaltlich an die digitale Diskussion an.

Diffuser Raum, diffuse Beziehungen?

Lass uns dies noch weiter vertiefen: Ist ein Kontakt, dem wir z.B. bei LinkedIn oder Twitter begegnen, weniger intensiv und damit weniger wert? Lass diese Frage einmal nachhallen und denke an jene Menschen, die Du bislang ausschließlich an einem der digitalen Stehtische getroffen hast. Damit sind wir beim Wechselspiel zwischen der digitalen und der dinglichen Sphäre. Vor allem bei Einsteiger:innen in das digitale Netzwerken erlebe ich, dass sie den „Online-Kontakten" nicht die gleiche Wertigkeit zuschreiben wie den „echten Kontakten", schließlich haben sie sie nicht „im richtigen Leben" kennengelernt.

Dieses „Im richtigen Leben" wird hier und da mit IRL, gleichsam international „In Real Life", abgekürzt. Diese Begriffe verwende ich bewusst nicht mehr – für mich ist das digitale Netzwerken bei Twitter, LinkedIn oder Instagram ebenso real.

Wenn Du schon länger dabei bist: Wie ist das bei Dir? Nutzt Du Twitter, LinkedIn oder Instagram eher zum Selbstmarketing aka Personal Branding und willst bei den Kontakten eine Aktion auslösen? Oder bist Du an wirklicher Interaktion und dem gegenseitigen Netzwerken als Wirkung interessiert? Beides geht hier nämlich, und sogar gleichzeitig. Damit sind wir direkt bei der Frage, wie sich dieser diffuse digitale Raum auf den Aufbau und die Pflege von Beziehungen auswirkt. Problem dabei: Zu- und Abneigung lassen sich schwer messen.

Um das griffiger besprechen zu können, lass uns das Konzept der „Stärke einer Beziehung" einführen und diese in Beziehungs-Grad (BG) messen. Gehen wir aus von zwei Freunden, die sich lange kennen und sehr schätzen und schreiben wir ihnen auf der Skala des Beziehungsgrades den Wert von 100 – volle Punktzahl – zu. Oder abgekürzt: 100 BG. Fremde, die sich nie begegnet sind, haben entsprechend einen BG-Wert von 0. Wenn ein Pubertierender heimlich in der Schule ein Mädchen anschmachtet und sie ihn gar nicht kennt, ist er bei 100 und sie bei 0.

Die digitale Sphäre und vor allem das oben beschriebene „Folgen" der Botschaften einer Person machen es nun möglich, dass wir zu einem Menschen eine einseitige Beziehung aufbauen und dessen oder deren Themen und Perspektiven über die Kommunikation kennenlernen. Durch die Postings erhalten wir immer wieder einen Impuls, ohne dass dieser Mensch uns kennt oder uns bemerkt – solange wir nicht liken oder kommentieren (Likes! Da sind sie wieder). Ich erinnere mich gut an meine Irritation, als ich vor ein paar Jahren einen Vortrag hielt und plötzlich eine Frau vor mir stand, die mir ein Geschenk überreichte – sehr schöne Schreibwaren. Wir kannten uns via Twitter und hatten hin und wieder interagiert. Ich erkannte sie – aber ein Geschenk für sie hatte ich nicht dabei. Ich wusste gar nicht, dass sie an dem Event teilnahm. Sie hatte sich vorher dazu nicht bei mir gemeldet, was ja durchaus üblich ist, um dann vor Ort „einen Kaffee zu trinken" und sich kurz auszutauschen. Ich würde schätzen: Ihr Beziehungsgrad zu mir lag bei 50, mein BG bei 15 bis 20.

> ## TAKE THAT
> Mit wachsender Sichtbarkeit auf digitaler Ebene triffst Du eventuell auf Menschen, für die Du als Persönlichkeit viel präsenter bist als sie für Dich.

Das erzähle ich Dir nicht um anzugeben, sondern um Dir klarzumachen: Du ahnst manchmal nicht, welches Bild sich Menschen von Dir machen oder gemacht haben durch Deine Aktivitäten. Und nun triffst Du sie in Präsenz. Das macht den letzten Schritt zum „echten" Sich-Kennen aus. Wir können Menschen digital begegnen, besser kennenlernen und miteinander Geschäfte machen, ohne uns je von Angesicht zu Angesicht begegnet zu sein. Habe ich in einem meiner Online-Programme hundertfach erlebt. Mit persönlichem und extrem vertrauensvollem Austausch.

Wir beide, Du und ich, sind vielleicht lange digital vernetzt und sind bei, sagen wir, bei BG 80 bis 90. Auf BG 100 kommen wir, wenn wir uns von Angesicht zu Angesicht sehen, hören, wahrnehmen. Diesen berühmten Kaffee trinken. Gern auch einen Drink. Und ich frage mich – und ich frage auch Dich – wie groß ist dieses Delta, wenn wir eine Person zunächst „nur" digital kennen und sie dann in Präsenz treffen? Fünf Punkte auf der BG-Skala? Zehn? Eines ist sicher: Durch das gemeinsame Arbeiten auf den digitalen Plattformen gewöhnen wir uns mehr und mehr daran, Menschen ausschließlich digital zu treffen, sie kennen- und schätzen zu lernen. Und mit ihnen zu netzwerken.

Diese theoretischen Überlegungen sollen Dich davor bewahren, folgendem **Irrglauben** aufzusitzen:

Nr. 1: Weil es digital ist, ist es nicht real.

Nr. 2: Weil es digital ist, ist es nicht persönlich.

Mein bestes Gegenargument für beide Thesen: Die Emotionen, die digitale Kommunikation auslösen kann, sind sehr real. Das wird sehr schnell klar, wenn wir die BG-Skala im negativen Bereich betrachten und an Unfreundlichkeiten oder gar Hass im Netz denken. Wenn nun anstatt wertschätzender Kommentare aus Deinem Netzwerk seltsame oder negative Kommentare samt Kritik in Deine Richtung kommen, wirst Du bemerken: Deine Irritationen, Deine Wut oder gar Angst sind absolut real. Und in einigen wenigen Fällen mussten Menschen als Stalking-Opfer erleben, wie real negative Emotionen anderer Menschen das Leben beeinträchtigen können.

Einen exzellenten Einblick zur „Angriffsfläche Sichtbarkeit" hat LinkedIn-Expertin Selma Kuyas in einem Digital You-Talk mit unserer Community geteilt. Wenn du mehr wissen willst, ob Du auf seltsame Kommentare antworten oder sie ignorieren solltest und ab wann es Sinn macht, Trolle zu melden, zu blockieren oder gar zum Anwalt zu gehen: Das Gespräch ist auf new-networking.de sowie im Digital You Podcast bei Apple und Spotify abrufbar.

Ich werde hier nicht ausführlich über Hass im Netz schreiben. Dieses Thema ist eigene Bücher wert und wird exzellent erörtert von der Journalistin Nicole Diekmann (2021) in „Die Shitstorm-Republik: Wie Hass im Netz entsteht und was wir dagegen tun können". Solltest Du je davon betroffen sein, wende Dich unbedingt an die Organisation HateAid.de. Ich habe mit ihnen bereits kooperiert und empfehle sie wärmstens in allen harten Fällen, die vor allem Frauen bei Twitter erleben. Was wir besprechen werden: Durch eine gute Strategie ziehen wir die passenden Menschen für unser Netzwerk an und können durch viele positive Erfahrungen solchen Ausnahmen souveräner begegnen.

Beziehungspflege in der New Work-Welt

Egal, in welcher Umgebung Du arbeitest: Unsere Beziehungen und die Pflege des Netzwerks sind heute wichtiger denn je. Mit der digitalen Transformation in der Arbeitswelt kommen für uns Berufstätige neue Entwicklungen hinzu. Angefangen von flacheren Hierarchien, von bewussteren Formen der persönlichen und digitalen Zusammenarbeit, von neuen Arbeitszeit- und Raumlösungen, Remote Work und von lebenslangem Lernen. Dabei geht mehr Verantwortung über auf den einzelnen und die einzelne – bei der Arbeit selbst und bei der begleitenden Kommunikation. Dieser fundamentale Shift führt hoffentlich dazu, dass Du die digitale Beziehungspflege mit Deinen Vorgesetzten, Deinem Team und den Auftragnehmer:innen und -geber:innen selbst in die Hand nimmst und Dich nicht von den hier beschriebenen Befindlichkeiten stoppen lässt. Oder von den Menschen, die sich aus Deiner persönlichen Sicht selbst ein wenig zu wichtig nehmen.

In der Digital You-Community führen wir immer wieder Gespräche mit Expert:innen aus anderen Disziplinen, in die Du Dich live zum vernetzten Lernen einklinken kannst. In diesen Talks besprechen wir Themen, die wir für das Coaching-Programm Digital You noch besser erschließen wollen. Während dieser Gespräche wurde mir in den letzten Jahren klar: Bei einigen Fragen und Herausforderungen meiner Klientinnen und Klienten möchte ich gern besser unterstützen können und selbst noch mehr erfahren. In manchen Momenten im Coaching dachte und denke ich: Dazu wüsste ich gern mehr. Auf diesem Pfad zu mehr Erkenntnis nehme ich Dich gern mit.

Das sind die Felder, die ich explorieren möchte:

- Wie können wir mehr „Mut zur Sichtbarkeit" entwickeln und uns besser selbst regulieren? Von Senior Coach Kara Pientka erhalten wir einen gut nachvollziehbaren Impuls, wie wir uns, unsere Glaubenssätze und Blockaden besser selbst regulieren können.

- Wie können wir eine Expertenpositionierung in einem prall gefüllten Alltag schaffen? Psychologin Ines Imdahl blickt auf den Weg von 800 zu 8.000 Kontakten innerhalb von zwei Jahren zurück und gibt uns einen ausführlichen Einblick in ihren Networking-Alltag.

- Wie nutzen die deutschen Top-Führungskräfte die Business-Netzwerke und wie können wir uns davon inspirieren lassen? Daniel Jungblut, der als Leiter Vorstandskommunikation bei der Kölner Agentur Palmer Hargreaves die Studie „LinkedIndex" konzipiert hat und immer wieder durchführt, liefert einen detaillierten Einblick in Content-Kategorien, mit denen deutsche CEOs ihre Facetten sichtbar machen.

- Unternehmen und Organisationen unterstützen heute häufig die Mitarbeitenden bei der Veröffentlichung von Inhalten in den Business-Netzwerken. Die Kommunikationsdirektorin der Robert Bosch Stiftung, Kerstin Lohse-Friedrich, resümiert das erste Jahr ihres Markenbotschafter-Programms im Hinblick auf die neue Vielstimmigkeit.

- Wie können Introvertierte die sozialen Netzwerke gut für sich nutzen? Mit Alina Wenzel besprechen wir, wie Persönlichkeiten gute Sichtbarkeit aufbauen, wenn der Rückzug und das gezielte Einteilen von sozialer Energie die Kommunikation bestimmen. Welche Taktiken können eher leisere Typen anwenden, um gut in den Austausch zu kommen?

- Gute Inhalte sind das A und O bei der Gestaltung der persönlichen Botschaften. Wie können Menschen ohne journalistischen Hintergrund ein gutes Gefühl für die Inszenierung von Botschaften aufbauen? Regisseur Matthias Messmer erläutert das Prinzip des Spannungsbogens und gibt uns relevante Fragen für dessen Entwicklung und unsere Contentoptimierung mit auf den Weg.

Komm ins Tun

Hast Du Dich wiedergefunden bei den Gedanken und Herausforderungen, die viele Gesprächspartner:innen hinsichtlich der Nutzung der sozialen Business-Netzwerke äußern? Wie stark trennst Du beim Netzwerken noch zwischen der dinglichen und der digitalen Welt? Überlege für Dich: Bin ich offen für den Aufbau von Beziehungen oder stoppen mich Befindlichkeiten? Nimm diese Gedanken mit und pick' Dir aus den nun folgenden Kapiteln genau jene heraus, die für Dich relevant sind. Hast Du Gedanken, die ich hier bislang nicht aufgeführt habe? Sende sie mir gern, Gelegenheit dazu findest Du auf new-networking.de.

Der smarte Weg zu guten Beziehungen

Wenn wir digital netzwerken, sollte uns die Technik nicht zu sehr beeindrucken – das gute alte Bauchgefühl weist den Weg beim Aufbau von Beziehungen. Ob Marketing für unsere Person oder Austausch auf Augenhöhe: Mit digitaler Sichtbarkeit können wir in den Business-Netzwerken beides anstreben, bei bewusster Entscheidung sogar parallel. Dich schrecken schillernde Egos auf den Plattformen ab? Das New Networking nimmt die Beziehung zu anderen in den Fokus und ist daher kein Synonym für Personal Branding.

„Inhalt hilft."

Kara Pientka

4

Mut zur Sichtbarkeit: Bedenken positiv nutzen

„Ich habe Schiss davor, etwas zu posten. Ich überlege mir sehr genau, wie das wohl ankommen könnte. Mir fehlt der Mut, ‚einfach so' etwas zu schreiben", sagt der ausgebildete Journalist in einer LinkedIn-Schulung in der Runde von Kolleginnen, Kollegen und seinem Chef. Auslöser dieser Aussage ist meine Frage, wie leicht es den einzelnen in der Runde fällt, tatsächlich auf den Button „Beitrag posten" zu klicken.

Die Sorge darum, was wohl die anderen denken – sie begegnet mir sehr häufig in meinen Workshops. Mal verdeckt, mal sehr offen ausgesprochen, zum Beispiel von einer Führungskraft aus dem Vertrieb: „Mir fehlt der Mut. Ich will aktiver werden und ich weiß jetzt, wie es theoretisch geht. Aber ich stehe mir selbst im Weg und komme nicht in die Umsetzung." Wie können wir also mit uns selbst besser ins Gespräch kommen, um mehr Mut aufzubauen?

Ganz ehrlich: Diese Gedanken des „Soll ich wirklich? Reicht das auch? Was denken die anderen?" kenne ich persönlich sehr gut. Einige Male habe ich einen Beitrag bereits getippt und war unsicher, ob ich nun posten soll. Manchmal schalte ich Wegbegleiter:innen ein, die mich gut kennen und die mir einen Stups geben. Meistens hilft mir eine kurze Reflexion mit mir selbst, um solche Hürden zu nehmen.

In solchen Fällen klopfe ich die Idee daraufhin ab, was wohl Christopher (42) und Christa (55) dazu sagen. Diese beiden sehr unterschiedliche Persönlichkeiten aus meinem Netzwerk arbeiten selbständig bzw. als Führungskraft in einem Unternehmen und sind typische und gleichzeitig sehr unterschiedliche Klient:innen.

Christa und Christopher sind sogenannte „Personas". Ich habe sie als Wunschkunde und Wunschkundin definiert, charakterisiert – sie leben nur in meiner Phantasie. Sie sind idealtypische Persönlichkeiten, deren Merkmale und Eigenschaften ich für bessere Entscheidungen im Alltag und innere Dialoge festgelegt habe. Neben ihrem Alter haben sie eine Familie, Freundeskreise, eine Laufbahn, eine Wohnsituation, ihr spezifisches Mediennutzungsverhalten und weitere Charaktereigenschaften. Sie sind ein bunter Mix aus allen sympathischen Kund:innen, mit denen ich gearbeitet habe und mit denen ich gern zukünftig arbeiten möchte. Und ja, sie haben auch problematische und weniger liebenswerte Eigenschaften.

Sobald ich unsicher werde, schaue ich mit den Augen von Christopher und Christa auf meine Postings und entscheide – ist der Inhalt passend für sie? Bringt er sie weiter? Kommt er bei ihnen an? Sie helfen mir häufig beim Qualitäts-Check. Manchmal sind diese beiden inneren Sparringpartner:innen mutiger als ich: Sie winken beim anfänglichen Zweifel sogar meine Idee durch, mit verwirrter Grimasse Selfies bei LinkedIn zu posten und mich damit ein wenig über mich selbst und auch den Selfie-Trend lustig zu machen. Inzwischen fühle ich mich sehr wohl damit.

Gründe für das Stummbleiben gibt es viele – zumeist gehen sie mit der Sorge um die Qualität der Inhalte und um die Reaktionen von anderen einher. Sie richten sich darauf, dass wir uns selbst die Laufbahn oder das Business zerschießen, weil wir etwas schreiben, was anderen missfällt. Auch die Angst vor ausbleibenden Reaktionen gehört dazu.

„Mehr Mut" postulieren wir Kommunikationsberater:innen gern. Allerdings belassen wir es dabei häufig bei Systembeschreibungen und zeigen der Einzelperson keine Lösungen auf, wie dieser Mut aufgebracht werden kann.

TAKE THAT
Der pure Appell zu „mehr Mut" greift zu kurz, dadurch wird sich für Dich nichts ändern. Die Entscheidung muss bei Dir in Kopf, Herz und Bauch fallen, dann gelingt die Umsetzung.

Lass uns also jetzt klären, wie Du diesem Schritt näherkommen kannst. Um dieses Thema des „mangelnden Mutes" fundiert auszuleuchten, spreche ich mit Senior Coach Kara Pientka. Wir kooperieren zum Thema digitale Positionierung und ich schätze ihre Expertise sehr. Sie ist Lehrcoach mit mehr als 25 Jahren Erfahrung und Gründerin von INHESA, dem Institut für Health- und Selfcare.

Vielfältige Gründe, stumm zu bleiben

Um gut geleitet ins Gespräch zu kommen, stelle ich die fünf wichtigsten Sätze zusammen, die wir in den Digital You Coachings bei geschlossenen Türen häufig hören:

1. „Das sind doch nur Selbstdarsteller:innen."
2. „Was habe ich denn schon zu sagen?"
3. „Spiel Dich nicht so in den Mittelpunkt."
4. „Was denken andere über mich?"
5. „Es ist nicht perfekt."

Hier im Überblick die Einordnung der Sätze seitens Kara Pientka:

Überreicher Glaubenssatz	Einordnung von Kaka Pientka
1. „Das sind doch nur Selbstdarsteller und Selbstdarstellerinnen"	Eine Abwertung der aktiven User. Eine Abgrenzung als willkommene Ausrede, um selbst nicht aktiv werden zu müssen.
2. „Was habe ich denn schon zu sagen?"	Die Person macht sich selbst innerlich klein, erstarrt vor dem großen Kommunikationsangebot bzw. dem Überfluss. Fußt auf „Ich habe nichts weltbewegend Neues zu sagen."
3. „Spiel Dich nicht so in den Mittelpunkt."	Zuschreibung von Dritten auf eine handelnde Person. Kommunikation scheint hinsichtlich Umfang und Inhalt nicht die Erwartungen der anderen zu treffen, sodass das Verhalten der Person missbilligt wird.
4. „Was denken andere über mich?"	Dieser Gedanke ist grundsätzlich normal und richtig. Wir Menschen leben in einem Wechselspiel aus dem Wunsch nach individueller Autonomie und sozialer Zugehörigkeit. Wir haben die Sorge, dass sich andere von uns abwenden. Aus Sorge vor der Blamage und Ausgrenzung bleiben viele Menschen lieber stumm.
5. „Es ist nicht perfekt."	Perfektion gibt es nur in technischen Umgebungen. Wir schätzen diese als Fluggäste z.B. sehr bei der Wartung der Maschinen oder dem Funktionieren von Turbinen. Im Bereich der Kommunikation und der Emotionen gibt es keine Perfektion, die wir erreichen können.

Hast Du Dich selbst bei einem dieser Sätze wiedererkannt? Merke Dir den Satz oder die Sätze, wir kommen darauf wieder zurück. Kara Pientka zufolge sind sie häufig zu finden in einem „Gedankenstrom"; also einer Mischung je nach Tagesform und Anlass. Also hält uns nicht ein Gedanke ab, aktiver zu sein. Es ist ein ganzer Cocktail an Glaubenssätzen.

Merke Dir Deine „Favoriten" und wende sie direkt an im nun folgenden Modell der Selbstregulierung, mit dem wir uns besser selbst managen zu können.

„Glaube nicht alles, was Du denkst und fühlst."

Kara Pientka verweist auf die Tücken innerer Dialoge und auf die dramatischen Übertreibungen in unserer Gedankenwelt. Sie bringt es direkt auf den Punkt: „Das Gemeine am Drama: Wenn Du lange genug in den Gedankenschleifen drin bist, glaubst Du wirklich, was Du Dir erzählst. Glaub bloß nichts alles, was Du denkst und fühlst."

Das Thema Glaubenssätze ist Dir eventuell bereits bekannt – genau sie hindern uns daran, beim Posten auf „Senden" zu klicken oder andere Herausforderungen des (Arbeits-)Lebens anzugehen. Besonders ungünstig: Häufig sind wir uns nicht bewusst, dass wir uns gerade von ihnen blockieren lassen.

Optimal ist es, in diesem Moment auf eine „Stopptaste" zu drücken und diese Blockade auseinander zu klamüsern. Genau das machen wir jetzt, gestützt von einem Denkmodell aus dem INHESA-Institut, das an ein Spiegelei erinnert und das sehr einfach im Alltag anwendbar ist. „Easy but not simple", so der Leitspruch von Kara Pientka.

Zur Einführung des Modells, mit dem wir mehr Klarheit in unser Gedankengetöse bringen können, erläutert Kara Pientka zwei Ich-Zustände[2], in denen wir uns grundsätzlich bewegen können – das Real Self und das Drama Self.

---

2 Der „Ich-Zustand" fußt ursprünglich auf dem Modell der Transaktionsanalyse. Wikipedia bringt es gut auf den Punkt: „Die Transaktionsanalyse (TA) ist eine psychologische Theorie der menschlichen Persönlichkeitsstruktur. Sie wurde Mitte des 20. Jahrhunderts von dem US-amerikanischen Psychiater Eric Berne begründet und wird laufend weiterentwickelt. Sie erhebt den Anspruch, anschauliche psychologische Konzepte zur Verfügung zu stellen, mit denen Menschen ihre erlebte Wirklichkeit reflektieren, analysieren und verändern können.

SELBSTREGULATIONS-MODELL

Selbstregulations-Modell INHESA Institut

Real Self oder Real Mindset

In diesem Zustand sind wir wirklich bei uns selbst, in unserer Mitte, in der Realität geerdet und beziehen trotzdem andere Menschen in unsere Überlegungen mit ein. Grundfragen in diesem Zustand sind: Will ich das wirklich und warum? Was kann ich beeinflussen? Was will ich beeinflussen? Was könnten Perspektiven anderer Menschen sein? Was steht jetzt an?

„Das Real Self: mit den Füßen auf dem Boden, mit dem Herzen am rechten Fleck und mit dem Hirn frisch und belüftet."

Kara Pientka

Drama Self oder Drama Mindset

In diesem Zustand sind wir nicht geerdet und gut balanciert, sondern denken in Übertreibungen hinsichtlich unserer Einflussmöglichkeiten auf das Umfeld. Wir drehen uns um uns selbst und unsere Befindlichkeiten. Im „Drama

Self / Victim" ist dabei die subjektiv empfundene Einflussmöglichkeit auf das Geschehen zu schwach. Wir sind das Opfer. Zu stark hingegen ist die selbst empfundene Einflussmöglichkeit im „Drama Self Hero" – hier überschätzen wir uns und unsere Wirksamkeit.

Lehrreich und unterhaltsam zugleich: Ich empfehle Dir sehr, einmal kurz in das Gespräch mit Kara Pientka hineinzuschauen – vor allem ihr improvisiertes Spiel hinsichtlich der Drama Zustände ist sehr sehenswert – zu sehen in unserem Talk auf new-networking.de ab Minute 37:00 bis ca. 50:00.

Wenn wir dieses Modell nun auf uns selbst anwenden wollen, müssen wir uns zunächst einmal sehr aufmerksam selbst zuhören. Was denken wir, wenn wir nicht in die Umsetzung kommen? Was genau hält uns ab? Falls Du solch einen Gedanken abseits der fünf bereits genannten erfassen kannst, halte ihn jetzt schriftlich fest und nimm ihn mit auf unsere Denkreise. Kara Pientka betont, dass wir Menschen im Alltag immer wieder zwischen dem Drama Self „Hero" und dem Drama Self „Victim" hin- und herwechseln. „Wir sind nicht einheitlich, sondern wir wechseln selbst permanent zwischen diesen Zuständen." Dies siehst Du in diesem Schema auf der Zeitachse (x) abgebildet:

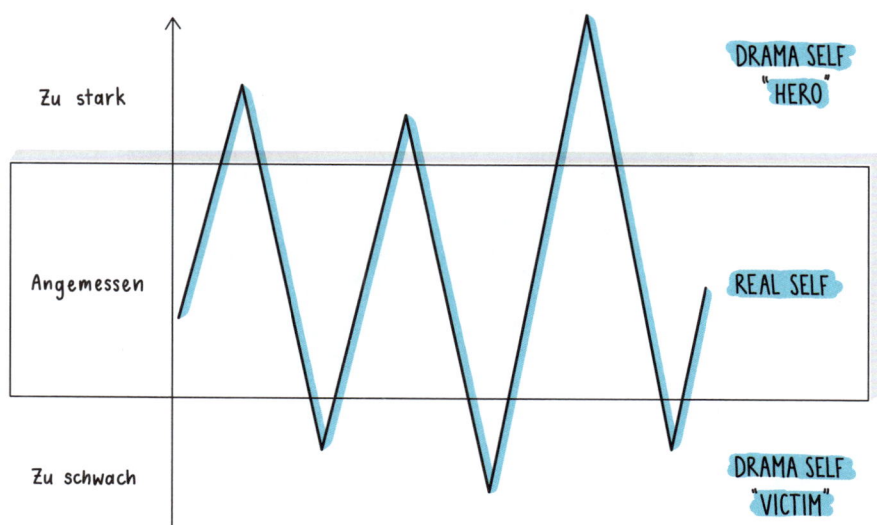

Selbstregulations-Modell INHESA Institut

Reflektiere für Dich: Empfindest Du wenig oder viel Einflussmöglichkeiten auf Deine Aktivitäten in den Business-Netzwerken? Auf Deine Positionierung? Sorgst Du Dich davor, Dich mit Deinen Äußerungen auszugrenzen? Zu blamieren? Nicht gut genug zu sein? Aus der Menge hervorzustechen – ohne dass das gut ankäme in Deiner Organisation? Resultierend aus dem Gespräch mit Kara habe ich die Dimensionen „Hero" und „Victim" in das Schema von Real Self und Drama Self integriert:

Du ahnst es schon – unsere fünf diskutierten Sätze finden wir ebenfalls im äußeren Drama-Kreis wieder. Beispielsatz 2, „Was habe ich denn schon zu sagen?" findet sich im unteren Halbkreis, da hier eher der Opfer-Status eingenommen wird bzw. sich die Person wenig Einflussmöglichkeiten auf das Geschehen zuspricht.

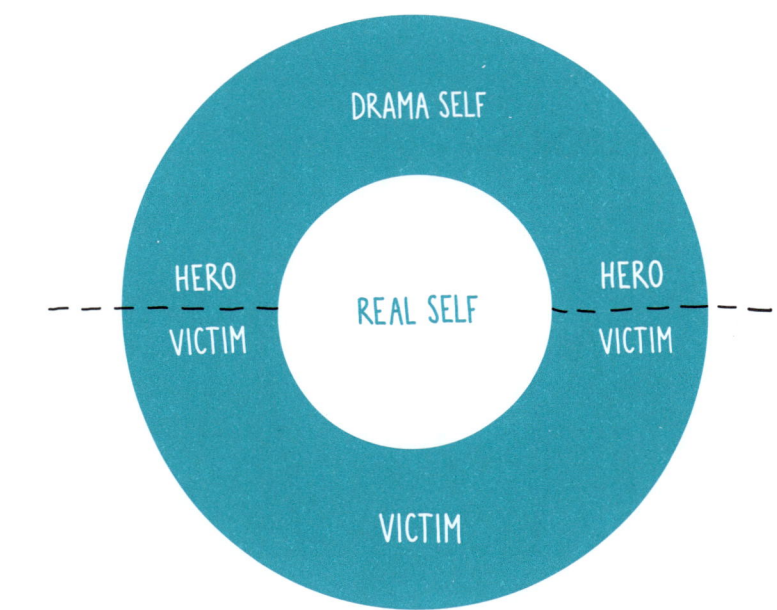

Kara Pientka und Kathrin Koehler, resultierend aus dem Interview

All jene, die in den sozialen Netzwerken nur Selbstdarsteller:innen sehen, empfinden große Einflussmöglichkeiten bzw. den Hero-Modus und grenzen sich vermeintlich bewusst ab, indem sie sagen: „Da sind nur Selbstdarsteller, das mache ich nicht mit."

Neujustierung mit der differenzierten Denkpause

Der Einsatz der Stopptaste – im Alltag ist genau dies „die größte Herausforderung, wenn wir mitten im Stress sind und auf uns selbst blicken sollen. Gleichzeitig ist das der größte Hebel und der Weg heraus", so Kara Pientka. Und sie gibt zu bedenken: „Wenn wir das in positiven Situationen machen und sie bewusst genießen, ist das sogar qualitätserhöhend."

Wie können wir bemerken, dass wir nicht in unserer produktiven Mitte, also im Real Self sind? Kara Pientka verweist hier auf unsere Körperlichkeit und den Druck in der Magengegend oder in der Brust. Diese sogenannten „somatischen Marker" können wir spüren, wenn für uns ein Aspekt nicht stimmig ist.

Dann heißt es, die Gedanken oder Glaubenssätze in einer Art differenzierter Denkpause daraufhin abzuklopfen, ob wir aktuell in einem Drama-Zustand sind oder in unserem ausbalancierten Kern ruhen. „Ich bin ein Schisser" – diese Aussage oder dieser Gedanke lässt sich recht eindeutig dem Drama-Zustand „Victim" zuordnen.

Im nächsten Schritt fragen wir uns: Wie kann ich mich nun selbst gut managen? Wie finde ich wieder zurück in meine Mitte? Mit welchen Gedanken kann ich „die Kirche im Dorf lassen"? Kara Pientka gibt den blockierenden Gedanken sogar einen neuen Spin, sie sieht sie als eine wertvolle Begleitung und Motivation für die Selbstregulation: „Wir können uns sagen: Meine Sorge ist wertvoll, sie ist mein innerer Qualitätsmanager."

Mit dieser neuen Perspektive findest Du den Weg hinaus aus dem Drama Self. Für die einzelnen Sätze haben wir ebenfalls gute Aussagen auf Basis des Real Selfs gefunden:

Gedanke im Drama Self	Möglicher Gedanke im Real Self
1. „Das sind doch nur Selbstdarsteller und Selbstdarstellerinnen."	„Es gibt schon eine Menge Selbstdarsteller:innen in den sozialen Netzwerken. Ich muss das ja deshalb noch lange nicht sein."
2. „Was habe ich denn schon zu sagen?"	„Wem möchte ich was sagen – einhergehend mit meiner professionellen Rolle? Ich werde ein Thema finden, zu dem ich wirklich etwas zu sagen habe und meinen Beitrag leisten kann, bei dem ich gut Bescheid weiß."
3. „Spiel Dich nicht so in den Mittelpunkt."	„Ich werde einstehen für das, was mir wichtig ist. Egal, was andere über mich denken und mir zu Ohren kommt."
4. „Was denken andere über mich?"	„Wie kommt das wohl an? Hole ich die Perspektiven, die für mich wichtig sind, mit ein? Ist dies eine angemessene Botschaft?"
5. „Es ist nicht perfekt."	„Perfektion gibt es nicht. Wie erreiche ich die bestmögliche Qualität?"

Gerade den Perfektionismus-Anspruch erlebt Kara Pientka als Coach sehr häufig. Ihr Tipp: „Perfektion gibt es nicht in der Kommunikation und damit im psycho-emotionalen Bereich. Nimm die Perspektive der Leserinnen und Leser ein und frage Dich: Ist das die Qualität, mit der ich bei ihnen sichtbar sein will?" Der Anspruch nach Perfektion sei eine irrationale Überhöhung und damit Anfang vom Ende.

„Menschen mit Bedenken sind die smarten Gemüter. Selbstzweifel sind ein Zeichen von Sensibilität und Qualitätsbewusstsein. Wir sollten sie nutzen, anstatt zu verstummen.

Viele Menschen warten auf den Mut – der kommt dann aber nie. Also sollten wir uns fragen: Was ist die Blockade, was ist die Hemmung?"

Kara Pientka

Kara Pientka arbeitet sehr deutlich heraus, dass der Begriff „Mut" nicht gut passt. „Um Mut geht es nur kurz vorm Absprung vom Fünf-Meter-Brett oder in dem Moment kurz vorm Klick auf ‚Posten'. Das ist nur ein kurzer Moment am Ende einer Kette." Die erste Frage solle stets sein: Will ich das? Warum? Für wen? Was ist der Nutzen? Damit führen wir uns zurück auf die rationale Ebene, zum Real Self. Hier nehmen wir uns bewusst Herausforderungen vor, die uns nutzen. Sobald wir stocken oder verkrampfen, drücken wir die innere Stopptaste und fragen wir bei uns selbst genau nach: Warum ist das so?

Findest Du Dich hier wieder? Zögerst Du auch, aktiv zu werden und bleibst aus einem spezifischen Grund lieber stumm? Während des Gesprächs mit Kara Pientka haben wir erste **Tipps und Impulse** gesammelt, **wie Menschen sich selbst aus ihren Blockaden lösen können**:

- „Das versendet sich", weist Kara Pientka mit diesem journalistischen Ausspruch darauf hin, dass unser Posting nur eines von Tausenden am Tag ist. Zuweilen nehmen wir uns selbst zu wichtig, sehen uns zu sehr im Mittelpunkt des Geschehens.

- Ausatmen. So einfach und so effektiv. Entspannt den Solarplexus und bringt Dich aus dem Drama.

- Sich selbst beobachten. Gibt es eine körperliche Verkrampfung und wenn ja, wann genau? Die Stopptaste drücken, dem Körper zuhören, hineinfühlen und den Gedanken nachspüren.

- Sich schütteln. Der smarte Weg von Hunden, Anspannungen zu lösen. Sehr einfache Technik, die uns wieder ins Lot bringt.

- „Inhalt hilft", so Kara Pientka. Inhalt in Form von: Wofür möchte ich wahrgenommen werden?

- Vorbereitung. Differenzierte Auseinandersetzung mit dem Thema schärft den Blick auf die eigene Haltung. Sehr hilfreich für Introvertierte.

- Vertrauensvollen Sparring finden. Für wertschätzendes, aber doch offenes Feedback, ob die Richtung stimmt oder um sich das letzte ‚Go' abzuholen.

- „Es muss nicht immer easy sein." Lass diesen Gedanken zu. Wer bislang eher stumm war und nun mehr kommunizieren will, strebt eine Verhaltensänderung an. Dies darf im Prozess auch mal schwierig sein.

- Kara Pientkas letzter Tipp: „Ich darf mich hineinentwickeln." Diese Einstellung berücksichtigt den Prozess, in dem wir uns verbessern können.

Vielen herzlichen Dank, liebe Kara Pientka, für diesen sehr inspirierenden Austausch, für Deinen versierten Blick auf die Themen und für die umfangreiche Liste mit Impulsen, mit denen wir gut zurück ins Real Self finden können:

Eine weitere Idee und klassische Coaching-Intervention, die zu diesem Thema aus der Digital You-Community ergänzt wurde: „Denke das Gegenteil." Was passiert, wenn es überhaupt nicht klappt – geht dann die Welt unter? Ich habe mir diese Frage schon häufiger mit „Nö" oder „Eher nicht" beantwortet und habe damit meine persönlichen Hürden bewältigt.

Einen sehr wertvollen positiven Dreh bekommt auch der „Schisser" im Workshop, also der ausgebildete Journalist in unserer Diskussion über die Frage, wie er mehr Mut zum Posten aufbringen kann. Sehr vorbildlich ist der Impuls seines Vorgesetzten, der sich ebenfalls mit meinungsstarken Äußerungen bei LinkedIn und Facebook zeigt: „Lass die Skrupel nicht überhandnehmen. Privatperson und Rolle fließen ineinander, aber das fließt dann auch schnell wieder vorbei. Am nächsten Tag ist das wieder passé."

Komm ins Tun
Beobachte Dich: Spüre Deinem Bauchgefühl nach. Fange Deine Gedanken ein. Bist Du hinsichtlich Deiner Kommunikation in den sozialen Business-Netzwerken in Deiner Mitte – oder dramatisierst Du? Was wäre der rationale Gedanke? Betrachte noch einmal das Real Self-Drama-Self-Schema. Wo lassen sich Deine Gedanken einordnen? Sorgst Du Dich davor, Dich selbst ins Abseits zu stellen, wenn Du mit Deinen Postings eventuell auffällst oder aneckst? Bei welchen Themen könnte das passieren?

Gibt es eine vertraute Person, mit der Du Dich austauschen und dazulernen kannst, indem Du ebenfalls Feedback anbietest? Kläre das Wozu: Was ist der Nutzen der Verhaltensänderung? Lohnt der Aufwand? Dazu findest Du später noch mehr im Kapitel 12, Die Superpower: Energie freisetzen mit der bewussten Positionierung.

Erste „Mutprobe" für Dich, um in die Sichtbarkeit zu kommen – wenn auch zunächst im 1:1: Überlege Dir, wer Dich immer und immer wieder inspiriert, z.B. bei Twitter, Instagram oder LinkedIn – und wo Du nie ein Like hinterlässt. Schreibe eine persönliche Nachricht an diese Person und bedanke Dich für den guten Content und schreibe dazu, wie und warum sie Dich inspiriert oder wozu sie Dich bereits motiviert hat. Du wirst sehen – es stärkt die Beziehung zu dieser Person, ganz im Sinne des New Networking.

Wenn Du den Schritt in die Sichtbarkeit wirklich, wirklich willst und aus eigener Kraft nicht schaffst, dann macht eventuell ein Gespräch mit einem professionellen Coach Sinn. Er oder sie ist geschult, Blockaden schnell zu erkennen und professionell aufzubohren. Meine Erfahrung: Dabei kommt häufig viel mehr in Bewegung, als Du im ersten Schritt erwartest. Viel Erfolg!

Der smarte Weg ohne Perfektionismus, Skepsis, Selbstzweifel

Der „Mut zur Sichtbarkeit" hat nur am Rande etwas mit tatsächlichem Mut im psychologischen Sinn zu tun. Hilfreich ist die bewusste Auseinandersetzung mit übertriebenen Emotionen. Hohe Ansprüche an die eigene Performance, die Sorge vor Blamagen, fehlendes Zutrauen und das herablassende Blicken auf Menschen, die sich hier austauschen: Die Gründe, still zu bleiben in den Business-Netzwerken, sind vielfältig und werden wohl der Einfachheit halber mit fehlendem „Mut" abgekürzt. Einige Menschen lassen sich von ihrem Gedankengetöse dauerhaft davon abbringen, sich in die Gespräche am virtuellen Stehtisch einzuschalten. Somatische Marker bzw. das berühmte „Bauchgefühl" können darauf hinweisen, dass hier etwas im Argen liegt. Größte Herausforderung: Die innere Stopptaste zu finden, um den eigenen Gedanken zu lauschen und sich selbst zu regulieren. Sich durchzuschütteln wie ein Hund und der bewusste Blick auf die Aktivitäten sind mögliche Wege, die persönlichen Blockaden zu lösen und die Kirche wieder zurück ins Dorf zu holen.

Digital *You*

Show & Tell | Live | 01. März | 12.30 Uhr

Mehr Mut zur Sichtbarkeit

Mit **Kara Pientka**
Senior Coach mit über
20 Jahren Expertise

Digital *You*

Kathrin, Digital You

Kara Pientka - INHESA Institut

Kara Pientka, Inhaberin und Senior Lehrcoach von INHESA, dem Institut für Health und Selfcare in Berlin, verfügt über mehr als 25 Jahre Erfahrung im Bereich des professionellen Coachings. Durch die medizinisch fundierten Coachingansätze von INHESA finden Menschen und Organisationen zu einer bestmöglichen Lebens- und Arbeitsqualität.

„Digital ist nicht unreal.
Früher hätten wir gesagt, das sind ja nur
Follower oder nur digitale Kontakte.“

Ines Imdahl

5

Regelbruch:
Expertenpositionierung
im prallen Alltag

„Kathrin, ich möchte die Corona-Phase nutzen und mich bei LinkedIn besser positionieren." Ines Imdahl kam während des ersten Lockdowns im Frühjahr 2020 mit dem Wunsch auf mich zu, mit einer optimierten Präsenz und strategischer Herangehensweise den smarten Weg einzuschlagen und ihre Sichtbarkeit durchs digitale Netzwerken auf der Plattform zu erhöhen. Der Wegfall persönlicher Begegnungen bei Netzwerktreffen oder Businessterminen und die Sorge um geschäftliche Einbußen führten in dieser Phase dazu, dass weltweit bei LinkedIn im Jahr 2020 im Vergleich zum Vorjahr 50 Prozent mehr Inhalte gepostet wurden.

Ines Imdahl trägt dazu bemerkenswert bei: Seit unserer Zusammenarbeit im April 2020 hat sie kontinuierlich Beiträge gepostet, ihre Sichtbarkeit auf der Plattform deutlich gesteigert und – als messbares Ergebnis – die Zahl ihrer Follower innerhalb von zwei Jahren von 800 auf 8.000 in 2022 verzehnfacht. Ein guter Zeitpunkt für ein Resümee im Talk. Sie ist aus meiner Sicht ein Best Case für authentisches Netzwerken und reflektiertes Personal Branding, fürs transparente Kommunizieren und Netzwerken mit starkem Fokus auf persönliche Beziehungen – kurz fürs New Networking.

Zeit ist ein knappes Gut für die 4-fache Mutter, Marktforscherin, Autorin, TV-Expertin – und doch investiert sie sie in regelmäßige Präsenz bei LinkedIn. Wir reflektieren in unserem Gespräch typische Fragen, die sich viele Führungspersönlichkeiten, ob selbständig oder angestellt, zum Start der Aktivitäten bei LinkedIn stellen sollten.

Der berufliche Benefit ist für viele der wichtigste Aspekt in Bezug auf die persönlichen Aktivitäten in den sozialen Netzwerken. Welchen Nutzen sieht Ines Imdahl für sich? Welchen Aufwand betreibt sie? Stresst die Kommunikation auch manchmal? Die nun folgenden Fragen sind typisch für alle, die digital sichtbarer werden und dabei möglichst souverän agieren wollen. Die Aspekte beziehen sich auf persönliche Erfahrungen der Psychologin und sie haben eine hohe Gültigkeit für alle, die den Status der Expertin oder des Experten anstreben. Die Antworten werden entsprechend von mir eingeordnet und kommentiert.

Was bringt Dir LinkedIn?

Ines Imdahl verzeichnet eine gesteigerte Bekanntheit, mehr Vortrags- und Projektanfragen. Sie schildert einen Fall, bei dem sie ohne weitere Empfehlungen aus ihrem Netzwerk für einen bezahlten Vortrag angefragt wurde – klar zurückzuführen auf eine Suche bei LinkedIn. „Sie haben einfach ein Profil gesucht und dann hat LinkedIn mich ausgespuckt. Das war natürlich schön". Hier zahlt es sich aus, dass Ines das Profil mit den richtigen Schlüsselwörtern, also Keywords, bestückt hat, sodass Interessierte sie finden können.

„Was bringt *mir* das?" – diese Frage ist zentral für alle Führungspersönlichkeiten, deren Zeit knapp ist und die sich mit dem beruflichen Netzwerk LinkedIn auseinandersetzen. Es stellt sich die Frage zum Zusammenhang zwischen Aufwand und Nutzen und wie Du diese beiden smart austarierst. Wenn Du dazu mehr erfahren willst, dann lies unbedingt das Kapitel 12, Die Superpower: Energie freisetzen mit der bewussten Positionierung.

Gerade bei skeptischen Menschen kommt vor allem bei den mittlerweile sehr persönlich geprägten Beiträgen in ihrem Nachrichtenfeed der Gedanke auf, dass hier viel selbstbezogener Schall und Rauch oder auch Betroffenheit entstehen und am Ende der Mehrwert fürs Business nicht positiv ausbalanciert ist. Darauf kommt Ines im Detail zu sprechen. Zum Start gilt: Das Invest an Zeit für den Skillaufbau und die ersten Schritte ist immer höher als der Return, da sich die Wirkung erst später einstellt. Viele Menschen scheuen daher diesen ersten Aufwand.

Wann konntest Du erste Effekte beobachten?

Von ein paar Tagen bis zu einem halben Jahr – hinsichtlich der ersten Reaktionen aus dem Netzwerk kann Dir niemand versprechen, dass Du sofort eine Wirkung verzeichnen wirst. Bei Ines dauerte es „zwei, drei Monate", so blickt sie zurück, bis sie deutlich mehr Kontaktanfragen verzeichnete. Viele Menschen empfinden Vernetzungsanfragen von bislang Unbekannten als verstörend oder lästig. Wenn Du in die Sichtbarkeit willst, solltest Du Dein Mindset diesbezüglich ändern: Vernetzung führt zu Sichtbarkeit, da Deine Beiträge und Deine Reaktionen diesen neuen Kontakten angezeigt werden. Du musst dabei gar nicht selbst posten: Um sichtbar zu werden, kannst Du Dich ebenso an die Stehtische Deiner neuen Kontakte gesellen und Dich per Kommentar ins Gespräch einschalten.

Der Anstieg von Vernetzungsanfragen ist also ein gewünschter Effekt. Bei Ines hatten sich bis dahin die Geschäftskontakte „angesammelt". Beim bewussten Start des Netzwerkausbaus hat sie ihre Kontakte durch den Abgleich von Visitenkarten auch in LinkedIn abgebildet – dies lassen leider viele Nutzer:innen als „erste Hausaufgabe" aus.

Wieviel Zeit investierst Du pro Tag?

Bevor wir über Zeit sprechen, gilt es zu beachten: Ines pflegt einen Expertinnen-Auftritt. Dieser bedarf eines höheren Aufwands und begleitenden Reflexionen als eine gut gepflegte Business-Präsenz. Im Durchschnitt investiert Ines Imdahl eine Stunde pro Tag für die Erstellung von Artikeln (bis Sommer 2021), von

Beiträgen sowie für das Community-Management, also dem Beobachten der Reaktionen und der Fortsetzung des Gesprächs via Likes und Kommentaren.

Für das Erstellen eines Postings benötigt Ines rund eine Stunde. Schlüssel zum Erfolg ist vor allem ihr weiteres Vorgehen: „In der Regel bleibe ich nach dem Posten eine Stunde online, weil ich in der ersten Stunde auch alle Kommentare beobachte. Ich checke in dieser Zeit auch in meinen alten Posts und gucke, wer was gelikt hat, wer kommentiert hat und dann schaue ich: Macht es Sinn, sich zu vernetzen? Oder ich beantworte Vernetzungsanfragen und meine Nachrichten. Meine Hauptzeit ist immer unmittelbar zum Posten und unmittelbar nach dem Post, weil ich den betreuen will."

Was ist die beste Tageszeit?

„Ich poste eigentlich nur, wenn ich auch danach Zeit habe zu betreuen. Also poste ich fast immer abends." Womit wir gleich bei einem Punkt sind, bei dem Ines als Unternehmerin und Mutter, die tagsüber sehr gefordert ist, von den gängigen Regeln der optimalen Zeiten „dienstags bis donnerstags, 8 bis 15 Uhr" abweicht. Wenn sie am Abend veröffentlicht, erhält sie aus ihrem Netzwerk von Führungspersönlichkeiten direkte Reaktionen aus ihrem Netzwerk, so dass sie das vor allem in den ersten Stunden notwendige Engagement trotzdem erhält.

Ines: „Manche Sachen passen halt nicht in meinen Alltag. Dann hat man nur die Möglichkeit zu sagen: Ich mache es gar nicht. Oder ich guck mal, ob es nicht eine Ausnahme von der Regel gibt." Sie beobachtet ihre persönlichen Muster: „Meine besten Posts sind alle sonntags abends gegen acht oder neun Uhr erschienen." Damit sind wir direkt bei einem viralem Hit, den Ines mit einem persönlichen Posting zum Thema Vereinbarkeit von Familie und Beruf erzielt hat.

Welches war Dein erfolgreichstes Posting?

Ines Imdahl schlüsselt in einem Beitrag sehr detailliert „unser sehr ausgeklügeltes Modell" der Kinderbetreuung mit Fokus auf die Arbeitsteilung mit ihrem Mann auf. „Ich hatte gesehen, dass auf LinkedIn viel zum Thema Vereinbarkeit gesprochen wurde und auch auf Instagram immer mehr Mütter solche Vereinbarkeits-Meetings und ähnliches gemacht haben. Und ich habe gedacht: ‚Verdammt noch mal, wir hatten das Thema schon, als wir unser erstes Kind bekommen haben vor 20 Jahren und wir uns gesagt haben: Das muss doch besser gehen. Wieso denken sich das alle immer wieder neu aus?'"

Ihr ausführlicher Erfahrungsbericht zum Thema Vereinbarkeit mit den genau aufgeschlüsselten Betreuungszeiten pro Tag wurde mehr als 500.000 Mal in den Feeds ihrer Kontakte und weit über ihr Netzwerk hinaus angezeigt. Sehr überrascht war Ines über den schnellen Reichweitenaufbau: „Am nächsten Morgen waren da gleich 500, 600 Likes drauf und dann hat das überhaupt nicht aufgehört."

Redaktionelle Hilfe und „Pröffentlichkeit®" boosten die Reichweite

Hier kommen zwei Punkte zusammen: Pointierte Beiträge mit Bezug zum Berufsleben werden häufig von der LinkedIn-Redaktion aufgegriffen und in den „LinkedIn News", einem spezifischen Nachrichtenfeed im Mix mit anderen Postings zum Thema ausgespielt. Dieser wird angezeigt oben rechts auf der Startseite auf jedem LinkedIn-Profil. Die Redaktion kuratiert hier sowohl Nachrichten als auch interessante Beiträge aus dem Netzwerk. Sobald die Redaktion einen Beitrag auf diese Weise prominent darstellt, können viele weitere Nutzer:innen weit über das eigene Netzwerk hinaus erreicht werden.

Zudem hat Ines einen wichtigen Erfolgsfaktor befolgt: Sie verbindet in diesem Posting eine gesellschaftliche Debatte mit emotionaler Aufladung mit ihren persönlichen Erfahrungen. Sie selbst hat dafür den sehr passenden Begriff „Pröffentlichkeit®" geprägt. Dieser Begriff vereint das Private, das Persönliche, mit öffentlichen Themen – dieses Konzept findet sich besonders in den Social Media in der persönlichen Kommunikation.

Ein viraler Hit bedeutet richtig Arbeit

Wie bei allen Postings antwortet Ines auch hier auf die vielen Kommentare und geteilten Beiträge. „Also dieser Post hat mich mehr als eine Stunde am Tag gekostet. Mein Anspruch war es, natürlich alle, also mehr als 500 Kommentare sowie 200 Shares auch zu honorieren, zu beachten und die Menschen, die sich damit auseinandergesetzt haben, auch zu berücksichtigen." Ines bleibt also nicht auf halber Strecke stehen und feiert sich für die vielen Likes und Kommentare. Sie legt Wert auf die Kontaktaufnahme zu den Menschen und will in Beziehung treten. Eine spannende Erfahrung, aber Ines sagt wie viele andere, die einmal ‚viral gegangen' sind: „Das muss ich aber jetzt nicht jede Woche haben."

Wie persönlich sollten wir werden?

Ines reflektiert, dass sie zum Start der LinkedIn-Aktivitäten distanzierter und sachlicher geschrieben hat. „Und dann habe ich gesagt: Warum schreibe ich eigentlich nicht so, wie ich in meinen Büchern schreibe? Die persönliche Seite zu zeigen – das erfordert sicher etwas Mut. Ich versuche, das Persönliche immer auch in einen übergeordneten Zusammenhang zu stellen und umgekehrt." Diese Verknüpfung öffentlicher, gesellschaftlicher Themen mit der persönlichen Sicht der Psychologin auf Sachverhalte oder Entwicklungen – das ist eines der Erfolgsrezepte, die Ines Imdahl immer wieder umsetzt und sich wohl damit fühlt. Über die Zeit hat sie mit diesem Ansatz ihre Authentizität aufgebaut. Zudem überlegt sie genau, welche Themen sie nicht teilt, wo ihre persönliche Grenze für Offenheit gegenüber dem Netzwerk verläuft und was sie z.B. aus dem Privatleben nicht teilt.

TAKE THAT
Das Private ist nicht identisch mit dem Persönlichen.
In den Business Netzwerken setzen wir
persönliche Ansichten ein und geben unseren Senf dazu.
Genau dafür interessieren sich unsere Kontakte.

Und wie denkt Ines Imdahl über Personen, die genau dies vermeiden wollen? „Wenn man das nicht möchte? Wenn man sagt, das ist mir zu persönlich? Dann kann ich als Psychologin nur sagen: Jeder Post ist persönlich, auch wenn er das vermeintlich nicht ist."

Ines spricht den Usern Mut zu, das Persönliche ruhig mit gesellschaftlichen Themen zusammenzubringen: „Wenn man sich verletzbarer zeigt, sind die Menschen erstaunlicherweise vorsichtiger mit Dir, als wenn Du Dich komplett unverletzbar zeigst."

Wie gehst Du mit Trollen um?
Bei einem Netzwerk mit mehreren tausend Kontakten kommen immer wieder Kommentare von Menschen, die wir nicht persönlich kennen und die eine deutliche oder auch eine verdeckte Kritik äußern oder Kommentare schreiben,

die uns seltsam erscheinen, nicht unseren Werten entsprechen oder uns fachlich und persönlich angreifen.

Ines Imdahl hat für sich ein paar sehr empfehlenswerte Grundregeln festgelegt. Sie fängt bei ihrem Verhalten an: „Ich versuche selbst, keine negativen Kommentare abzusetzen, selbst wenn ich mich mal ärgere." Dann klappe sie den Rechner lieber zu, als in Konflikte einzusteigen. Wenn das Ausblenden nicht gelinge, dann „kommt Plan B. Dann schmeiße ich die Leute raus." Damit spricht Ines die Möglichkeiten an, den Kontakt zu Menschen bei LinkedIn wieder zu lösen oder gar diese Menschen aus dem Sichtfeld zu verbannen – sprich sie zu blockieren. Dieser harte Cut kann sinnvoll sein, wenn sich Personen im Ton vergreifen.

Ines verhält sich souverän, wenn sie sagt: „Mein Feed ist mein Zuhause. Alle die nett sind, sind herzlich eingeladen. Und alles, was unter die Gürtellinie geht, schmeiße ich aus meinem Zuhause raus." Und sie reflektiert: „Mich treffen Kommentare, die nicht so nett sind, immer wieder tief ins Mark."

Interessanter Aspekt: Ines Imdahl beobachtet dies nicht nur bei den persönlichen, sondern auch bei sachlich geprägten Postings. Ihre Reaktion: „Ich habe auch schon zweimal geschrieben: ‚Warum machen Sie das? Das ist total verletzend.'" Ohne Absprache ist dies nah an meiner Empfehlung für Antworten, die wir unter seltsame oder verletzende Kommentare setzen können: „Was ist der Zweck Ihrer Aussage?" Sehr gut funktioniert auch stets: „Ich möchte Ihre Aussage in einem Podcast veröffentlichen. Darf ich Ihren Namen nennen?" Menschen, die ich bei engagierten Diskussionen darum bitte, sagen dies stets erfreut zu und bitten um weitere Infos, wann der Podcast erscheint. Trolle nicht.

Und wenn es dann nicht aufhört, Ines? „Dann schmeiß ich die Leute aus meinem Netzwerk. Glücklicherweise muss ich aber sagen, dass auch hier wieder 95 % aller Kommentare, aller Aktionen positiv sind. Und das finde ich ok bei 8.000 oder 10.000 Leuten."

Wie verhalten sich Aufwand und Nutzen?

Einen Social Media Account richtig gut zu bedienen, das bedeutet Arbeit – dies bestätigt auch Ines Imdahl.

Um das Geschäft während der Pandemie zu stützen, startete Ines mit einem hohen Takt von einem Posting pro Tag und reduzierte diese Frequenz im Herbst 2021 auf ein bis zwei Beiträge pro Woche. Wenn wir nun eine Kosten-Nutzen-Rechnung aufstellen, sollten wir vorab überlegen: Blicken wir nur auf den monetären Aspekt und verknüpfen den Zeitaufwand mit einem Honorar oder beziehen wir die kaum berechenbaren Mehrwerte von bereicherndem Austausch, Inspiration, Motivation, Vertrauensaufbau und Beziehungspflege mit ein?

Zu erstem sagt Ines: „Ich habe viele Anfragen für bezahlte Vorträge bekommen, auch während des Lockdowns, die ich ohne diese investierte Zeit nicht bekommen hätte. Wenn ich meine Zeit gegenrechne, es ist vielleicht noch ein bisschen mehr investiert als rausgeholt."

Doch Ines rechnet nicht nur Zeit gegen Geld, sondern auch geistige Wertschöpfung: „Ich habe zum Glück viele, viele Menschen auf LinkedIn auch erst kennenlernen dürfen, zu denen ich ein schon fast freundschaftliches Verhältnis entwickelt habe. Ich möchte in Kontakt mit meiner wunderbaren Community sein."

Was ist Deine strategische Zielsetzung?

Viele Menschen setzen sich zum Ziel, Expertin oder Experte zu werden. Ines formuliert das sehr klar für sich: „Ich habe das Ziel, in der Psychologie eine bedeutende Frau zu werden, in Deutschland oder in der deutschsprachigen Region. Dabei geht es nicht darum, durch schöne Bilder bekannt zu werden, sondern ich möchte durch psychologische Aussagen, psychologische Zusammenhänge eine gewisse Relevanz haben, weil mir die Psychologie Spaß macht und weil ich 30 Jahre Forschung auf dem Buckel habe und denke, dass ich zu vielen Themen wirklich etwas sagen kann."

Auf Basis dieser klaren Zielsetzung folgt schnell die Überlegung der optimalen Social Media-Kanäle begleitend zur Präsenz in den Massenmedien wie TV und Zeitschriften. Twitter erscheint ihr „zu politisch und für diese psychologische Positionierung nicht geeignet". Instagram ist ihr zu sehr auf Beauty und Influencing ausgelegt. Bei Facebook passt für sie die Tonlage in öffentlichen Debatten nicht: „Zu niveaulos."

Schließlich habe sie zwischen Xing und LinkedIn entschieden und aufgrund der Internationalität für LinkedIn entschieden – und weil LinkedIn mehr Format-Möglichkeiten beim Publizieren wie z.B. Video bereit stellt.

Wie kommst Du mit der Technik klar?

Der Aufbau von Beiträgen, die Gestaltung und der Zuschnitt von Fotos, das Hochladen – Menschen mit wenigen technischen und grafischen Erfahrungen schrecken davor häufig zurück. Sie überschätzen den Aufwand für die grafische Gestaltung von Bildern – dabei ist die Technik schnell erklärt und erlernbar.

Ines Imdahl betont bei der Überlegung zum Thema Aufwand, dass technische Aspekte vor allem zum Start der Aktivitäten Zeit gekostet haben – und dass sie mit der Routine schneller darin geworden ist. Bei LinkedIn sehen wir im Feed häufig Bilder, die mit Textzeilen gestaltet werden. Wer bislang keinen Zugang zu grafischen Programmen hatte und doch so eine Umsetzung aus eigenen Bildern in Verbindung mit Texten ohne professionelle Unterstützung anstrebt, fragt sich häufig: Wie bekommen die Nutzerinnen und Nutzer die Texte auf die Fotos? Ein schnellster Hack dafür ist Powerpoint: Hier lassen sich Bilder auf Charts integrieren und ebenfalls ein Text dazu stellen. Per Screenshot oder Speichern ist so sehr kurzfristig die Gestaltung eines Bildformats mit spezifischen Farben, Key Visuals oder gar einem Logo möglich. Vor allem die Kombination aus Selbstportrait, also Selfie, und einem darüber liegenden Text ist bei LinkedIn ein sehr verbreiteter Ansatz, die Aufmerksamkeit für ein Posting zu steigern.

Zu dieser häufig gestellten Frage findest Du auf new-networking.de ein kurzes Video, das Dir die Nutzung der Bildbearbeitungssoftware canva.com erklärt, mit der Du kostenfrei und in einfacher Umsetzung Bilder und Texte vereinen kannst.

Der Grat zwischen Selbstbeweihräucherung durch den Einsatz zu vieler Selbstportraits und dem Ausnutzen der erhöhten Aufmerksamkeit durch den angemesseneren Einsatz von Selfies, er ist schmal. Als Psychologin bestätigt Ines, dass wir beim Austausch am virtuellen Stehtisch wissen wollen, „wer hinter der Botschaft steckt". Ines' Ansatz dazu kann ich voll bestätigen: Wir merken uns eine Botschaft viel besser, wenn wir sie mit einem Gesicht verknüpfen können.

Sie führt aber noch einen weiteren Aspekt an, der vor allem für Urheber:innen und Vordenker:innen interessant ist: „Ich möchte natürlich für bestimmte Aussagen stehen." In ihrem Umfeld gäbe es Fälle, in denen Botschaften – ob bewusst oder unbewusst – ohne Quellenangabe übernommen werden. „Ich kenne eine Frau, die ganz tolle Sätze von sich gegeben hat und die sie auf jeden Fall mit sich als Person verknüpfen sollte." Ideen sind flüchtig, vor allem das geistige Eigentum ist häufig schwer zu besetzen. Die Verknüpfung von Konterfei mit einer Aussage ist ein probater Weg des Zusammenschweißens von Urheber:in und Botschaft.

Wie können wir gut mit Selbstzweifeln umgehen?

Selbstzweifel kennen viele Menschen, und vor allem viele Frauen. In ihrem Buch widmen Ines Imdahl und Janina Steeger dem Selbstzweifel ein ganzes Kapitel (Imdahl & Steeger, 2022). In ihrer Argumentation dreht Ines den Spieß zum Thema Selbstzweifel um: „Unsere Selbstzweifel sind das Sicherste, was wir erreichen können. Dieses ‚Nicht-genug-sein' ist kein Mangel, sondern eine weibliche Seite, die wir besser für uns nutzen sollten. Wir sollten frohgemut hergehen und sagen: Klar habe ich Zweifel, aber das macht mich nur besser."

„Selbstzweifel sind ein Superskill zur Selbstoptimierung."

Ines Imdahl

Mit Ines stimme ich voll überein, wenn sie auf die Zweifel zu sprechen kommt, in der Kommunikation souverän vorzugehen. „Wenn wir sagen, die Zweifel müssen weg, und dann erst fange ich an zu posten, werden wir das nie tun." Ines spricht sich dafür aus, Dinge auch zu probieren, selbst wenn wir nicht zu 100 Prozent sicher sind, ob der Weg der richtige ist: „Manchmal denke ich im

Nachhinein, ich hätte etwas besser machen können. So what? Ich habe es halt eben jetzt so gemacht."

Wie siehst Du den Hang zu Perfektion?

Ines gibt den pragmatischen Tipp, nicht zu warten mit den Aktivitäten, bis alles „perfekt" ist. Ich teile ihre Beobachtung, dass sich vor allem Frauen hier selbst im Weg stehen. Sie schildert eine typische Gedankenkaskade: „Ich kann es erst machen, wenn ich alles perfekt beherrsche, wenn ich das super Thema habe, wenn ich mir ein tolles Design überlegt habe, wenn ich technisch fit genug bin, wenn ich genügend Zeit habe." Wer sich hier wiedererkennt – komm ins Tun mit dem smarten Weg, den wir ab Kapitel 10 starten.

Welche Erkenntnis nimmst Du aus den zwei Jahren mit?

Ines verweist auf die Einschätzung, dass Kontakte nicht weniger wert sind, weil sie über einen digitalen Kanal z.B. über LinkedIn, entstanden sind. Diesen qualitativen Unterschied von „Online-Kontakten" gegenüber den „richtigen Kontakten" bekomme ich häufig in den Coachings widergespiegelt. „Digital ist nicht unreal. Früher hätten wir gesagt, das sind ja nur Follower oder nur digitale Kontakte. Und ich habe die Erfahrung gemacht, dass sich daraus sehr wohl sehr reale Dinge entwickeln. Nicht nur Vortragsanfragen, sondern auch echte Freundschaften, wirklich tiefe Auseinandersetzungen, die keinen Realitätsvergleich scheuen müssen."

Das selbst gesteckte Ziel, sich über LinkedIn für ihr Business als Marktforscherin und Vordenkerin in der Psychologie besser zu positionieren, hat Ines Imdahl mit viel Engagement und gutem Nutzen für sich umgesetzt. Vielen Dank für den Austausch, liebe Ines. Viel Erfolg auf Deinem weiteren Weg. Positionierung ist ein Prozess. Weiter geht's.

Komm ins Tun

Such Dir die Expert:innen auf Deinem Tätigkeitsfeld und analysiere deren Aktivitäten: Wie häufig posten sie? Wie viele Follower haben sie? Und wie viele Reaktionen verzeichnen sie unter ihren Postings? Bei Twitter und LinkedIn kannst Du auf den Profilen eine Glocke drücken und damit gesonderte Benachrichtigungen erhalten, wenn diese Persönlichkeiten etwas posten. So kannst Du ihre Inhalte gut im Blick behalten, frühzeitig liken oder kommentieren. Je schneller Du hier bist, desto eher wird Dein Kommentar von anderen Personen gesehen – und Du bekommst gute Sichtbarkeit.

„Keine Zeit" ist nur eine andere Formulierung von „keine Priorität". Nachdem Du Dir Deine Strategie erarbeitet hast, wartest Du nicht, bis alles perfekt ist. Du integrierst das digitale Netzwerken täglich in Deine Routinen und lernst auf dem Weg. Verknüpfe beim Agenda-Surfen gesellschaftlich relevante Themen mit Deinem beruflichen Alltag und Deinen Perspektiven. Scheu nicht vor Diskursen zurück – damit profilierst Du Dich. Die beste Zeit zum Posten ist die, die Dein Alltag zulässt. Rechne den Aufwand nicht nur monetär gegen, sondern bedenke auch die geistige Wertschöpfung, die nicht zu beziffern ist. Wenn Trolle zu sehr nerven, schmeiß sie aus Deinem Netzwerk.

Ines Imdahl ist Psychologin mit Leib und Seele – als Marktforscherin im rheingold Salon, als Speakerin auf Kongressen, als TV-Expertin im WDR sowie als Autorin in Kolumnen und Artikeln.

„Eine gute Balance finden zwischen dem echten Menschen und Corporate Talk."

Daniel Jungblut

6

CEOs: Mit Content bewusst persönliche Facetten betonen

Viele CEOs nutzen heute die digitalen B2B-Netzwerke, um mehr persönliche Wirkkraft aufzubauen. Ein CEO aus der Gesundheitsbranche formuliert das Ziel, Twitter aktiver zu nutzen. Bislang hat das Kommunikationsteam selten über seinen Account gepostet. In unserem Gespräch prüfen wir die Nutzung seines Kanals: Wie kann er die knappe Selbstdarstellung im Profil, genannt „Bio", das Retweeten und Reposten, das Erwähnen anderer mit dem @-Zeichen sowie die Hashtags optimal für sich nutzen? Wie kann er die Resonanz der Aktivitäten messen? Welchen Zeitaufwand sollte er einplanen, um wirklich aktiv zu werden? Während wir über Twitter als Tool sprechen, streue ich die Frage ein: „Die Technik ist ja das eine. Zu welchen Themenfeldern willst Du denn twittern? Was werden Deine Botschaften sein? Wie willst Du wahrgenommen werden?" Er nennt einige Themen und ich erkenne: Als gelernter Kommunikator hat er eine klare Vorstellung, für wen er twittert, welche Haltung er zum Thema hat, welche Botschaften sich daraus ableiten lassen und dass er mit seinen Aktivitäten auf die Relevanz des Themas selbst einzahlen will. Ihm geht es ausdrücklich nicht darum, auf seinem persönlichen Kanal den Begriff „Markenbotschafter" zu eng zu fassen und die Produkte des Unternehmens zu pushen. Zudem treibt ihn die Sorge, dass seine Follower abgeneigt denken: „Welche Ego-Show zieht der Mann hier ab? Der beweihräuchert sich doch nur selbst."

Dieses Wechselspiel zwischen dem einseitigen Publizieren von Botschaften aus dem eigenen Account und dem interaktiven Kommunizieren und Führen besprechen Daniel Jungblut und ich in einem Digital You „Show & Tell". Unser Thema: „Performen auf der virtuellen Bühne – CEOs bei LinkedIn". Als Leiter der Vorstandskommunikation bei der Kommunikationsagentur Palmer Hargreaves (PH) ist er Autor der Studie „LinkedIndex", die 2021 und mit einem Update 2022 erschienen ist. In dieser Studie werden die Aktivitäten 100 deutscher HDAX-CEOs im Hinblick auf ihre wirkungsvolle Selbstpräsentation analysiert und quantitativ gerankt. Kriterien dabei sind u.a. die Anzahl der Follower und Postings sowie die Interaktionen beim digitalen Netzwerken. Parallel analysiert Daniel Jungblut in der Studie die Botschaften der CEOs mit qualitativen Methoden und zieht Rückschlüsse auf ihre Positionierung bzw. Profilierung.

Du kannst auf Deinem smarten Weg viel aus dieser Studie ableiten und lernen – ganz unabhängig davon, ob Du in einer führenden Funktion und Rolle tätig bist. CEOs müssen besonders bewusst und umsichtig vorgehen, da sie angreifbar sind. Ihre persönliche Kommunikation wird bestimmt von einem Mix aus öffentlichem Fokus, möglichen Auswirkungen auf den Aktienkurs und der Berücksichtigung grundlegender Unternehmensziele. Hinzu kommen Interessen der Stakeholder und die stets mitschwingenden Compliance-Richtlinien. Daher werden CEOs häufig von Expert:innen beraten und operativ unterstützt. Selbst wenn Du über diese Ressourcen nicht verfügst: Die Erkenntnisse aus der Studie sind relevant für alle, die die sozialen Netzwerke in der beruflichen Rolle souverän nutzen wollen.

New Networking in der CEO- Kommunikation: LinkedIn als Tool der kommunikativen Führung

Überraschend für mich: Daniel Jungblut meidet in den Studien den Begriff „Personal Branding". In unserem Gespräch und auch bei der Kommunikation vor unserem Talk führt er aus, warum der Begriff für ihn nicht passt: „Menschen sind echt, Marken sind ausgedacht." Er erläutert, was für mich immer wieder grundlegend ist: Bei Menschen sollte man vorhandene Eigenschaften verstärken und die digitale Identität vor allem im Wechselspiel mit den Kontakten entwickeln und sichtbar machen. „Menschen wie Marken zu führen", reflektiert er in unserem Talk, „das kann sogar zur Entmenschlichung führen." Und er weist auf einen weiteren Aspekt für Führungskräfte hin, dem ich voll beipflichte: „LinkedIn ist ein Instrument der kommunikativen Führung. Sobald die CEOs nur noch auf Marketing setzen, geht Leadership verloren" (2021).

Interaktion ist dabei alles: Das Pingpong in Form eines Likes oder eines Kommentars entfaltet bei den Mitarbeitenden eine starke Kraft. Vor allem zu Beginn der eigenen Aktivitäten wird dies von Führungspersönlichkeiten nicht erkannt oder unterschätzt.

> ## TAKE THAT
> New Networking im Leadership und in der CEO-Kommunikation bedeutet, stets einzelne Personen und parallel das eigene Netzwerk im Blick zu haben und mit den digitalen Signalen und Botschaften die Beziehungen zu stärken.

Wirkung entsteht sowohl bei der erwähnten Person als auch bei den mitlesenden Mitarbeitenden und Stakeholdern, die den Austausch transparent erleben und die Botschaften parallel aufnehmen. Einige Leader vermeiden es, einzelne Personen oder Teams zu loben. Andere nutzen genau diesen Mechanismus des positiven Storytellings zur Motivation der anderen.

In unserem Talk gibt Daniel Jungblut einen wichtigen Hinweis für alle, die im operativen Alltag zu sehr auf die Bedingungen des Algorithmus schielen. Er bezieht sich auf die Tatsache, dass geteilte Postings bei LinkedIn weniger

Sichtbarkeit erzielen. „Deswegen muss man aufpassen, dass man nur deswegen Postings von Mitarbeiterinnen oder Mitarbeitern nicht mehr teilt – nur weil der Algorithmus das abstraft. Das ist natürlich Quatsch: Wenn der Chef oder die Chefin einen Beitrag teilt von einer Person aus einer unteren Hierarchie-Stufe, dann ist das ein sehr wertvolles Signal." Damit weist der Kommunikations-stratege auf einen zentralen Punkt der Social Media-Kommunikation hin: CEOs wie Mitarbeitende können hier die Kommunikationsflüsse entlang des Organigramms ignorieren und zu den persönlich relevanten Themen direkt ins Gespräch kommen – ganz im Sinne des New Networking. Dies ist der themenfokussierte Austausch auf Augenhöhe, der sich an Ergebnissen und nicht an Hierarchien orientiert und der in der New Work-Welt propagiert und umgesetzt wird.

Diese Kenntnisse zum Algorith-mus sind wichtig. Sie werden jedoch immer übertrumpft von guten Inhalten, die die persönlichen Kontakte interessie-ren und die mit Mehrwert in Form von Information oder Unterhaltung beste-chen. Damit kommen wir zur quali-tativen Analyse des Contents, den die Studie LinkedIndex bereithält.

Content-Strategien für Führungskräfte – Ideengerüst für Dich

CEO-Kommunikation wird inhaltlich strategisch geplant. In dem Account der Führungskraft vereinen sich die persönlichen Interessen und Facetten mit den Zielen des Unternehmens. Die Studie LinkedIndex analysiert die Botschaften der Protagonisten anhand von zehn Content-Kategorien. Dieser Ansatz er-möglicht einen differenzierten Blick auf die unterschiedliche Betonung der persönlichen Facetten und er ermöglicht Rückschlüsse auf die Rollenbilder und Profilierung der Akteure: „Bei LinkedIn können Vorstandsvorsitzende ihre Rolle in all den unterschiedlichen Facetten spielen, die man von ihnen erwartet: Als entscheidungsstarke Anführerin, als weitsichtiger Stratege, als umtriebige Managerin, kreativer Visionär oder engagierte Wirtschaftsdiplomatin. Einige melden sich als Markenbotschafter zu Wort, andere treten als Wissenschafts-kommunikatoren oder Konzernstrategen in Erscheinung."

Das Denken in **Content-Kategorien** funktioniert nicht nur für die Analyse, sondern auf unserem smarten Weg ebenso umgekehrt. Die Kategorien ermöglichen das Ausbrechen aus unseren oftmals eingefahrenen Denkstrukturen. Die Spreizung ermöglicht es viel gezielter, gute Content-Ideen zu entwickeln und in neuen Routen zu denken:

1. Persönlich
2. Beruflich
3. Lehrreich
4. Werblich
5. Unterwegs
6. Anlassbezogen
7. Kollegial
8. Vernetzt
9. Gesellschaftlich
10. Aktivierend

Diese Kategorien sind abgeleitet aus einer wissenschaftlichen Studie zur Social Media-Kommunikation der School of Economics der Universität Tromsø (in Jungblut, 2021). Als Medienwissenschaftlerin denke ich an dieser Stelle: Besonders trennscharf sind die Begriffe der Kategorien ohne zusätzliche Erläuterung nicht. Was genau unterscheidet „beruflich" von „unterwegs", schließlich bin ich doch häufig beruflich unterwegs? Trotz dieser Einschränkung denke ich: Die grundsätzliche Methode der Kategorisierung ist überzeugend und relevanter als eine Kritik der Begriffe. Diese kann jede:r für sich in einem nächsten Schritt für die Praxis weiterentwickeln.

Mit Daniel Jungblut gehe ich die Kategorien im Talk durch und werde sie hier meinen Erfahrungen entsprechend zusätzlich ergänzen und kommentieren.

Persönlich

Hier werden vor allem Emotionen angesprochen durch gefühlsbetonte Sprache und Storytelling, den Einsatz der „Ich"-Perspektive sowie den Einsatz von persönlich geprägtem Humor – so vorhanden. „Hier zeigt sich der Mensch hinter dem Job, mit Familie, Hobby oder Leidenschaft", so Daniel Jungblut. Diese Form schafft Nähe, die Kontakte bauen eine emotionale Verbindung auf. Wichtig fürs New Networking: Bei dieser Art von Posting sinken die Hemmschwellen zur Interaktion, vor allem für Angestellte auf den unteren Ebenen der Unternehmenshierarchie. Für Dich besonders wichtig auf dem smarten Weg zu mehr Sichtbarkeit: Botschaften, bei denen persönliche Perspektiven mit beruflichen oder gesellschaftlichen Themen verwoben werden, erzeugen häufig besonders gute Resonanz und damit Reichweite. Dabei solltest Du Dir grundsätzlich überlegen: Was möchte ich persönlich preisgeben? Was bleibt besser privat? Denke dabei zurück an die Gespräche an den Stehtischen: Was Du dort eher Fremden von Dir persönlich erzählen würdest, gibt Dir Hinweise auf die Grenzziehung.

Beruflich

In der CEO-Kommunikation werden in dieser Kategorie die Leistungen des Unternehmens betont: Die Führungskraft informiert über Ziele, erläutert strategische Entscheidungen, kommentiert Meilensteine, Quartalszahlen oder personelle Wechsel. „Oftmals mit einem persönlichen Touch", so Daniel Jungblut. Schöne Analogie des Autors (2021): „Solche beruflichen Postings lassen sich als personalisierte Form der Pressemitteilung interpretieren." Natürlich gilt: Je weniger sich die Zeilen wie eine Presseinfo lesen, desto besser die Wirkung. Zum Begriff selbst: Bei der weiteren Nutzung der Kategorien werde ich den Begriff „Beruflich" anpassen in „Businessbezogen".

Lehrreich

Externe Artikel, Infografiken oder Hintergrund-Informationen fallen in diese Kategorie. Vor allem diese Art von Posting bietet Mehrwert für die Nutzer:innen: Hier können sie viel lernen, da unternehmenseigene Inhalte sichtbar werden. Gleichsam positionieren lehrreiche Inhalte den oder die CEO als Quelle verlässlicher Informationen sowie als glaubwürdige:n Kommunikator:in. „Diese Postings finde ich am interessantesten", so Daniel Jungblut. Er berichtet vom erfolgreichsten Post 2021: Mercedes Benz-CEO Ola Källenius drückt in einem kurzen Video seine Freude über die Zulassung der neu erreichten Stufe 3 beim autonomem Fahren aus. „Das wurde sehr gut aufbereitet und erläutert, warum dies für Mercedes so ein wichtiger Schritt ist." Aus meiner Sicht sind lehrreiche Inhalte wichtig für alle, die innerhalb einer Expertenpositionierung das sogenannte Thought Leadership anstreben: Mit Postings dieser Art kannst Du inhaltlich besonders gut Schwerpunkte setzen. Im Sinne des Vordenkens kannst Du aktuelle Entwicklungen aufzeigen und Deine persönliche Vision und Fragen für die Zukunft integrieren.

Werblich

Bei dieser Art von Inhalten stehen die einzelnen Produkte oder Dienstleistungen im Fokus. „Der CEO agiert damit als oberster Markenbotschafter, der das Portfolio des Unternehmens bewirbt", schreibt Daniel Jungblut. Diese Inhalte werden oft mit werblicher Bildwelt aus der Unternehmenskommunikation ergänzt. Im Talk ergänzt der Stratege: „Das ist vielleicht eine Kategorie für Leute, die nicht im Vorstand sind. Aus dem kreativen Schreiben wissen wir: „Show, don't tell". Also sag nicht, dass Dein Unternehmen ein tolles Produkt hat, sondern demonstriere es durch Use Cases, durch Anwendungsbeispiele, durch Personen, die mit dem Produkt etwas Gutes erreichen." Meine Erfahrung: Einsteiger:innen in die Social Media-Kommunikation bevorzugen Botschaften dieser Art, da sie hier nicht viel Persönliches von sich teilen müssen und „nah am Produkt" bleiben können.

Bei werblichen Postings heißt es, wachsam zu sein: Je euphorischer und schillernder solche Postings formuliert werden, desto weniger finden sie Widerhall bei den Kontakten am virtuellen Stehtisch. Wer mag schon jene Typen, die ausdauernd erzählen, wie großartig das eigene Angebot ist? Für CEOs gilt es an dieser Stelle, sich bei dieser Art von Inhalten nicht zum Wiederkäuer der Botschaften aus der Unternehmenskommunikation zu machen. Richtig gut werden die Inhalte, wenn sie möglichst mit der persönlichen Perspektive und der Wertschätzung für Mitarbeitende und Kolleg:innen angereichert werden. Einschätzung zur Menge werblicher Inhalte: Wir bewegen uns als Berufstätige auf Business-Plattformen. Zehn Prozent der Botschaften können durchaus gezielt werblich formuliert werden. Fans der Marke werden hier in jedem Fall interagieren.

Unterwegs

Alles außerhalb der Unternehmenswelt: Externe Ortstermine, Interviews, Auftritte in Podcasts oder Talk-Shows oder die Teilnahme an Veranstaltungen fallen in diese Kategorie. Der oder die CEO wird sichtbar außerhalb des Unternehmens in der Rolle des externen Repräsentanten, der externen Repräsentantin. Typisch bei der Illustration sind Gruppenbilder oder Aufnahmen vom Bühnenauftritt. Diese können vorab mit dem Kommunikationsteam geplant werden. In großen Unternehmen sorgen Guidelines für bessere Qualität in Bezug auf Ausleuchtung, fotografische Perspektive, Patentschutz und Sorgfaltspflicht. Aufgrund der guten Bildqualität heutiger Smartphones stehen Einzelkämpfer:innen hier in nichts nach. In dieser Kategorie macht es viel

Sinn, in den Botschaften die eigenen Kontakte zu erwähnen, sie zu „taggen" (siehe: „vernetzt").

Anlassbezogen

„Hier betreibt der CEO das soziomediale Äquivalent zum Small Talk, um Zugänglichkeit und kulturelle Nähe zu demonstrieren", so Daniel Jungblut in der Studie (2021). Anlässe sind Großveranstaltungen wie z.B. eine Weltmeisterschaft, Feiertage, saisonale Termine, besondere Wetter-Ereignisse, populäre Filme oder Serien. PR-Fachleute sprechen dabei von "Agenda-Surfing": Wir nehmen uns ein populäres Thema und springen auf diese Content-Welle, indem wir uns inhaltlich und mit unserem Kontext einklinken.

Kollegial

Eine sehr wichtige Kategorie für Führungskräfte, so Daniel Jungblut in unserem Talk. Bei diesen Postings geht es um das Zusammenspiel mit den eigenen Leuten, zum Beispiel bei Azubi-Gesprächen, Lernformaten, Reverse Mentoring (junge Kolleg:innen coachen die Führungskraft). Die Expertise anderer (Management-)Kolleg:innen kann demonstriert werden: „Hier werden persönliche Beziehungen thematisiert oder Anekdoten erzählt. Diese Art von Posting zeigt leutselige Bodenständigkeit, sorgt für menschliche Nähe und stärkt die beruflichen Beziehungen des CEO", so Daniel Jungblut (2022). Wichtig hier meiner Erfahrung nach: Führungskräfte, die kollegial kommunizieren, erzeugen bei den Mitarbeitenden eine exzellente Nähe und damit Bindung. Hier wird offensichtlich, wie ego-zentriert oder top-down eine Führungspersönlichkeit agiert und sendet. In dieser Kategorie spiegelt sich der Leadership-Aspekt des New Networking besonders wider.

Vernetzt

„Diese Kategorie demonstriert am stärksten das Netzwerk eines CEO. Hier werden die Postings von Dritten geteilt, gegebenenfalls mit einem Kommentar versehen und auf weitere Kontakte verlinkt", so die Studie. Auf diese Weise werde die Aktivität im Netzwerk gefördert, bestehende Verbindungen bestätigt und neue angebahnt. Inhaltlich gehe es häufig um Meinungen und informierende Beiträge. „Es passiert auch schon mal, dass CEOs untereinander kommunizieren." Daniel Jungblut über den Ex-Vorstand der Volkswagen AG: „Herbert Diess hat Elon Musk von Tesla getrollt. Das empfinde ich als sportliche Art, miteinander umzugehen." Solch ein offen sichtbarer Austausch zwischen Führungspersönlichkeiten in den Business-Netzwerken ist der Kern des New Networking: Nur Führungskräfte, die digital sicher im Sattel sitzen und sich ihrer Rolle und der Möglichkeiten in der Kommunikation bewusst sind, werden hier souverän agieren, den Austausch oder auch das Flachsen in die Öffentlichkeit verlegen und somit punkten.

Gesellschaftlich

Eng verbunden mit dem Purpose eines Unternehmens. Hier geht es um Haltung, um soziale Themen oder Kommentare zur politischen Lage. Postings zum Thema Ukraine-Krieg sind typische Beispiele. Der CEO positioniert sich und das Unternehmen als moralischen Akteur und Teil der Gesellschaft. Markenaktivismus kann so ausgedrückt werden. Zudem können sich Lobbyismus-Tendenzen entwickeln. Daniel Jungblut: „Hier muss man aufpassen, das wird schnell überstrapaziert. Das sollte in keinem Fall mit Werbung verknüpft werden. Wenn Moral-Marketing offensichtlich wird, wird es schnell schmierig."

Aktivierend

Der CEO, die CEO gibt Hinweise auf bestimmte Aktionen oder Veranstaltungen des Unternehmens, bei denen Teilnahme erwünscht ist: Online-Events, Umfragen oder ähnliches. Hier unterstützt die Führungspersönlichkeit mit ihrer Reichweite das klassische Einsammeln von Marketing-Leads.

Auf alle Kategorien blickend fasst Daniel Jungblut für die CEO-Kommunikation zusammen: „Im Optimalfall werden inhaltlich viele Kategorien bespielt. Dabei sollte man sollte eine gute Balance finden zwischen dem echten Menschen und Corporate Talk."

Diese Ausgewogenheit strebt auch der CEO aus der Twitter-Schulung an. Mit ihm gehe ich die Content-Kategorien aus dem LinkedIndex ebenfalls durch. Sofort erkennt er: Werblich will er auf keinen Fall kommunizieren. Für sich persönlich entdeckt er die Kategorie „vernetzt", die externe Partner in die Botschaften integriert und so beim Netzwerken die Bindung vertiefen wird. „Ich treffe ja viele Menschen, das kann ich gut darstellen und mit einer relevanten Botschaft kommunizieren." Auch die Kategorie „gesellschaftlich" ist für ihn reizvoll: „Mein Thema wird in gesellschaftlichen Debatten aufgegriffen. Hier werde ich mich zukünftig einschalten."

Öffne Deinen Kanal und blicke zurück auf Deine Postings. Analysiere: Welche Kategorien nutzt Du bevorzugt? Kannst Du Dein persönliches Muster erkennen? Im nächsten Schritt gehe die Liste der Kategorien noch einmal durch. Schreibe für jede einzelne mindestens eine Posting-Idee in Deinen Ideenspeicher. Gerne auch zwei.

Der smarte Weg für CEOs – und die Liebhaber:innen von Vielfalt

Lernen von den Top-Protagonisten: Nahezu alle CEOs im deutschsprachigen Raum sind mittlerweile in den Business-Netzwerken aktiv, die Qualität der Inhalte steigt. Ihre persönliche Kommunikation ist heutzutage nicht mehr „nice to have". Sie ist ein relevantes Führungsinstrument. Zugleich ist sie eine wichtige Flanke der Unternehmenskommunikation. Erfolgsfaktor beim Wechselspiel von Publishing und Netzwerken ist nicht die Ego-Show, sondern es sind strategische Überlegungen zur Themenwahl im Kombination mit der digitalen Identität der Führungspersönlichkeit. Diese wird sichtbar und erlebbar im Wechselspiel mit allen Stakeholdern im Netzwerk. Auf unserem smarten Weg greifen wir die Überlegungen hinsichtlich persönlicher Facetten wieder auf, indem wir die inhaltliche Content-Kategorisierung für uns nutzen. Damit verlassen wir eigene Denkmuster und erreichen mehr Vielfalt für unsere Botschaften.

Mehr über die Studie LinkedIndex – jeweils die aktuelle Fassung sowie das Archiv zum Download: https://www.linkedindex.de/ueber-den-linkedindex/:

Im Gespräch blicken Daniel Jungblut und ich auf weitere soziologische Aspekte der Studie in Bezug auf die generelle Social Media-Nutzung von CEOs. Wenn Du mehr erfahren magst zum „Paradigma der Performanz", dann schau Dir gern den Talk an. Darin erfährst Du, warum wir Arbeit heute nicht nur gut erledigen müssen, sondern sie auch gut präsentieren sollten: www.new-networking.de.

Herzlichen Dank für das Gespräch und den inspirierenden Austausch, lieber Daniel!

Digital You

Show & Tell | Live am Dienstag, 6. September | 13.00 Uhr

Performen auf der virtuellen Bühne – CEOs bei LinkedIn

Daniel Jungblut. Senior Content Strategist bei
Palmer Hargreaves Deutschland

Digital You

Daniel Jungblut leitet die Vorstandskommunikation bei Palmer Hargreaves Deutschland. Zum Zeitpunkt unseres Talk war er Senior Content Strategist bei der Agentur in Köln. Er agiert als Kommunikationsstratege und Redenschreiber für verschiedene Akteure aus Wirtschaft und Politik.

„Die Wahrnehmbarkeit der Kolleg:innen wird intern und extern deutlich gesteigert, und wir verzeichnen sogar einen positiven Effekt aufs Arbeitsklima.“

Kerstin Lohse-Friedrich

7

Corporate Influencer: Selbstbestimmt für die Marke sprechen

Erinnerst Du Dich an den CEO aus Kapitel 1? An das Gelike und Geteile? Nachdem er in rund einem Jahr ein Netzwerk mit etwa 1.200 Kontakten aufgebaut hatte, bemerkte er in den Gesprächen mit Mitarbeitenden und Geschäftspartner:innen, dass diese mehr und mehr die Botschaften aus seinen LinkedIn-Postings aufgriffen und ihm darauf antworteten, indem sie ihre Perspektive und ihre Meinung nach ein paar Tagen oder gar Wochen zum Thema darlegten. Ihm wurde klar: Ohne seine Aktivitäten wäre es viel schwieriger, diese wertvollen Einsichten zu erhalten. Als er einige seiner Führungskräfte ermutigen will, sich aktiver bei LinkedIn zu zeigen, hört er: „Ach, wenn ich das schreibe und dann kritisiert mich jemand öffentlich – kein Bedarf. Das kostet mich zu viel Zeit – ich schaffe das nicht. Ich weiß gar nicht, wie ich das angehen soll." Ich erinnere ihn an seine Skepsis zu Beginn und verweise darauf, dass mehr Sicherheit und Überblick einige Kolleg:innen aktivieren könnten. Einige, nie alle. Also zetteln wir mit Mitarbeitenden aus Kommunikation, Vertrieb und der Personalabteilung Schulungen für interessierte Führungskräfte und Mitarbeitende an – 20 von 100 finden sich. Los geht's.

Ob angestoßen vom CEO oder im Fachbereich: So unterschiedlich Organisationen und Unternehmen kulturell ticken, auf so unterschiedliche Art und Weise entstehen aktuell Markenbotschafter-Programme. Durch sie entwickeln Mitarbeitende die Fähigkeiten und das Bewusstsein, in der beruflichen Funktion und im Austausch mit dem Arbeitgeber sichtbarer zu werden in den Business-Netzwerken. Nutznießende sind alle Beteiligten gleichermaßen: Die einzelne Mitarbeiterin, der einzelne Mitarbeiter stärkt die persönliche Positionierung und Strahlkraft. Sichtbarkeit und Außenwirkung entstehen dabei mit persönlicher Absenderschaft und doch in direkter Verbindung zur Organisation. Durch die Begegnung von Mensch zu Mensch werden Stakeholder und Geschäftspartner:innen in die Kommunikation eingebunden – dies kann die übergreifende Markenkommunikation oftmals nicht leisten. Lass uns dies nun an einem Beispiel vertiefen, sodass Du gute Impulse und Erkenntnisse für Dich ableiten kannst.

Den Ablauf eines solchen Programms habe ich mit Kerstin Lohse-Friedrich, Leiterin des Bereichs Kommunikation bei der Robert Bosch Stiftung, besprochen. Für diese Organisation hat sie im Jahr 2021 ein Markenbotschafter-Programm initiiert und in diversen Projektteams implementiert, begleitet von internen Umfragen und einer Bachelorthesis. Sie resümiert dabei ihre spezifischen Punkte, während ich allgemeine Erfahrungen beisteuere. Parallel zu unserem Talk im Rahmen der Show & Tell-Reihe hat Kerstin Lohse-Friedrich ihre Erkenntnisse und Erfahrungen in einem Online-Artikel im Fachmedium „KOM – Magazin für Kommunikation" veröffentlicht – darauf beziehen wir uns ebenfalls. Für den besten Einblick folgen wir hier dem Prozess eines Programms vom Start bis heute und analysieren zunächst die Ziele und Ausgangslage, dann typische Hürden und Herausforderungen für die Beteiligten sowie ein erstes Fazit und den Ausblick.

Ausgangslage: Geprägt von Skepsis

Kerstin Lohse-Friedrich muss als Kommunikations-Verantwortliche für die Robert Bosch Stiftung sehr unterschiedliche Themenfelder präsentieren und ausbalancieren, in ihrem Fall Gesundheit, Bildung und globale Fragen. Ihr Hauptziel für das Corporate-Influencer-Programm ist daher sehr naheliegend: „Wir wollen unsere Expert:innen positionieren und damit auch den Themen der Stiftung ein Gesicht geben." Durch die Kommunikation bei LinkedIn und Twitter sollen sie ihre Expertise zeigen und gleichzeitig Netzwerke schaffen und erweitern. „Sie sind eine wichtige Ergänzung zu unseren Stiftungskanälen wie Twitter, LinkedIn und Facebook, weil sie die Stiftung persönlich, authentisch, glaubwürdig und nahbar vermitteln." Ihr grundsätzlicher strategischer Ansatz: „Wir wollen die Kommunikation dezentralisieren und natürlich auch die Reichweite der Stiftung insgesamt erhöhen."

Das Managen der Kommunikationsströme ist bei 130 neuen Projekten pro Jahr in der Stiftung eine besondere Herausforderung: „Wenn wir einzelne Partner in der Kommunikation herausstellen wollen, macht das nur in der Arbeitsteilung zwischen Stiftung und den einzelnen Mitarbeitenden Sinn. Auf den Stiftungskanälen können wir das nicht leisten. Über die Social Media-Aktivitäten der einzelnen Projektverantwortlichen jedoch können diese Partnerschaften nun sichtbar werden."

Üblicherweise startet ein Markenbotschafter-Programm mit einer strategischen Phase, wie z.B. der Verankerung in der Organisation, der Zielfestlegung und der Identifizierung möglicher Teilnehmer:innen. Die damalige Geschäftsführung zeigte sich gegenüber dem Thema zurückhaltend, sah eher die Risiken als die Chancen: „Ist es nicht zu riskant, wenn wir die Kontrolle darüber abgeben, was und wie über die Stiftung kommuniziert wird?", erinnert sich Kerstin Lohse-Friedrich in ihrem KOM-Beitrag an die Gemütslage zu Beginn ihrer Bemühungen (2022). Lösung dafür war ein durchaus üblicher und pragmatischer Kompromiss: Anstatt sich in Strategien zu verzetteln, deren Punkte Entscheider:innen aufgrund fehlender Erfahrungen nur schwer einschätzen können, wurden interessierte Führungskräfte auf der Ebene der Bereichs- und Teamleitungen für den notwendigen Ein- und Überblick geschult. Mit Erfolg: „Danach konnten sie das Thema deutlich besser einschätzen und wir konnten eine Hierarchie-Ebene darunter ansetzen", so die Kommunikationschefin im Gespräch.

Nachdem diese erste Hürde genommen war, startete Kerstin Lohse-Friedrich die nächste Runde der Fortbildungen, ebenfalls mit dem pragmatischen „Erst-mal-einfach-machen"-Ansatz. Zielgruppe nun: Kommunikationsverantwort-liche aus den Projekten und Senior Experts, also Projektleiter:innen, die nah an den Themen und Inhalten kommunizieren können. Großer Vorteil: Die neue Art und Weise der Kommunikation wurde nicht top-down verordnet, sondern sie war und ist ein freiwilliges Angebot, sich selbst zu positionieren und das Netzwerk sowie die Sichtbarkeit auch zum Wohle der Stiftung auszu-bauen. Wieder werden die Überschneidungen zu New Work sichtbar: In diesen Programmen werden Selbstbestimmtheit ermöglicht, Freiheiten gewährt und Verantwortung auf die Mitarbeitenden übertragen.

TAKE THAT

Änderungen in der Kommunikation bedeuten immer Kulturwandel. Ein neues Tool, eine neue Art der Kommunikation, veränderte Arbeitsabläufe: All das kann zu neuen oder einem Wegfall der Hierarchien führen, zu neuen Arbeitskonstellationen, zu mehr Transparenz. Wandel vollzieht sich nicht auf Knopfdruck, sondern Schritt für Schritt.

Im Fall der Stiftung stießen der neue Freiraum und die damit einhergehende Verantwortung im Kollegium nicht nur auf Begeisterung: „Auffällig waren die vielen Fragen zu den Erwartungen und roten Linien der Stiftung: ‚Darf ich auch künftig noch Privates auf meinen Kanälen teilen?', ‚Was sagt die Geschäfts-führung, wenn ich mich parteipolitisch äußere?', ‚Werden jetzt all meine Posts von der Kommunikationsabteilung gescannt?' Einige unterstellten uns, dass wir ihre privaten Netzwerke „kapern" wollten."

Kerstin Lohse-Friedrich ließ diese Diskussionen zu und moderierte den Change-Prozess, um die neuen Freiräume abzustecken und somit durch den gemeinsamen Austausch im Team Sicherheit aufzubauen. Die Teilnehmenden konnten ihre Zweifel innerhalb der Trainings frei äußern und gemeinsam mit ihr und den Kolleg:innen neue Leitlinien schaffen. Immer wieder machte sie klar, dass die Mitarbeiter:innen ihre eigene Position einnehmen sollen und dass das Nachbeten von Stiftungs-Botschaften nicht erwartet wird. „Ich finde, dann ist so ein Programm sehr schnell unglaubwürdig. Die Mitarbeitenden sollen sich frei fühlen, sie sollen posten zu ihren Themen und von ihren Veranstaltungen berichten." Für die Ebene der Senior Experts und Projektleiterinnen würde Kerstin Lohse-Friedrich (2022) heute eine andere Vorgehensweise wählen: „Im Rückblick wäre ein Konzeptpapier hilfreich gewesen, mit dem wir alle Teilnehmenden vorab über den Sinn und Zweck des Programms informiert hätten."

Sicherheit zu vermitteln, das ist eines der wichtigsten Anliegen bei der Umsetzung eines Corporate Influencer-Programms. Kerstin Lohse-Friedrich legt Wert auf guten Content, aber nicht um jeden Preis. Behutsam und bilateral gibt sie Hinweise für die Umsetzungen, berücksichtigt somit Befindlichkeiten und verhindert Fingerpointing. „Wir kommentieren im Team bewusst nicht jeden einzelnen Post, um gar nicht den Eindruck zu geben, dass wir jetzt die Accounts ständig scannen und wir dann letztendlich doch eine Schere in den Kopf einpflanzen würden."

Den ersten Härtefall erlebten die Corporate Influencer:innen direkt zum Start des Programms mit dem gleichzeitig einsetzenden russischen Angriffs-Krieg in der Ukraine. „Da kam sofort die Frage: Wie positioniert sich denn jetzt die Stiftung? Und was sagen wir in dieser Situation?" Solche außergewöhnlichen Lagen verdeutlichen den Bedarf an Betreuung und Begleitung. „Wir haben gesagt: Die Position der Stiftung könnt Ihr auf LinkedIn und Twitter lesen. Ihr könnt Eure Meinung positionieren. Aber wir haben gespürt, dass sie hier mehr Anleitung wollten. Ich meine: Wäre da ein totaler Putinversteher unterwegs – wie gehen wir damit um? Natürlich behalten wir die Wahrung der Stiftungsreputation im Blick und würden bei Bedarf ins persönliche Gespräch gehen. Da lauern auch Risiken", so Kerstin Lohse-Friedrich. „Es wird immer Diskussionsbedarf geben. Wir sehen uns als Berater und geben Hilfestellung bei Bedarf."

Erst enttäuscht, dann Partner auf Augenhöhe

Begleitung und Einordnung war ebenfalls gefragt bei einer ernsten Enttäuschung zum Start der LinkedIn-Aktivitäten. Mit viel Sorgfalt bereiteten Markenbotschafterinnen LinkedIn-Artikel für die Klimakonferenz COP26 in Glasgow vor. Kerstin Lohse-Friedrich: „Zu diesem Zeitpunkt hatten wir noch nicht die große Reichweite, wir hatten ja gerade angefangen. Die Kolleg:innen waren darüber sehr enttäuscht. Fast bereuten wir den großen Aufwand schon, dann wurden drei Kolleginnen auf der Konferenz von den richtigen Leuten darauf angesprochen. Also wurde das durchaus zur Kenntnis genommen. Ich habe dann gefragt: Ist es entscheidend, dass der Post 1.000 Interaktionen ausgelöst hat? Oder ist es entscheidend, dass ihn fünf wichtige Personen gelesen haben, mit denen wir kooperieren wollen und bei denen wir uns qualifizieren als Partner auf Augenhöhe?"

Die Markenbotschafter:innen beweisen daraufhin Geduld und setzen auf den Erfolgsfaktor Kontinuität: „Insbesondere LinkedIn erfreut sich großer Beliebtheit. Viele sind täglich auf den Plattformen unterwegs, posten durchschnittlich zwei Mal pro Woche eigene Inhalte und konnten auf diese Weise die Zahl ihrer Follower innerhalb eines halben Jahres verdoppeln bis verdreifachen."

Während sich das Corporate Influencer-Programm etabliert, startet parallel der Geschäftsführer das aktive Netzwerken bei LinkedIn. „Darüber sind wir natürlich froh, da uns das ein noch stärkeres Gesicht nach außen gibt. Wenn wir ein internes Ranking für starke Posts erstellen, liegt er klar vorn. Das sind dann Reichweiten, von denen wir anderen nur träumen." Die Vorbildfunktion der Leitungsebene ist in Markenbotschafter-Programmen stets ein relevanter Erfolgshebel, das bestätigt auch Kerstin Lohse-Friedrich: „Die Aktivitäten haben eine ansteckende Wirkung auf die Mitarbeitenden: Er macht es, warum soll ich es dann nicht auch machen?"

Hatte sie jemals Sorge vor dem Kontrollverlust? „In der Stiftung ist das bislang ausgeblieben", so Kerstin Lohse-Friedrich. „LinkedIn ist ja insgesamt eine sehr freundliche Plattform, auf der viel gelikt und sehr wertschätzend kommuniziert wird. Dort ist der Großteil von uns aktiv. Einige nutzen auch Twitter, dort ist auch noch nichts Negatives eingetreten. Aber es gibt Kolleg:innen, die wirklich überlegen, ob sie dortbleiben." Dass der Ton bei Twitter rauer ist, werden wir in Kapitel 13 diskutieren.

Eine Frage aus der Community zielt während unseres Talks in eine ähnliche Richtung: Wie werden die Influencer:innen im Fall einer großen Kommunikationskrise der Stiftung geschützt? Neben der erfolgten Überarbeitung der Social Media Guidelines und deren Integration in die Compliance-Richtlinien verweist Kerstin Lohse-Friedrich auf den bewussten Austausch mit den Mitarbeiter:innen direkt in der Community: „Wenn sie Reaktionen auf Social Media zur Kenntnis nehmen, die ihnen suspekt sind, und sie Reaktionen abwägen, dann sind wir immer erreichbar. Und ich glaube, da würden sie auch immer auf uns zukommen."

Unerwartete Effekte des vernetzten Arbeitens

Im Alltag begleitet die Kommunikationsabteilung die aktiven Mitarbeiterinnen und Mitarbeiter mit einem eigens eingerichteten Microsoft-Teams-Channel. Kerstin Lohse-Friedrich: „Hier teilen wir regelmäßig Links zu aktuellen Inhalten auf der Stiftungswebsite und Social Media-Posts, verfügbares Bild- und Fotomaterial, Tipps und Tricks sowie von uns erstellte Leitfäden zu Bildrechten und Compliance-Fragen. Auch die Kolleg:innen haben schnell angefangen, im Teams-Channel auf neue Posts in ihren Themenkanälen hinzuweisen – in der Hoffnung, dass sie von anderen geteilt und gegebenenfalls kommentiert werden. Die übergreifende Bewerbung der jeweiligen Inhalte hat deutlich zugenommen."

Parallel treffen sich die Programm-Beteiligten virtuell einmal pro Monat im „Click Café". „Hier greifen wir rechtliche und gestalterische Fragen auf, zeigen Best Practices oder holen auch mal von außen Input rein und fördern so den regelmäßigen Austausch." Unerwartet, aber sehr positiv bewertet Kerstin Lohse-Friedrich die Qualität des Austausches: „Zusätzlich laufen da ganz andere Diskussionen: Was können wir als Stiftung leisten, was können wir als Mitarbeitende leisten? Wo ist unser Mehrwert? Die Mitarbeitenden haben einen sehr guten Überblick in ihren Themenfeldern und wenn sie Substanzielles von Konferenzen posten, dann erzielen die Posts unheimliche Reichweiten. Das ist schön für sie zu erleben, dass ihr Wissen so viel wert ist."

Weitere positive Effekte des Programms: „Der Aspekt des Teambuilding. Wir erfahren deutlich mehr darüber, an was die anderen eigentlich arbeiten. Die Wahrnehmbarkeit der Kolleg:innen wird intern und extern deutlich gesteigert, und wir verzeichnen sogar einen positiven Effekt aufs Arbeitsklima."

Die Evaluierung des Programms bringt vertiefende Erkenntnisse (Lohse-Friedrich, 2022): „In internen Umfragen haben die Kolleg:innen immer wieder zum Ausdruck gebracht, dass sie ihre gewonnene digitale Kompetenz als großen Gewinn betrachten. Sie verstehen nun besser, wie die Plattformen funktionieren und wie sich die Reichweiten der eigenen Posts steigern und auch nachverfolgen lassen. Eine Kollegin schrieb: ‚Kaffeepausen-Gesprächspartner bei Veranstaltungen enden nicht mehr als verstaubende Visitenkarten, sondern bleiben Teil meines aktiven Netzwerks. Manche Persönlichkeiten, die sonst durch ihr Büro abgeschirmt werden würden (zum Beispiel MdBs), nehmen Vernetzungseinladungen direkt an, was mir einen zusätzlichen Kommunikationsweg zu ihnen eröffnet.'"

Zusätzlich zum fachlichen und internen Austausch will Kerstin Lohse-Friedrich noch mehr Gamification-Ansätze implementieren und den „Post des Monats" küren. Sie bestätigt, dass hierfür hinreichend Kapazitäten in ihrem Team vorgehalten werden müssen – die Steuerung des Programms benötigt Ressourcen und wird bei einer Person in ihrem Digitalteam fest implementiert.

Wichtige Einsichten und Erfolgsfaktoren liefert zudem die begleitende Bachelorthesis von Ann-Kristin Gäckle (2022): „Das übergeordnete Ziel ist der Aufbau einer Corporate Influencer-Community, in der die Mitglieder voneinander lernen, sich gegenseitig unterstützen, ihre Fähigkeiten weiterentwickeln und einen konkreten Mehrwert erfahren. Die Community soll den Mitgliedern eine Identität geben und sie motivieren, als Corporate Influencer in den sozialen Medien aktiv zu sein, um so die persönlichen und beruflichen Vorteile zu nutzen."

Gäckles Schlussfolgerungen bringen es gut auf den Punkt, hier in der Übersetzung: „Corporate Influencer-Programme sollten sich immer an den Bedürfnissen der Teilnehmer:innen orientieren und eine Win-Win-Situation sowohl für die einzelnen Mitarbeiter:innen als auch für das Unternehmen schaffen. Zum individuellen Nutzen gehört dabei der Aufbau einer digitalen Personal Brand, die zu einem immer wichtigeren Vorteil auf dem Arbeitsmarkt wird und zu einer spürbaren beruflichen Bereicherung führt. Da Commitment, Engagement und Identifikation die Voraussetzungen für erfolgreiche Corporate Influencer sind, werden Mitarbeiter, die als Corporate Influencer agieren, automatisch aus sich selbst heraus entstehen. Unternehmen sollten sich daher darauf konzentrieren, eine attraktive Arbeitgebermarke und einen Arbeitsplatz zu schaffen, mit dem sich die Mitarbeitenden identifizieren. Corporate Influencer sind ein Phänomen, das Unternehmen weder erzwingen noch verbieten können, sondern unterstützen und befähigen sollten. Dies wird die zukünftige Aufgabe der internen Kommunikation sein."

Rechnet sich der ganze Aufwand, Kerstin Lohse-Friedrich? „Erfolg ist relativ. Es sind nicht nur die Interaktionen. Wird man auf die Aktivitäten angesprochen, ergeben sich Kontakte? Eine Kollegin sagte: ‚Ich bin in eine Jury berufen worden, einfach über meine Präsenz bei LinkedIn, weil man mich jetzt als eine aktive Person im Bereich Gesundheit wahrgenommen hat.'"

Einen ähnlichen Erfolg konnte nach ein paar Monaten auch die Markenbotschafter-Community unseres „Gelike-und-Geteile"-CEOs verzeichnen: Eine Teilnehmerin freute sich über die Berufung in ein Verbandsgremium. Bei der ersten Zusammenkunft dieser Runde wurde nicht nur die fachliche Kompetenz der Kollegin betont, sondern auch die äußerst gelungene Darstellung und Aufarbeitung der Branchenthemen in ihren LinkedIn-Beiträgen. Und auch hier zeigte sich deutlich: Viele hatten die Botschaften gelesen, aber nicht mit einem Like quittiert.

Komm ins Tun

Du bist aktuell in Deiner Organisation verantwortlich für Kommunikation oder hast den Auftrag, ein Corporate Influencer-Programm zu etablieren? Mach Dir eine Stakeholder-Map und schaue: Wer hat viel Einfluss und wen hast Du bereits an Bord, wen solltest Du unbedingt an Bord holen (Nowak, 2015)? Musst Du noch viel Überzeugungsarbeit leisten? Welche Kolleg:innen sind bereits aktiv und haben Interesse, die Aktivitäten fundierter anzugehen, um digitale Sichtbarkeit aufzubauen und die Strahlkraft für die berufliche Rolle und parallel für die Organisation zu stärken? Was sind die besten Argumente für ein Programm und wie kannst Du zur erfolgreichen Umsetzung beitragen? Lege Dir eine erste Roadmap an. Wenn Du einen Sparring dafür suchst, melde Dich gern bei mir und lass uns in den persönlichen Austausch kommen. Ich steuere gern meine persönlichen Erfahrungen und weitere Case Studies und Erkenntnisse aus vielen Boot Camps in Organisationen und Unternehmen bei.

Der smarte Weg zum Corporate Influencer-Programm

Markenbotschafter-Programme bringen zum einen mehr Sichtbarkeit und Außenwirkung für die Botschaften einer Organisation sowie Strahlkraft und persönliche Präsenz für die Mitarbeitenden. Wirkung und Erfolge sollten dabei nicht nur in Likes und Views gemessen werden. Dies kann bei geringer Reichweite sogar zu Enttäuschungen führen. Wichtig ist die Sensibilisierung für die qualitative Wirkkraft sowie positive Begleiterscheinungen wie fachliche Impulse, Feedback und zusätzlicher Austausch, Stärkung des eigenen Rollenbildes und leichterer Zugang zu potenziellen Partnern. Externe Schulung ist nur ein Baustein von vielen, interne Begleitung und der Aufbau einer Community sollte gewährleistet sein. Im Beifang solcher Programme finden sich zudem sehr häufig interne Effekte wie Teambuilding durch das Training, bessere Partizipation durch den kontinuierlichen Austausch sowie ein positives Arbeitsklima.

Herzlichen Dank, liebe Kerstin Lohse-Friedrich, für diesen detaillierten Einblick in die Aktivitäten der Robert Bosch Stiftung und den offenen Austausch dazu. Dies ist sicherlich sehr hilfreich für alle, die ebenfalls mit einem solchen Markenbotschafter-Programm arbeiten oder dieses planen.

Show & Tell | Live am Dienstag, 04. Oktober | 13.00 Uhr

Riskant oder ergiebig? Erfolgsfaktoren beim Aufbau eines Corporate-Influencer-Programms

Kerstin Lohse-Friedrich, Senior Vice President, Communications, Robert Bosch Stiftung

Digital*You*

Kathrin

Kerstin Lohse-Friedrich

Kerstin Lohse-Friedrich arbeitet seit 2021 als Leiterin Kommunikation bei der Robert Bosch Stiftung. Die erfahrene Kommunikatorin stützt sich auf Erfahrungen aus dem Journalismus, der Think Tank-Welt und der Philanthropie im In- und Ausland. Die gemeinnützige Robert Bosch Stiftung fördert Projekte in den Bereichen Gesundheit, Bildung und Globale Fragen.

„Menschen helfen gern.
Das vergessen wir oftmals.“

Alina Wenzel

8

Ab ins Séparée: Netzwerken, Introvert-Style

„Vor ca. zwei Jahren stand für mich eine ganz besondere Erfahrung an: Ein halbes Jahr arbeiten in Australien. In Sydney. Exchange Programm meines Arbeitgebers. 🤩“, so erinnert sich Alina Wenzel in einem Posting auf ihrem Instagram-Account @book.of.silent.power. Und weiter:

„An einem Donnerstag kam ein australischer Sales-Kollege auf mich zu und fragte, ob ich am nächsten Tag mitkommen möchte auf ein Boot im Sydney Harbour. Dort würde der „Australian Sail Grand Prix" ausgerichtet und ich hätte die Möglichkeit, das ganze Spektakel vom Wasser aus zusammen mit weiteren Kolleg:innen und Kund:innen zu erleben.

Mein allererster Gedanke? War tatsächlich nicht „Geil, bin dabei!", sondern:

1. Oh Gott, den halben Tag lang auf einem kleinen Boot mit vielen Menschen, die sich in nuscheligem, australischem Englisch unterhalten, Motorengeräuschen im Hintergrund, lauter Musik und OHNE die Möglichkeit, dass ich mich zumindest mal kurz zurückziehen könnte. Sau-anstrengend!

2. Mein (damals noch unbewusster) Glaubenssatz („Arbeit darf sich nicht leicht anfühlen, Arbeit muss hart sein.") holte mich ein: „Ich bin ja nur eine kurze Zeit hier, und muss mein Projekt schaffen. Ich kann ja nicht einfach Boot fahren und Spaß haben."

Well… 😬

Gedanke 2 (den ich dann auch zunächst als Grund vorschob, um abzusagen) wurde direkt von einem anderen Kollegen entkräftet: „I do the work for you whilst you are away, no problem! This is a once-in-a-lifetime-experience, you should go! (Ich mache die Arbeit für Dich, während Du weg bist, kein Problem! Das ist eine einmalige Erfahrung, die man nur einmal im Leben macht, Du solltest hingehen!)

Ok. Ciao."

Die Gedankengänge vor Alinas Bootstrip machen sehr deutlich: Das physische Zusammensein und Netzwerken mit anderen ist für viele Menschen eine Herausforderung und ein Energieräuber. Schwer vorstellbar für alle extrovertierten Typen, die keinen halben Wimpernschlag mit der Zusage zum Bootstrip gezögert hätten.

Das Thema „Introvertierte und die sozialen Medien" steht bei mir bereits seit zehn Jahren auf der inneren Agenda und ich dachte: Irgendwann finde ich einmal eine:n Introvertierte:n zum vertiefenden Austausch. Im Juni 2022 platziert mich dann Kolleg:in Zufall bei dem Xing-Event New Work Experience neben Alina Wenzel – perfekt! In unserem Talk in der Reihe Digital You Show & Tell und damit in diesem Kapitel vertiefen wir: Wie netzwerken Introvertierte? Was ist anders? Wie gut funktioniert das in den sozialen Netzwerken?

Zunächst berichtet sie im Gespräch, dass sie als Kind und Jugendliche sehr in sich gekehrt war, dies mit Anfang 20 ändern wollte und sich intensiv mit der Lektüre zu Introversion und persönlicher Weiterentwicklung befasst hat. „Für mich war ein Aha-Effekt, dass ich erkannt habe: Introversion ist keine Schwäche. Introvertierte Menschen haben tolle Stärken, aber diese sind einfach ein bisschen versteckter. Und diese muss man einfach gezielter hervorbringen."

Alina Wenzel wünscht sich mehr Bewusstsein bei Personen in ihrem Umfeld, zum Beispiel von Führungskräften: „Nur weil jemand ein bisschen stiller und zurückhaltender ist, heißt das nicht, dass das automatisch schlecht ist." Im Gegenteil: In Zeiten von New Work – weg von autoritären Machtgefügen und hin zu empathischem und unterstützendem Miteinander – sind es gerade auch die stillen Stärken, die benötigt werden: Zuhören, Beobachten, Reflektieren.

Toller Zufall: Alina ist einerseits Führungskraft für das Thema Digital Workplace und sie bietet zudem Online-Kurse für introvertierte Frauen in der Arbeitswelt an. Daher können wir im Gespräch ganz gezielt auf die strukturierten Impulse und Tipps aus ihrem Workbook „Introvertiert erfolgreich" blicken und diese im Detail diskutieren.

Alina macht deutlich: „Gerade unsere heutige Arbeitswelt ist ja eher laut. Also muss man sichtbar sein, muss sich vermarkten. Und oftmals ist es gerade in großen Konzernen so, dass die eher stillen, zurückhaltenden Menschen übersehen werden. Dadurch geht sehr viel Potenzial verloren. Introvertierten Menschen wird sogar gespiegelt, dass sie nicht richtig hineinpassen." Sehr spannend, wie sie ihre Gefühlslage in den ersten Jahren beschreibt und zeigt, dass der Mix aus Selbstreflexion und direkter Umsetzung ein wichtiger Schlüssel für sie beim Netzwerken und in der Kommunikation im Konzernalltag ist. Aufgrund der Tatsache, dass sie sich mit dem Thema intensiv auseinandergesetzt hat, war sie in der Lage, eigene Strategien zu entwickeln. Um authentisch zu wachsen und sichtbarer zu werden. „Das hat mir den Mut gegeben, mich immer wieder ins kalte Wasser zu schmeißen. Also jedes kalte Wasser, das mir vor die Füße kam."

Wie netzwerken Introvertierte?

Um im Detail über die Spezifika beim Netzwerken sprechen zu können, führt Alina Wenzel zunächst die Definition für Introversion an. Trugschluss sei häufig, dass diese mit Schüchternheit gleichgesetzt wird. Dabei bestehen die Unterschiede vor allem darin, wie die Menschen ihre Energie aufbauen und wie diese Energie wieder aufgebraucht wird. Introvertierte können viel Kraft tanken durchs Alleinsein, aus dem Mit-sich-selbst-Beschäftigen. Sie sind eher in ihrer inneren Welt unterwegs. Extrovertierte hingegen schöpfen ihre Energie aus sozialer Interaktion, aus Gesprächen mit anderen.

Alina Wenzel stellt klar: Es gibt nicht *die* Introvertierte oder *den* Extrovertierten, das alles spiele sich auf einer Skala ab: Wenn jemand relativ ausgeglichen ist, nennt man das ambivert. Wenn es um das Haushalten der Energie geht, bauen Introvertierte während eines Tagesablaufs durch den sozialen Austausch Energie ab, während Extrovertierte eher mit einem geringen Konto starten und mit jeder sozialen Interaktion weitere Energie aufbauen. Zudem gilt die Faustregel, dass Introvertierte erst in Ruhe beobachten, nachdenken und sich dann äußern, während dies bei Extrovertierten – generalisiert – eher gleichzeitig passiert.

Die „Rezeptions-Zeitlupe": Nur digital möglich

Introvertierten wird zudem eine natürliche Stärke in der schriftlichen Kommunikation zugeschrieben, so Alina Wenzel. Dies bedenkend, schwenken wir den Blick auf den Trubel in den sozialen Business-Netzwerken und die vielen Gespräche, die bei LinkedIn, Twitter und Instagram tagein, tagaus stattfinden. Unabhängig vom Typ wissen wir: Social Media können auf den ersten Blick überfordern, wobei Introvertierte deutlich schneller von äußeren Reizen überfordert sind. Gleichzeitig ist das digitale Netzwerken für Introvertierte ein exzellentes Spielfeld, da hier mehr Zeit für die Reflexion des einzelnen Dialogs bleibt. Für die Rezeption der Inhalte, also deren Aufnahme und Wahrnehmung, können sich Introvertierte mehr Zeit nehmen.

Alina Wenzel gefällt mein Ausdruck der „Rezeptionszeitlupe", der nur am digitalen Stehtisch möglich ist. „Hier kann ich etwas vorschreiben, ich kann es mir noch einmal anschauen, kann da noch ein bisschen mehr drüber nachdenken. Ich kann hin- und zurücklesen und es mir noch einmal gut überlegen."

Um in einen strukturierten Austausch zu kommen und die Zusammenhänge herausarbeiten zu können, nutzen wir einige Inhalte des Workbooks von Alina Wenzel, gehen die Punkte im Einzelnen durch und reichern sie mit weiteren Hintergrundinformationen an. Wir starten mit Hinweisen, die Alina Wenzel für die Sichtbarkeit beim Netzwerken gibt.

„Ja, ich weiß – Netzwerken oder Networking ist für viele eher introvertierte, zurückhaltende Menschen ein absolutes Hass-Wort", leitet Alina Wenzel das Thema in ihrem Workbook ein. Neben Reflexionen zu Stärken und zum Selbstbewusstsein ist das Netzwerken einer der drei Bausteine in ihrem Ansatz zu „mehr Mut und Sichtbarkeit im Job". Also sind wir bei den Impulsen ganz auf einer Linie, auch wenn sie nicht zwischen digital und physisch unterscheidet:

1. **Follow-up**

   Wenn du z.B. in einem Meeting einen Beitrag besonders inspirierend fandest – immer raus damit! Dies funktioniert ebenfalls für die schriftliche Kommunikation in den Social Media. Anlass: „Wenn ich jemanden besonders inspirierend fand oder sehr viel mitnehmen konnte." Unser Feedback können wir in einer eMail oder per Chatnachricht an die entsprechende Person richten und dabei besser nicht oberflächlich schreiben, „dass es super war". Im Gegenteil: Wir können im Detail adressieren, welcher Punkt wertvoll war, oder auf Einzelheiten eingehen.

2. **Nutze Chat-Tools statt eMail**

   „Ich kann meine Energie einfach besser managen, wenn ich die Person gezielt anschreibe", so Alina Wenzel. Meinem Transfer auf die sozialen Netzwerke stimmt sie zu: Wenn wir hier etwas Inspirierendes wahrnehmen, muss das ja nicht zwingend per öffentlich sichtbarem Kommentar zurückgespielt werden. Dann kann die 1:1-Nachricht eine gute Lösung sein: Willkommen im Séparée der sozialen Netzwerke. „Chatprogramme sind Dein bester Freund", nennt Alina Wenzel die Herangehensweise, da die schriftliche Kommunikation in Chats noch informeller ist als in einer eMail. Das ist überall möglich, schließlich nutzen die meisten Unternehmen heute interne Social Media oder Kollaborationstools wie z.B. Microsoft Teams.

3. **Schalte deine Kamera ein**

   Auch wenn es ungewohnt ist: Für den Beziehungsaufbau sind Videokonferenzen sehr wertvoll – so der Impuls von Alina Wenzel. Sich selbst zu sehen, sei am Anfang sehr ungewohnt. Dies fühle sich für den Körper an, wie auf einer Bühne zu stehen – nicht die leichteste Situation also. Hier helfe das Bewusstsein, dass das gegenseitige Sehen wertvoll ist für die Beziehung und dass der gefühlte körperliche Stress bewusst gesteuert werden kann. Bedeutet: Du hast es selbst in der Hand, wann und wie oft Du Dich zeigen möchtest. Das Allerwichtigste ist, deine Authentizität beizubehalten. Spiele keine Rolle, nur weil Du glaubst, sie würde „gut ankommen". Wenn wir diesen Tipp auf die sozialen Netzwerke übertragen, könnte dies bedeuten: Zeige hin und wieder mal ein Bild von Dir. So können Deine Kontakte eine bessere Beziehung zu Dir aufbauen.

4. **Erst geben, dann nehmen**

   Grundsätzlich ist es wichtig zu erkennen, dass insbesondere langfristige, vertrauensvolle Beziehungen sehr wertvoll sind für Deine Sichtbarkeit. Ein wesentlicher Baustein liegt in der sukzessiven Unterstützung. Wichtig bei gegenseitigem Beziehungsaufbau: Überlege Dir, was du deinem Gegenüber anbieten kannst, bevor Du um Hilfe bittest. Schau erst einmal, was Du anbieten kannst. Die Kernfrage hier: „Wie kann ich weiterhelfen? Vielleicht durch die Vermittlung eines Kontakts. Vielleicht durch Weiterleiten eines Artikels. Vielleicht mit der Hilfe bei einer Aufgabe – es muss nicht immer das große Projekt sein. Auch kleine Gesten können eine große Wirkung erzielen."

5. **Pflege die Beziehung zu deinen „Energiegeber:innen"**

   Nichts überzeugt mehr als persönliche Empfehlungen, so die Führungskraft. Sie erläutert: „Wir sollten genau hinschauen: Welche Personen geben mir Energie? Welche Personen sind eventuell schon dort, wo ich einmal hin möchte? Wer kann mir da richtig weiterhelfen und wem kann ich richtig weiterhelfen?" Der Fokus auf einzelne Personen verhindere, „am Ende unter Umständen überfordert zu sein."

Kurzer Exkurs zum „Geben und Nehmen", das Adam Grant (2013) exzellent für die heutige Zeit betrachtet. Er unterteilt die Menschen in „Geber", „Nehmer" und „Tauschende" und analysiert, dass bewusste Geber beim Netzwerken am meisten profitieren – solange sie parallel bewusst Hilfe aus ihrem Netzwerk erbitten. In einem LinkedIn-Posting führt er 2019 aus: „Wenn Sie nie um Hilfe bitten, nehmen Sie anderen die Freude am Geben. Geber brauchen keine Nehmer, aber sie brauchen Empfänger. Nehmer nutzen die Großzügigkeit der anderen aus. Empfänger zeigen Dankbarkeit für die Großzügigkeit anderer und bemühen sich, sie weiterzugeben."

Das Prinzip des „Gebens und Nehmens" funktioniert hervorragend in der 1:1-Konstellation, die für Introvertierte ideal ist.

Sehr aktive User bereichern ihr digitales Netzwerk mit hilfreichen Inhalten und erhalten abseits des reziproken 1:1-Netzwerkens Unterstützung von Menschen, die sie nicht einmal namentlich kennen. Derartige Weiterempfehlungen von mir unbekannten Personen erlebe ich mehrfach pro Jahr: Wenn ich frage, wer mich empfohlen hat, sind dies häufig digitale Kontakte, mit denen ich noch nie am dinglichen Stehtisch gesprochen habe und die mich aufgrund meines Contents als Expertin empfehlen und somit meine berufliche Entwicklung fördern.

> ## TAKE THAT
> Folge der Sichtbarkeit: In den unkontrollierbaren Netzwerken wechselt für Menschen mit größeren digitalen Netzwerken, die als „Content Creator" viele Inhalte produzieren, das „Geben und Nehmen" in ein „Geben und Erhalten".

Um Hilfe bitten nach der 70-20-10-Regel

Neben den fünf Impulsen liefert Alina Wenzel in ihrem Workbook eine weitere gut nachvollziehbare Grundlage fürs Netzwerken der Introvertierten: Die 70-20-10 Regel nach Mike Sansone. Diese besagt:

Nutze 70 % der Zeit, um anderen zu helfen

Dieser Punkt bezieht sich auf Alinas Wenzels vierten Impuls, das Geben. Dieses Engagement ist essentiell für den Vertrauensaufbau. Hierbei denkt sie z.B. an Problemlösungs-Tipps, einen Anruf für jemanden zu erledigen oder einen Kontakt zu vermitteln. Oder einfach einmal ein Tool zu zeigen. Kurzum: Das „Dasein" für andere.

Nutze 20 % der Zeit, um dich selbst zu präsentieren

Nun folgt die Herausforderung für alle Introvertierten: Zeige, wer du bist und worin Dein „Mehrwert" liegt. Das Prinzip des Mehrwerts ist spannend, wird aber nur durch eine Definition wirklich greifbar. Interessant: Ich nutze diesen Begriff ausschließlich zur Charakterisierung von Content und nicht für Personen. Alina Wenzel ordnet den Mehrwert als einen von drei Bausteinen für das erfolgreiche Netzwerken ein: Zunächst gilt es, das Bewusstsein für die eigenen Stärken und damit ein positives Selbstbild zu schaffen. Darauf aufbauend wird der Mehrwert entwickelt: Dabei identifizieren und stärken wir die eigene

Personenmarke. Schließlich setzen wir diesen beim Netzwerken ein, um uns und unsere Arbeit sichtbar zu machen. „Mehrwert ist bei jeder Person anders definiert. Je nachdem, welche Geschichte eine Person hat, welche Erfahrungen sie hat, welche Fähigkeiten, welche Motivation. Ich glaube, dass das vielen Menschen gar nicht so bewusst ist, wenn man da mal tiefer einsteigt."

Um diese Selbstreflexion auf den Punkt zu bringen, kommt bei Alina Wenzel der persönliche Elevator-Pitch zum Tragen. Mit diesem können wir innerhalb von 30 Sekunden, also rund eine Fahrstuhlfahrt lang, uns als Person und unsere Anliegen auf den Punkt bringen. Alina Wenzel kombiniert dies mit dem Golden Circle von Simon Sinek, der sich über das „Was" zum „Wie" auf den Kern, das „Warum" fokussiert. Im Falle einer Selbstpräsentation führt dies weg von den puren Aufgaben und Projekten. „Es ist natürlich wichtig, sich selbst gut zu kennen: Was sind meine Stärken? Was ist mein Mehrwert, den ich hier mit einbringe? Gebe ich in meinem Job vielleicht noch etwas, was über meine Jobbeschreibung hinausgeht?"

Nutze 10 % der Zeit, um andere um Hilfe zu bitten

Vielen Menschen fällt es schwer, um Hilfe zu bitten – und gerade das bewertet Alina Wenzel als „sehr, sehr wichtig für den vertrauensvollen Beziehungsaufbau". Im Workbook schreibt sie dazu: „So kannst du die Qualität deiner Beziehungen testen." Die Introvertierte sieht hier zwei Punkte, die jede:r für sich mitnehmen kann und die mir als Extrovertierter auch gleich einleuchten: „Die Hilfe muss ja gar nichts Großes sein: Es kann sein, jemanden um Rat zu fragen oder um eine Idee. Menschen helfen gern. Das vergessen wir oftmals. Aber es ist natürlich eine Wertschätzung der eigenen Person." Als zweiten Punkt führt Alina Wenzel die grundsätzliche persönliche Motivation an: „Worauf arbeite ich im Endeffekt hin? Also warum brauche ich die Hilfe? Das ist vor allem für introvertierte Personen wichtig, weil sie tendenziell intrinsisch motiviert sind und ihre Energie oder ihre Motivation wirklich aus den Herzensprojekten nehmen."

„Sich wirklich selbst hinzusetzen und sich Wissen anzueignen und zu verstehen, wie man ist. Die eigenen Stärken zu erkennen, wertzuschätzen und gezielt einzusetzen. Und sich nicht darauf zu verlassen, was andere denken oder sagen. Ich bin keine Psychologin, aber das war ein großer Gamechanger für mich."

Alina Wenzel

Alina Wenzel rät allen Introvertierten, beim Aufbau des eigenen Netzwerks besser nach dem Prinzip „Klasse statt Masse" zu verfahren – selbst wenn das Digitale die Skalierung ermöglicht: „Lieber ein kleines Netzwerk pflegen mit besonders vertrauensvollen und sehr langfristigen Beziehungen. Das Gießkannenprinzip, bei dem Du möglichst viele Kontakte sammelst, das bringt hier nichts."

Vor allem rät sie allen Introvertierten, hin und wieder die eigene Komfortzone zu verlassen und sich selbst zu überfordern – so wie sie selbst damals in Sydney. „Der Tag war super. Man macht sich oftmals viel zu verrückt. Nichtsdestotrotz sind die Gedanken begründet: Wo kann ich mich mal für fünf Minuten zurückziehen, wenn es mal brenzlig wird? In dem Fall war das unbegründet. In ihrem Posting endet sie: „Ende vom Lied: Ich habe mich überreden lassen und es war MEGA!! Gar nicht überfüllt und auch überhaupt keine wuselige, laute Bootsparty, wie ich gedacht hatte. Im Gegenteil: Super entspannt 😊 UND ich war danach noch motivierter im Job als vorher! Mein Learning, das ich daraus gezogen habe: Manchmal lohnt es sich, die Dinge einfach mal auf sich zukommen zu lassen und nicht alles zu zerdenken✌️. Getreu dem Motto: Das könnte jetzt auch nach vorne losgehen! 😉"

Komm ins Tun

Diese Frage ist auch für mich immer wieder spannend und ich nehme sie für mich als „To Do" mit: Wie leicht fällt es mir, dieses „Um-Hilfe-bitten"? Wie bewusst mache ich das? Und wie ist das bei Dir? Hast Du Dir Deine Stärken einmal selbst vor Augen geführt und bist in den Dialog mit Dir gegangen, wie Du selbst Deine Art zu netzwerken in beiden Welten gezielter angehen kannst?

Wenn du an dieser Stelle tiefer einsteigen möchtest, empfehle ich Dir das Workbook von Alina Wenzel: www.bookofsilentpower.de.

Der smarte Weg für Introvertierte

Introvertierte können sich klar darüber werden, wie sie beim Netzwerken möglichst wenig Energie verlieren und die heutigen Möglichkeiten der Technik für sich bestmöglich nutzen können. Dabei steht nicht der Aufbau großer Netzwerke im Vordergrund, sondern das gezielte Wahrnehmen und Netzwerken im 1:1-Setting, in Präsenz oder digital eher informell im Chat. Ihre Stärken in der schriftlichen Kommunikation können Introvertierte bei der „Rezeptions-Zeitlupe", also bei der bewussten und eventuell auch wiederholten Lektüre innerhalb der sozialen Netzwerke voll ausspielen. Wer das Netzwerken auf diese reziproke Weise angeht, für den gilt der Grundsatz „Geben und Nehmen" anstelle des offeneren „Gebens und Erhaltens", das auf größeren Netzwerken und vielen aktiven Postings beruht und das sich parallel dazu entwickeln kann.

Digital*You*

Show & Tell | Live am Dienstag, 30. August | 13.00 Uhr

Netzwerken, Introvert-Style

Alina Wenzel. Von der Werkstudentin zur Führungskraft und Bloggerin zum Empowerment für introvertierte Frauen.

Digital*You*

Alina Wenzel, Führungskraft im International Marketing und Initiatorin von Book of Silent Power, einer digitalen Plattform zum Empowerment von introvertierten Frauen. Sie begleitet Menschen mit einer Kombination aus ihrem persönlichen Werdegang, praktischen Erfahrungen im Konzern und einem stärkenbasierten Ansatz.

„Überleg Dir, wie Du aufhörst.
Und nicht, wie Du anfängst."

Matthias Messmer

9

Inhalte, die fesseln: Lernen vom Regisseur

Lass mich dieses Kapitel mit persönlichen Gedanken einleiten: Während ich dieses Buch schreibe, schiebe ich ein bestimmtes Posting vor mir her: Eine konstruktiv-kritische Reflexion zum Personal Branding. In den Kapiteln habe ich einiges dazu formuliert, öffentlich habe ich meine Gedanken bislang nur in den Live-Gesprächen oder kurz in Kommentaren anklingen lassen. Den eigenen Beitrag dazu lasse ich aktuell reifen – so mache ich das immer, wenn mir mein Bauch sagt: „Noch nicht." Mir ist bewusst: Eine gute Story hat immer einen Konflikt. Bei der Argumentation zum Personal Branding möchte ich allerdings nicht die kommunikative Schrotflinte zücken. Schließlich segele ich ja mit im Wind des Themenfeldes und bin gar nicht komplette Gegnerin. Trotzdem habe ich mit einigen Aspekten ein Störgefühl und dies will ich gut auf den Punkt bringen. Bloß, wie? Das Erarbeiten dieses Kapitels gibt mir den Impuls, meine Gedanken noch einmal frisch durchzupusten mit den Fragestellungen, die wir nun kennenlernen.

So langsam nähern wir uns inhaltlich Deiner persönlichen Umsetzung. Was ist Deine größte Herausforderung beim Online-Netzwerken? Diese Frage stelle ich immer mal wieder in Umfragen in meinen freien Angeboten, um bei meinen Inhalten und Angeboten thematisch nah an den Bedürfnissen der Community zu bleiben. Ein Klassiker dabei ist: „Wie kann ich richtig gute Postings schreiben?" Dieses Streben nach gutem Content, nach gutem Storytelling schätze ich sehr und lasse es gefühlt im Alltag viel zu häufig schleifen. Die Erkenntnisse aus dem nun folgenden Gespräch kannst Du sehen als eine kleine Trainingseinheit vorab und als Aufwärmrunde für Deine weitere Entwicklung auf unserem smarten Weg, die wir im Praxisteil gemeinsam angehen werden.

Die weiße Fläche im Editor und das berühmte weiße Blatt Papier – wenn Du hier Respekt verspürst oder Deine Inhalte optimieren willst: Du kannst direkt in den Arbeitsmodus gehen und Dein nächstes Posting mit diesen Fragen umsetzen. Frage Dich : Was ist eigentlich passiert? Warum war das, was mir widerfahren ist, kein alltägliches Erlebnis? Was genau war am Geschehen besonders? Wirf Schlaglichter auf genau die Aspekte, die ein „Aha" oder „Wow" bei Dir und Deinen Kontakten auslösen sollen. Genau diese Details kannst Du ausschmücken. Die Heldenreise liefert ein komplexes Gerüst fürs Storytelling (Miller, 2017; Schleicher, 2021). Die knackigen sechs journalistischen W-Fragen werden wir im Praxisteil noch besprechen: Wenn es Dir hilft, nutze die Impulse, Raster und Methoden für die Erstellung von gutem Content.

TAKE THAT
Ob ein LinkedIn-oder Instagram-Beitrag mit 1.000 Zeichen, ein Artikel in der Zeitschrift mit 5.000 Zeichen oder ein Buch-Kapitel mit 30.000 Zeichen: Einstieg, Mittelteil, Schluss bilden eine simple Dramaturgie für jede Art von Inhalt.

Eventuell hast Du bereits bemerkt, dass ich fast alle Kapitel mit einer kleinen Geschichte einleite, dann im Hauptteil die Botschaften und Erkenntnisse arrangiere und am Ende wieder an die Story aus der Einleitung anknüpfe? Dieses „Framing" (Rahmung) beruht auf dieser Einteilung und strukturiert nicht nur den Beitrag, sondern auch meine Gedanken.

Wie kann ich meine Inhalte gut und abwechslungsreich rüberbringen? Das frage auch ich mich immer wieder und suche dazu professionelle Hilfe bei Storytellern, Coaches und anderen Trainer:innen. Empathisch getriezt hat mich Speaker-Coach Matthias Messmer bei der Vorbereitung einer Vortragsreihe zum Thema „Netzwerken online und offline". Er schöpft dabei aus seinen Erfahrungen als Regisseur und Dramaturg und bietet Sparring an für das Strukturieren und Zuspitzen von Botschaften. Regisseure streben die Inszenierung von Inhalten auf Bühnen an, während wir unsere Inhalte optimal auf den virtuellen Bühnen bei Instagram, LinkedIn und Twitter präsentieren wollen.

Mache ich dramaturgisches Storytelling bei jedem Posting im Alltag? Beileibe nicht. Vieles kommt aus dem Bauch heraus und wird nicht auf dem Reißbrett entworfen. Trotzdem sind diese Übungen sehr wertvoll: Ich nehme sie mir vor, wenn ich innerlich verkrampfe, wenn mir Botschaften besonders wichtig sind und ich keine Vorstellung davon habe, was genau die Story ist. Manches Mal will ich aus dem Schema F ausbrechen, das ich häufig in den Postings meiner Kontakte sehe und das zuweilen meine Art zu schreiben eintönig macht. Gerade diesen Blick eines Experten für Inszenierung – erprobt in einem anderen Kontext – schätze ich sehr, um uns auf dem smarten Weg den Horizont zu erweitern. Wie üblich werde ich die Aspekte für uns einordnen.

Die Dramaturgie eines guten Postings

Das ist der Titel eines Gesprächs in der Reihe Show & Tell mit Matthias Messmer. Er hat uns nähergebracht, wie wir Botschaften besser aufbauen können, um Wirkung bei unseren Kontakten zu erzielen. Was ich sehr schätze: Er fächert die Inszenierung in einzelne Fragen und Schritte, die gute Ideen und Gedanken bei uns hervorlocken. Vor allem eine Frage hat es dabei immer wieder in sich – sie hat mich einst bei der Vorbereitung einer Vortragsreihe ins Nachdenken gebracht und auch jetzt wieder beim Entwickeln des für mich sehr wichtigen Postings. Welche Frage das ist? Lies weiter, ich lasse Dich nicht lange am Cliff hängen.

Schöner Zufall: Wir sind hier auf dem smarten Weg unterwegs und Matthias Messmer fordert uns auf, unser „Reiseziel" zu definieren. Wenn Du magst, kannst Du Dir für dieses Kapitel vorstellen, Du müsstest einen Vortrag zu Deinem beruflichen Kernthema halten. „Ich habe immer wieder festgestellt, dass viele Leute auf die Bühne gehen und sich darüber tatsächlich überhaupt keine Gedanken machen", sagt er. Wenn die Bühne nichts für Dich ist, lass es uns eine Nummer kleiner denken: Du stellst Dir vor, dass Du in einem Posting kurz berichten willst, was Dich beruflich gerade beschäftigt.

Für die Vorbereitungsphase führt Matthias Messer drei Punkte auf, die wir uns vor Beginn unserer Kommunikation stellen sollten:

Wer ist mein Publikum?

Oder auf unser Thema übertragen: Für wen schreibe, spreche, sende ich? Wer ist die Zielgruppe? Matthias Messmer sagt dazu: „Überlegt doch mal: Was bringen diese Menschen mit auf die Reise? Was haben sie an Ängsten, Nöten, Sorgen im Gepäck, aber auch an Wünschen? Was wollen sie lernen oder besser machen?" Diese Frage ist sehr relevant in der Kommunikation und beim Netzwerken. Sie wird uns wieder begegnen, daher fang hier gern schon einmal an, Dein Netzwerk aus diesem Blickwinkel zu betrachten. Was treibt die Menschen um, mit denen Du zu tun hast? Was bewegt sie?

Was will ich mit dem Posting bewirken?

Da sind wir, runter vom Cliff: Mich fordert diese Frage am meisten heraus. Ich weiß aus Erfahrung, dass 99 Prozent der Menschen, die bei LinkedIn ein Posting von mir lesen, nicht direkt zum Hörer greifen und mich als Digital Coach buchen. Das wäre aus meiner Sicht natürlich die beste aller Wirkungen. Also muss es etwas anderes sein, das ich bezwecke. Was kann es sein? Matthias Messmer erläutert an einem Beispiel: „Ich kenne eine Erziehungsexpertin, die wollte während der Corona-Phase mit ihrem Angebot Eltern entlasten, die im Homeschooling überfordert waren. Damit diese als Aushilfslehrer nicht mehr ihren Druck auf die Kinder übertragen und sie wuschig machen. Eine mega klare Definition der Wirkungsabsicht."

EIGENE BOTSCHAFTEN!

Mit diesem Beispiel lassen sich für mich nun leichter Wirkungsabsichten für meine Botschaften ableiten. Will ich mit den Inhalten helfen? Will ich etwas von meinem Netzwerk erfahren? Will ich eine Diskussion am Stehtisch starten und damit den Kontakten mehr Sicherheit und Überblick vermitteln? Wichtig: Die Wirkungsabsicht beantwortet das „Wozu" auf der emotionalen Ebene – das erledigen wir jetzt direkt hier. In den Kapiteln zur aktuellen Umsetzung werde ich Dich erneut zu Deinen Zielen fragen.

Was ist Deine Botschaft?

Das klingt immer so hochtrabend, aber das kann etwas sehr Simples sein. Am Beispiel der Erziehungsexpertin wäre die Botschaft: „Vertraue deinem Kind – und seiner Neugier!" Matthias Messmer und ich sind uns einig: Vermeide komplexe Aussagen. Kleine inhaltliche Häppchen sind viel besser zu verstehen. Schließlich muss Dein Publikum Deine Botschaft ja erst einmal verdauen. Was willst Du vermitteln? Hierbei fließen die beiden anderen Komponenten „Für wen" und „Wozu" mit ein. Die Aussagen selbst können sich splitten in mehrere Aspekte, in Pros und Cons oder in logisch aufeinander aufbauende Argumente. Aus der Community kommt dabei die relevante Frage, wie viel Anteil die eigene Haltung oder Mission an den Botschaften haben sollte.

TAKE THAT

Wenn es für Dich passt, solltest Du Deine Meinung oder Deinen Standpunkt in Deine Botschaften integrieren. Damit machst Du Deine Position deutlich und Deine Kontakte können inhaltlich bei Dir andocken und sich mit Dir identifizieren.

Auch dafür taugen die sozialen Netzwerke: In den Diskursen können wir unsere Meinung schärfen und unseren Standpunkt zu den Themen entwickeln.

Zum Einstieg in ein Posting empfiehlt Matthias Messmer den Einsatz von Statements, die eine klare Position ausdrücken und an dem das Publikum bzw. die Kontakte ihre eigene Einstellung abgleichen können. „Ich finde es klasse, wenn man das Statement dann zumindest nicht gleich mit einer Begründung auflöst. So bleibt das Publikum dran und will wissen, wie es weitergeht." Damit sind wir im zweiten Teil des Talks, in dem er uns erläutert, wie wir fesselnden Content entwickeln können.

So schaffst Du einen Spannungsbogen

„Eine gewisse Entwicklung in der Zeit", so gibt uns Matthias Messmer den einfachen Grundgedanken zur Dramaturgie mit. Für die Entwicklung eines Spannungsbogens zäumt er das Pferd von hinten auf: „Überleg Dir, wie Du aufhörst. Und nicht, wie Du anfängst." Diese Umkehr des Vorgehens ist für ihn zentral. Sie fokussiert zuerst auf die Wirkungsabsicht und gestaltet dann die Entwicklung dorthin. In seinen Programmen verwendet er dafür den sachlichen Begriff „Standard-Dramaturgie" mit der grundsätzlichen Einteilung in Einleitung, Mittelteil und Schluss. „Beim Lesen eines Posts ist es schön, wenn ich an die Hand genommen werde. Wenn sich etwas entwickelt oder vielleicht auf etwas ganz anderes herausläuft, als ich gedacht habe." Dabei nutzt er das Bild eines roten Fadens, der am Ende des Vortrags – in unserem Fall: des Beitrags – verankert wird.

Die Standard-Dramaturgie teilt Matthias Messmer in drei Schritte ein. Wobei die Überlegungen zur Zielgruppe, zum „Wozu" und zur Botschaft nun die Leitplanken sind:

1. **Schluss**: Wie kannst Du Deine Kernbotschaft am Schluss in Szene setzen? Welches Highlight setzt Du dafür ein? Was soll den Leserinnen und Lesern danach in Erinnerung bleiben? Was sollen sie mitnehmen?
2. **Mittelteil:** Hier führst Du die relevanten Aspekte im Hinblick auf die Wirkungsabsicht und die Botschaft, die Sorgen und Nöte Deiner Zielgruppe aus. In dieser Phase kann eine weitere Einteilung sinnvoll werden, die die Argumentation zum Beispiel im Hinblick auf Vergangenheit, Gegenwart und Zukunft staffelt.
3. **Einleitung**: Im letzten Schritt nimmst Du mit dem Ende in Sicht den roten Faden auf und legst erste Spuren, wohin die Reise geht. Hier kannst Du in einem Statement oder einer Frage Deine Kernbotschaft anklingen lassen. Spare dabei nicht mit Emotionen – eine kleine Story, ein Konflikt oder ein Highlight zu Beginn lässt die Leserinnen und Leser aufhorchen und beim Scrollen im Feed stoppen. Matthias Mesmer dazu: „Im besten Fall werden Deine Leser neugierig, weil sie denken: ‚Worauf läuft das jetzt hinaus?'"

Hier findet sich ein wichtiger Unterschied zwischen dem Einsatz bei Präsentationen im Gegensatz zu Beiträgen: Bei einem Vortrag sind die Zuhörer:innen bereits für das Thema gewonnen und innerlich darauf eingestellt. Bei der Veröffentlichung eines Beitrags im Feed der User können wir um die Aufmerksamkeit der User buhlen und sie an unseren virtuellen Stehtisch einladen.

Dazu können wir Fragen oder Aspekte einsetzen, die die Leserinnen und Leser zu Beginn interessieren, für die wir aber nicht gleich die Antwort oder Auflösung geben. So wie vorhin beim kleinen Cliffhanger. Für Matthias Messmer ist es ein Graus, wenn in Vorträgen zu Beginn bereits alle Zahlen und Fakten geliefert werden. „Es ist etwas völlig anderes, wenn ich am Anfang eine Frage stelle und die Leute erst einmal denken lasse". Er erinnert das Vorgehen der Rhetorikerin Vera Birkenbihl: „Die Leute sollten sich etwas auf den Zettel schreiben und irgendwann später hat sie Stück für Stück die Antworten geliefert und gesagt: ‚Was haben Sie vorhin geschätzt?'"

Matthias Messmer verweist auf das Beispiel von Kindern, die etwas ganz Spezifisches wollen und von denen man hinsichtlich der Argumentation hervorragend lernen kann: „Sie führen Dich über mehrere Umwege doch dahin, dass es am Ende Süßigkeiten gibt."

Im Talk analysieren wir zudem eines seiner und eines meiner Postings im Hinblick auf dramaturgische Finessen. Wenn Du diese Punkte im Detail nachvollziehen willst, dann schau Dir die Aufzeichnung auf new-networking.de an. Ab Minute 41:00 analysieren wir einen Beitrag, in dem der Regisseur ein Seminar zu rhetorischen Stilmitteln ankündigt und dies mit der zentralen Wahlkampfbotschaft von Barack Obama verknüpft: „Wie wäre die Wirkung, wenn er in sein entschiedenes ‚Yes we can' einen Konjunktiv eingesetzt hätte? Yes, we could?! Das ist viel schwächer." Lass uns also auch diesen Tipp für mehr Klarheit hier direkt mitnehmen für Deinen smarten Weg: Vermeide Konjunktive. Vor allem ist es wieder einmal die persönliche Einstellung, die den Grundstock für richtig gute Botschaften legt.

Die Beziehung zum Publikum genau justieren

Matthias Messmer spricht den Aspekt an, dass viele User bei LinkedIn am Ende der Postings Fragen stellen, um zur Interaktion einzuladen. „Du musst nicht immer nur liefern, liefern, liefern. Eigentlich willst Du in einen Dialog kommen. Ich spiele den Ball an meine Leser und öffentlich spielen sie ihn wieder zurück." Matthias Messmer geht hier auf das „Wie" ein und gibt einen exzellenten Leitgedanken seiner Arbeit preis: Für ihn sind Botschaften immer auch direkte Anrede, also die Ansprache des Publikums: „Sprich nicht *vor* einem Publikum, sondern *mit*. Wenn das bei Postings gelingt, dann haben sie eine Wirkung." Dass die Reaktionen nicht immer direkt im Kontext des Beitrags erfolgen, betont auch Matthias Messmer: „Selbst, wenn sie mir nicht direkt antworten, dann löse ich doch etwas in ihnen aus."

Genau das ist mir passiert mit meinem Posting zum Thema Personal Branding und der kritischen Reflexion dazu – ich hatte nicht nur bei LinkedIn mehr als 80 Kommentare, sondern wurde auch von einer Handvoll Menschen im Anschluss direkt darauf angesprochen.

Aber nun von vorn – beziehungsweise von hinten: Ganz im Sinne des roten Fadens habe ich überlegt: Was will ich erreichen mit diesem Posting? Antwort: Ich will herausfinden, was meine Kontakte denken und ob ich allein bin mit meinen Gedanken zum Thema. Also lautet meine letzte Frage im Beitrag: „❓ Bin ich eigentlich allein mit diesem Störgefühl?" Auf einem Zettel sammle ich Punkte, die ich im Posting ansprechen will und überlege zum Schluss: Wie kann ich einsteigen? Zunächst hatte ich eine Ich-Perspektive gewählt mit „Personal Branding nervt mich." Doch dann erinnerte ich mich an das gute Zitat der Teilnehmerin eines Boot Camps: „Mir geht es wirklich auf den Wecker, wie sich die Leute bei Instagram und LinkedIn selbst darstellen…" – damit nehme ich direkt die Perspektive einiger meiner Kontakte und Kund:innen ein. Auch Du kennst dies Zitat bereits, aus dem Abschnitt übers Personal Branding. In der Abbildung zum Beitrag reduziere ich die Aussage noch weiter auf einen Satz, den ich auch einmal so gehört habe: „Kathrin, ich will keine Personal Brand sein".

Um es kurz zu machen: Die dramaturgische Rechnung geht voll auf. Das Posting erzielt für meine Verhältnisse eine tolle Reichweite. Und zusätzlich zu den direkten Reaktionen werde ich in den nächsten Tagen und Wochen immer wieder auf das Thema direkt angesprochen. Zum Beispiel eine Woche danach in der Kaffeeküche des Büros. Eva, eine meiner Wegbegleiterinnen, hatte bei LinkedIn mit einem Like reagiert. Nun spricht sie mich nochmals an, da das Thema auch in ihrem beruflichen Kontext sehr relevant ist. Sie erläutert mir, dass sie anstatt von Personal Branding gern von „Personal Positioning" spricht – auch eine Idee. Ein anderer Kollege hatte unterhalb des Postings nicht reagiert. Er ist wenig aktiv bei LinkedIn, Gegner des Konzepts Personal Branding und ein Social Media Skeptiker. Neugierig fragt er nach: „Ich habe

Dein Posting kurz gesehen. Da haben doch bestimmt viele zugestimmt, dass sie keine Personal Brand sein wollen?" Für ihn könnte dieser Gedanke wertvoll sein, von vielen meiner Kontakte innerhalb der Kommentarspalte diskutiert: Nicht alles bei LinkedIn ist Personal Branding und Personal Branding bedeutet nicht immer, dass wir unser Ego in den Mittelpunkt stellen.

Schlussendlich hat mir die Formulierung des Postings und die Auseinandersetzung mit dem Thema persönlich deutlich mehr Klarheit gebracht und mein Störgefühl beruhigt. Ich bin dankbar, dass sich mehrere Expert:innen bei dem Posting zu Wort gemeldet haben und mir am virtuellen Stehtisch ihre Sicht dargelegt und ihre Aufmerksamkeit geschenkt haben. So entwickeln sich Themen, Diskurse und Trends weiter – für mich eine wertvolle Wirkweise eines einzigen Beitrags bei LinkedIn.

Vielen Dank, lieber Matthias, für das inspirierende Gespräch, Deine gute Struktur, die vielen Impulse und das indirekte Coaching bei der Entwicklung dieser für mich sehr relevanten Botschaft.

Komm ins Tun

Hast Du direkt eine Antwort auf die Frage, was Du bei wem mit welcher Botschaft bewirken willst? Falls nicht, lies noch einmal oben nach und finde hier direkt erste Antworten. Im Praxisteil werden wir dies fortführen – also lege am besten jetzt mit diesen drei Antworten einen wichtigen Grundstein für Deine persönliche Kommunikation. Wenn Du eine innere Haltung oder Meinung verspürst, lass sie einfließen. Zum Start ist der neutrale Angang völlig in Ordnung.

1. Wer ist mein Publikum?

2. Was will ich bewirken?

3. Was ist meine Botschaft?

Wenn Du die Umsetzung meines Postings zum Thema Personal Branding und die Reaktionen darauf im Detail nachvollziehen willst, dann lies sie Dir gern direkt bei LinkedIn durch und melde Dich auch gern dort direkt mit einem Kommentar und Deiner Meinung zum Thema zu Wort. Bitte tagge mich unbedingt mit @kathrinkoehler, dann werde ich Deine Reaktion wahrnehmen und Dir gern antworten. Ich bin schon sehr gespannt, was Du denkst.

Hier geht's zum Posting:

Der smarte Weg zum inhaltlichen Spannungsbogen

Für einen richtig guten Spannungsbogen starten wir mit der Frage: Was will ich erreichen? Der stärkste Aspekt wird am Schluss der Botschaft kommuniziert und lädt die Kontakte zum Austausch ein. Für einen Spannungsbogen legen wir in der Einleitung erste Spuren in Form einer kurzen Story oder eines starken Statements mit möglichst klarer Meinung. Hier geht es darum, sich selbst klar zu positionieren, die Neugierde bei den Kontakten zu wecken und dann im Mittelteil die Aspekte oder Argumente mit einem Fokus auf die Absicht aufzubauen. Ob im Vortrag oder Posting: Besser nicht dozieren und alles fix und fertig darstellen, sondern immer die Kontakte zum Mitdenken anregen und den direkten Austausch und Diskurs mit ihnen anstreben. So können sie sich am besten mit uns und unseren Botschaften verbinden und bleiben am Ball.

Show & Tell | Live | 7. September | 13 Uhr

Die Dramaturgie eines guten Postings

Mit Matthias Messmer,
Regisseur und Speaker-Coach

Digital*You*

Digital*You*

Matthias Messmer ist Regisseur und Coach für alle, die auf der Bühne, im Netz und vor der Kamera ihr Publikum überzeugen und Kunden gewinnen wollen. In seinem Speaker-Mentoring-Programm vermittelt er Methoden für die Ausarbeitung eines Vortrags und die Entwicklung einer authentischen Redner-Persönlichkeit. Sein Ziel ist, dass es Menschen leichter fällt, ihre Botschaft auf den Punkt zu bringen.

„Wir kennen ein paar Leute aus eurem Laden. Die sind ziemlich in Ordnung, wenn wir sie im Internet treffen. Versteckt ihr davon noch mehr? Könnten sie nicht rauskommen und mit uns spielen?"

Punkt 85 des Cluetrain Manifests

10

Sondierung für den smarten Weg: Inspirationen

„Bring doch bitte ein paar Best Cases für unsere Branche mit, Kathrin." Ich persönlich zucke jedes Mal leicht resigniert mit den Schultern, wenn ich in einem Briefing diesen Wunsch für einen Workshop erhalte. Sehr häufig recherchiere ich dann innerhalb von Branchen oder Themenfeldern vorbildliche Personen in Bezug auf ihre Rolle, die Inhalte, das Engagement, nur um dann zu hören: „Jaja, aber aus Gründen X, Y und Z ist das nicht mit mir, ist das nicht mit uns vergleichbar." Exakt – das sehe ich ebenso: Best Cases, also herausragende Beispiele, bilden unsere spezifischen Bedürfnisse nie exakt ab. Das können sie nicht, denn zu unterschiedlich sind vor allem die Persönlichkeiten und deren Tonalität, die Rollen und deren Herausforderungen, selbst wenn Branche und Hierarchie ähnlich sind. Best Practices bieten keine Abkürzung. Sie dienen allerdings hervorragend zur Inspiration.

Der Vergleich mit anderen ist eine exzellente Herangehensweise, um Ideen sprudeln zu lassen und die eigene Meinung zu bilden – genau das haben wir in diesem Kapitel vor. Der soziale Vergleich hilft, Erkenntnisse zu gewinnen. Was wollen wir für uns persönlich adaptieren? Bei welchen Aspekten grenzen wir uns besser ab?

Verstehe also die Beispiele, die wir uns nun im Detail ansehen werden, ausdrücklich nicht als „So und nur so ist das richtig"-Best Cases hinsichtlich Profil und Postings, sondern als bemerkenswerte Herangehensweisen. Ich maße mir nicht an, diese Aktivitäten in „richtig" oder „falsch" zu klassifizieren – das ist nicht das Ziel. Bitte beachte immer: Die Auswahl dieser Beispiele ist gefiltert von meinem subjektiven Blick und den Inspirationen, die ich selbst in meinem Netzwerk erhalte. Und ich werde sehr deutlich hervorheben, welcher Aspekt der Gestaltung – sei es das Profil oder einzelne Botschaften – uns zur Inspiration dient. Dazu muss ich nicht jede „Info", jeden Lebenslauf oder jeden Tweet gut finden oder würde innerhalb eines Workshops dazu raten, es genauso umzusetzen. Dazu sind wir alle viel zu einzigartig. Du auch!

Wie unterschiedlich sich beispielsweise die deutschen CEOs in den sozialen Netzwerken präsentieren, zeigt die Studie LinkedIndex von Palmer Hargreave sehr anschaulich auf. Mehr dazu findest Du im Gespräch mit Daniel Jungblut in Kapitel 6. Während sich einige Führungspersönlichkeiten inhaltlich eher auf gesellschaftliche Themen fokussieren, setzen andere ihre Schwerpunkte im Bereich Produktinformation oder in der strategischen Unternehmenskommunikation. Einige treten dabei sehr persönlich auf, andere betont sachlich. Einige nutzen das als „kollegial" und „vernetzt" beschriebene Zusammenspiel und bauen beim New Networking die Beziehungen zu Kooperationspartner:innen und Mitarbeiter:innen sehr bewusst aus. Andere wollen verkaufen. Sich und die Produkte oder Dienstleistungen.

Mir geht es darum, dass Du durch den Vergleich differenzierter auf Deine persönlichen Facetten blickst. Wenn Du die Business-Netzwerke regelmäßig nutzt, wirst Du immer wieder Inhalte sehen, die Dich besonders ansprechen und inspirieren. Manchmal sind dies nur einzelne Sätze von Personen, manchmal Botschaften oder eine gelungene Zeile in einer Twitter-Bio oder dem Profilslogan bei LinkedIn. Sammle diese Inspirationen und halte diese Gedanken in einem Ideenspeicher fest, sie gehören definitiv hinein.

Und auch hier spreche ich wieder die Dynamik-Warnung aus. Wir blicken auf Profile von Personen, deren digitale Identität sich morgen schon ändern kann – weil sie sich mit einer neuen Rolle oder Aufgabe, neuen Formulierungen, neuen Bildern im Profi zeigen und sich selbst und ihr digitales Abbild weiterentwickeln. Lass uns diese Inspirationen als Momentaufnahme sehen – unabhängig davon, ob diese Profile während Deiner Lektüre noch immer so aussehen. Anhand der Beispiele werden wir weitere Erkenntnisse zum New Networking und für Deine Reflexionen einsammeln.

Farbenfroh in der Doppelrolle: Judith Muster

Judith Muster ist Organisationsberaterin und Führungskraft bei Metaplan in Quickborn und parallel wissenschaftliche Mitarbeiterin am Lehrstuhl für Organisations- und Verwaltungssoziologie der Universität Potsdam. Sie hat also zwei Rollen, die inhaltlich optimal harmonieren. Diese zeigt sie auf ihrer digitalen Visitenkarte im LinkedIn-Profil ganz sachlich im Profilslogan auf: „Partner at Metaplan // Department of Organizational and Administrative Sociology, University of Potsdam".

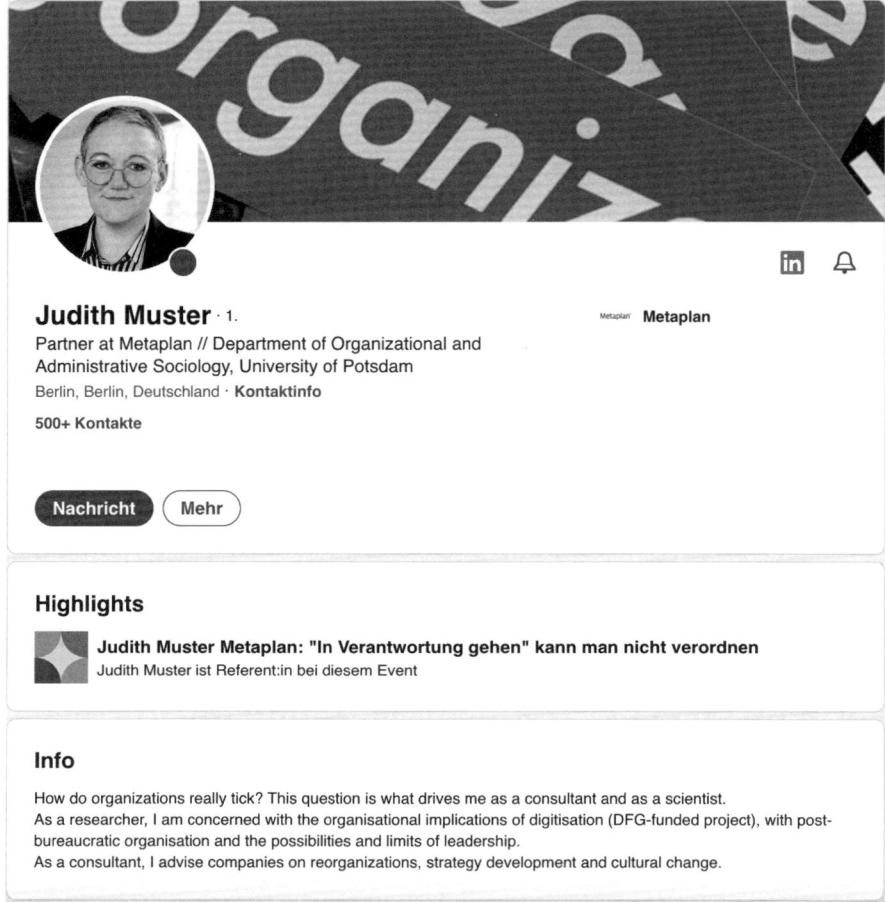

Plakativer Auftritt: Der Header

Der erste Eindruck eines Profils wird immer geprägt vom Bild oben auf der Bühne, auch „Header" genannt. Judith arbeitet hier mit einer starken grafischen Lösung: Sie wählt den Logo-Ausschnitt der Publikation „organize", die sie bei Metaplan herausgibt. Für alle Publizist:innen bietet sich genau das im Header an: Ein Blick auf „das Werk". Hier herangezoomt in starker Rot-Weiß-Optik. Auch herausgezoomt ist dies denkbar: Der Herausgeber mehrerer Zeitschriften hatte die aktuellen Ausgaben locker auf dem Schreibtisch liegend als Header-bild bei Twitter im Einsatz. Ein schneller Klick mit dem Smartphone macht dies möglich – dazu braucht es heute keine Shootings und keine grafische Assistenz mehr.

Im Fokus: In diesem Bereich können die Nutzer:innen sowohl Beiträge und Artikel als auch Links zu Webseiten, LinkedIn-Newslettern, PDF, Videos und Bilder „ausstellen". Was ich sehr smart finde: Judith Muster zeigt sich im Sinne der Selbstdarstellung wohldosiert nur auf einem der Beiträge in ihrem digitalen Schaufenster, links als Animation auf dem Titelbild einer Fachzeitschrift. Da sie den LinkedIn-Beitrag dazu in dieser Sektion langfristig abrufbar macht, können Besucher:innen des Profils schnell auf die von ihr priorisierten Inhalte aufmerksam werden.

Grafisch ist dieser Bereich überzeugend zusammengestellt (wir können auch sagen: kuratiert). Vorteil: Judith Muster produziert in beiden Rollen viele Inhalte. Bei ihr geht es darum, aus der Fülle eine Auswahl zu treffen. Vorteil: Für die sogenannten „Visuals", zum Beispiel hier in der Mitte und rechts, erhält sie im Unternehmen grafische Unterstützung. Dies ist sicherlich ein Vorteil bei der Gestaltung von Profil und Postings. Doch das funktioniert auch ohne Grafiker:in an Deiner Seite – canva.com ermöglicht auch Dir, kostenfrei sehr gute Bildlösungen zu entwickeln. Wenn Du Teil einer Organisation bist, schau Dir die Bilder auf Eurer Homepage und den Unterseiten zu Deinem Feld an – gibt es dort ansprechendes Bildmaterial? Dieses ist eventuell zur Nutzung auch für Dich als Mitarbeiter:in in den sozialen Netzwerken lizenziert. Einfach in der entsprechenden Abteilung nachfragen.

„Wenn man mich fragt, warum ich bei Metaplan arbeite, sage ich immer: Weil ich genau das mache, was ich machen will, mit genau den Leuten, mit denen ich arbeiten will. Die letzten zwei Tage haben genau das wieder gezeigt! 💙", schreibt Judith anlässlich des 50. Jubiläums der Unternehmensgründung in einem Posting, mit dem sie die Feierlichkeiten übersichtlich und mit ihrem persönlichen Blick zusammenfasst.

TAKE THAT

Mit einer solchen Aussage wird deutlich, warum einige Menschen frei aufspielen in den sozialen Netzwerken und andere sich schwer tun: Je zufriedener Du mit Deiner Rolle, Deinen Aufgaben und dem Umfeld bist, umso leichter kannst Du frei und selbstbestimmt darüber auf einer Business-Plattform berichten. Wenn Du wenig Überschneidungen hast zwischen Deinem persönlichen Werteset und Deiner beruflichen Identität, also Deiner Situation und Deinem Blick darauf, dann wirst Du hadern, Dich in Deiner Rolle zu zeigen und Deine berufliche Aktivitäten im Kontext der Arbeitgebermarke zu zeigen.

Oder kurz: Wer stolz ist, zeigt sich gern. Das ist tatsächlich der große Vorteil von Freiberuflern und Investor-unabhängigen Unternehmer:innen: Wer nur sich selbst verpflichtet ist, dem sind kognitive Dissonanzen fremd.

Anekdotisch, aber krasses Gegenbeispiel: In einem Gespräch sagte vor ein paar Jahren ein CEO zu mir: „Ich bin hier nur Söldner." Erwartbarerweise wurde er nicht aktiv auf den Plattformen. Und wie ich neulich durch Zufall an einem dieser Stehtische erfuhr, ist er nicht mehr in der Rolle tätig.

Altenpflege-Influencer mit Haltung: Dr. Stefan Arend

Dr. Stefan Arend hat das Institut für Sozialmanagement und Neue Wohnformen für Senioren gegründet und beschreibt sich selbst im LinkedIn-Profilslogan als Unternehmer, Lehrbeauftragter, Keynote-Speaker und Publizist.

Super Länge, super Sound: Die Info (dt.) oder About (engl.)
Vorbildlich ist aus meiner Sicht die Art und Weise, wie Dr. Stefan Arend seinen „Info"-Bereich getextet hat. Dieser Profilbereich ist für viele User eine echte Herausforderung, schließlich bietet LinkedIn nicht wie sonst üblich Dropdown-Möglichkeiten und Jahreszahlen, sondern nur eine freie Fläche zum

Ausfüllen. Diese lässt viel Raum für Gestaltung – und wird damit schwieriger empfunden als das Einpflegen der beruflichen Stationen in die chronologische Berufserfahrung, Pausenzeiten, Ausbildungsstationen, Publikationen oder Ehrenämter. Leider lassen daher viele Nutzer:innen diese Fläche frei. Bitte nimm sie Dir vor und stelle Dich dort in mindestens drei Absätzen denjenigen Menschen vor, mit denen Du in Kontakt treten willst.

Info

Den demografischen Wandel gestalten, neue Wohnformen für ältere Menschen entwerfen, konzipieren und realisieren und das Alter(n) wissenschaftlich erforschen, um das Wissen darüber zu mehren - für diese Themen engagiere ich mich seit mehr als 30 Jahren - und zwar mit großer Begeisterung und mit ganzem Herzen.

Ich besitze eine umfassende wissenschaftliche Ausbildung und habe drei Jahrzehnte Erfahrung als Geschäftsführer und Vorstand von renommierten, national agierenden Trägern sozialer Dienste, Senioreneinrichtungen und pflegerischer Dienstleistungen. Durch meine klassische journalistische Ausbildung als Tageszeitungsredakteur kann ich die Inhalte meiner Tätigkeit und die Themen meiner Branche punktgenau und prägnant kommunizieren. Ich publiziere regelmäßig in Fachmedien und der Tagespresse und bin Interviewpartner, Referent und Keynote-Sprecher.

Mein Institut befasst sich mit allen Fragestellungen und Herausforderungen des demografischen Wandels: ein Generalthema unserer Gesellschaft, das alle Lebensbereiche tangiert. Ich berate und begleite Stiftungen, Institutionen, Politik, Unternehmen, Projektentwickler und Planer in Fragen des demografischen Wandels und bei der Konzepterstellung und Realisierung von Wohnformen für das Alter.

Ich freue mich über eine Kontaktaufnahme!

Dr. Stefan Arend hat eine inhaltliche Aufteilung gewählt, die Dir gute Orientierung geben kann fürs das Ausfüllen Deines Infobereichs:

1. Absatz: Das „Warum". Dr. Stefan Arend schreibt über das Thema, für das sein Herz schlägt – so funktioniert eine klassische Positionierung. Damit wissen wir als Leser:in gleich, ob wir thematisch zueinander passen. Alle Menschen, die sich für demografischen Wandel und entsprechende neue Wohnformen interessieren, werden hier „andocken".

2. Absatz: Das „Was". Der Wahl-Münchner zählt seine beruflichen Stationen auf und verknüpft dabei elegant Erfahrungen mit Kompetenzen. Diese Herangehensweise ist ein guter Tipp für Dein Brainstorming: Welche Stationen habe ich, welche Kompetenzen und Erfahrungen habe ich jeweils gesammelt. Damit kommst Du gut hinaus über die pure Beschreibung der Laufbahn.

3. Absatz: „Für wen und mit wem". Hier vertieft er das Angebot mit einer Portfolio-Beschreibung des Instituts und er nennt direkt dazu seine Zielgruppen – in dieser Verknüpfung können sich alle wieder erkennen, die aus dem Sektor kommen und Dr. Stefan Arend hier bei LinkedIn kennenlernen.

4. Absatz: Der „Call to Action" (CTA): Je konkreter hier der Wunsch nach Kontaktaufnahme genannt wird, desto besser. Ob Telefon, eMail, persönliche Nachricht – ich empfehle, den bevorzugten Kanal zu nennen.

Das Thema Selbstdarstellung ist für alle beruflichen Social Media-Kanäle ein intensiv diskutiertes Thema. Das eigene Konterfei im Posting ist ein LinkedIn-Trend 2022 – es bleibt abzuwarten, wie lange User und der Algorithmus Postings mit Selbstportraits goutieren. Alle regelmäßig aktiven Nutzer:innen bestätigen: Botschaften, die vom eigenen Antlitz flankiert werden, erzielen deutlich mehr Interaktionen – ein wichtiger Hebel für mehr Ansichten in den Feeds der Kontakte und damit mehr Sichtbarkeit und Reichweite.

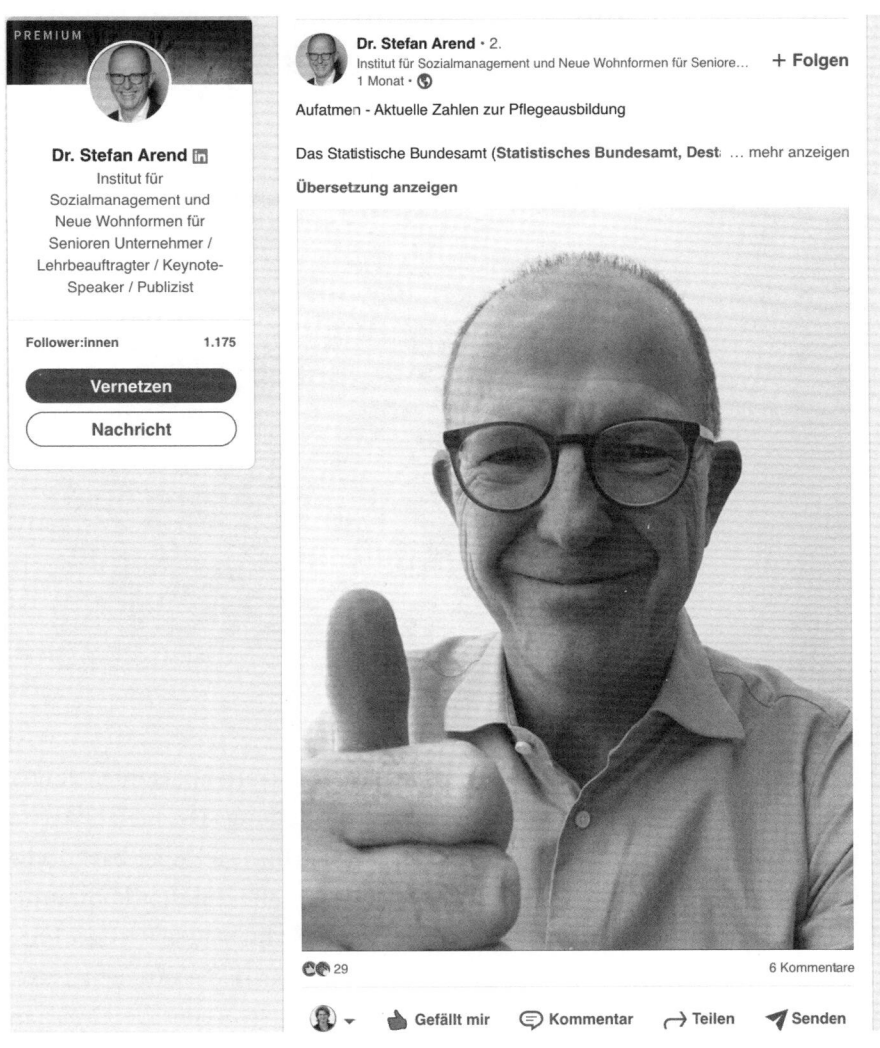

Daumen hoch zu mehr Ausbildungen von Pflegefachkräften, Daumen runter zu Formulierungen in einer staatlichen Pressemitteilung: Dr. Stefan Arend zeigt Haltung in Text und Bild. Ob der Gesundheitsminister oder bayerische Staatsministerien: Der Altenpflege-Influencer deckt schonungslos kommunikative Nebelkerzen auf und kommentiert aus seiner Sicht: „Diese Pressemitteilung überrascht und ärgert zugleich!…Warum wird das in der offiziellen Verlautbarung aus den bayerischen Staatsministerien verschwiegen? Und welchen Nutzen hat die absolute Zahl der Auszubildenden ohne Referenz, ohne Vergleich mit den anderen Bundesländern? Was also soll diese Pressemitteilung? Wir wissen leider alle nur zu gut, dass auch und allein durch plumpes Auslassen so etwas wie alternative Fakten geschaffen werden. Alle Presseorgane, die die offiziöse Verlautbarung aus den beiden bayerischen Staatsministerien ungeprüft veröffentlicht haben, sind dieser altbekannten Masche leider (wieder einmal) aufgesessen."

Die jeweilige Haltung des Postings unterstützt der ausgebildete Journalist seit langem mit der Integration von Selfies in seine Postings und erzielt durch die Kombination von starker Meinung und starkem Bild exzellente Sichtbarkeit. Als er um die 1.000 Kontakte hatte, erzielte er mit einigen Postings zwischen 6.000 und 8.000 Views – eine herausragende Sichtbarkeit. Das Verhältnis von Kontakten zu den durchschnittlichen Ansichten (Impressions) der Postings sinkt mit einem wachsenden Netzwerk: User mit 5.000 bis 10.000 Kontakten schaffen es mittlerweile deutlich seltener, mit der Anzahl der Views die eigene Netzwerkgröße zu erreichen. User mit 300 Kontakten können schnell einmal 500 oder 1.000 Views erzielen, wenn Personen mit großen Netzwerken mit ihren Postings interagieren. Der Trend in 2023 wird sicherlich auch für die kommenden Jahre gelten: Durch mehr Content auf der Plattform sinken die Reichweiten der einzelnen Postings.

Fokus auf das Wesentliche: Dr. Eva Koch

Der grüne Halm im Header von Eva Koch ist Hingucker und Rätsel zugleich: Was will uns die Leiterin der Multiple-Sklerose-Projekte in der Hertie-Stiftung damit sagen? Hin und wieder spreche ich davon, das eigene LinkedIn-Profil wie eine Landingpage anzulegen, die auf den ersten Blick Aufmerksamkeit erregt und die den Besucher:innen einen schnellen Überblick zur Person vermittelt. Genau das erreicht Eva Koch von der Hertie Stiftung – in zwei Minuten können wir alles Wichtige zu ihrer Person erfassen und dann weiter klicken zu den Projekten, die sie hier sichtbar macht.

Eva Koch · 1.

Leiterin Multiple-Sklerose-Projekte in der Hertie-Stiftung I Ärztin

Themen: #dei, #stiftung, #multiplesklerose und #neurowissenschaften

Düsseldorf, Nordrhein-Westfalen, Deutschland · **Kontaktinfo**

1.405 Follower:innen · **500+ Kontakte**

Gemeinnützige Hertie-Stiftung

Universität Hamburg

Nachricht   Mehr

Das LinkedIn-Profil der Ärztin ist angelegt im „Creator"-Modus – dies erkennen wir an den Hashtags im oberen Bereich des Profils (ich nenne diese Sektion „digitale Visitenkarte"). Hier werden die relevanten Themen und damit der relevante Teil der Positionierung der Person sichtbar.

#dei, #stiftung, #multiplesklerose und #neurowissenschaften: Manchmal verstehen wir die dort angegebenen Hashtags nicht sofort, wie hier eventuell den Hashtag #dei. Da hilft nur die Unterstützung der Suchmaschine: die Abkürzung für „Diversity, Equity and Inclusion" ist wahrscheinlich all jenen bekannt, die zu Eva Kochs Zielgruppe und Netzwerk gehören. Als Hilfestellung ist es sinnvoll, spezifische Hashtags im Info-Bereich zu erläutern.

Info

Die Erkrankung Multiple Sklerose* ist zu einem roten Faden in meinem beruflichen Leben geworden. Nach dem Medizinstudium habe ich zunächst in der MS-Sprechstunde der Hamburger Uniklinik gearbeitet und dort gelernt, warum MS auch als Erkrankung der 1.000 Gesichter bezeichnet wird, und Menschen, die mit MS leben, häufig mit vielen belastenden Vorurteilen konfrontiert sind.

Heute bin ich als Leiterin der MS-Projekte in der Hertie-Stiftung in die Konzeption verschiedenster wissenschaftlicher und sozialer Projekte involviert, welche wir jedes Jahr mit etwa 2 Mio. Euro fördern. Mit Awareness-Kampagnen wie #MoreThanMS möchten wir zudem zur Entstigmatisierung der MS und Entwicklung neuer Perspektiven beitragen.

Im Projektmanagement ergeben sich immer wieder neue Spielräume, u.a. weil sich Forschung und Selbsthilfe verändern, neue Zielgruppen hinzukommen, kreative Ideen gefragt sind. Solche gestalterischen Prozesse und das Zusammenbringen unterschiedlicher Blickwinkel machen meine Aufgabe spannend und abwechslungsreich und geben mir viele Möglichkeiten, mich mit verschiedensten Menschen, darunter natürlich mit jenen, die mit MS leben, aber auch mit Vertreterinnen und Vertretern aus der Medizin, der Selbsthilfe, der Forschung, dem Ehrenamt u.v.m., auszutauschen.

*Multiple Sklerose (MS) ist die häufigste neurologische Erkrankung im jungen Erwachsenenalter. Allein in Deutschland leben mehr als 250.000 Menschen mit MS - das entspricht z.B. der Einwohnerzahl einer Stadt wie Aachen. Die Erkrankung hat viele Facetten und folgt keinem planbaren Verlauf - entsprechend ist viel Raum für Zuversicht, aber natürlich auch Angst. Viele Menschen denken, MS sei grundsätzlich mit schweren Beeinträchtigungen verbunden und schließe Berufstätigkeit, Familienplanung u.v.a. aus. Wir möchten mit unserer Arbeit dazu beitragen, solchen Vorurteilen Raum zu nehmen.

Das drei Absätze-Prinzip erkennen wir auch bei Eva Koch. Hier erfolgt die inhaltliche Aufteilung in diesen Schritten:

1. Die Ärztin stellt ihre persönliche Verbindung zum Thema dar: „Multiple-Sklerose ist zu einem roten Faden in meinem beruflichen Leben geworden."
2. Im nächsten Abschnitt gibt sie einen Überblick zu, „What", also zu ihrer aktuellen Position sowie zum Why: Die Entstigmatisierung ist das wichtigste Ziel der Aktivitäten.
3. Im letzten Part macht sich Eva Koch persönlich erlebbar, da sie uns einen Einblick in die Vielfältigkeit ihrer Aufgaben und der Zufriedenheit damit gewährt.
4. Die abgetrennte Erläuterung zu Multiple Sklerose ist übersichtlich und macht hier viel Sinn, da Eva Koch hier vertiefende Details zum Krankheitsbild und zur Situation in Deutschland gibt. Die Sternchen-Ergänzung ist sehr sinnvoll, da diese Erläuterung nicht zu den persönlichen Themen zählt.

Im Fokus

Eva Koch hat den Vorteil, dass ihre Projekte auf der Webseite der Hertie Stiftung öffentlich abgebildet werden. Daher kann sie ihr digitales Schaufenster nutzen und einzelne Links ergänzen, die auf aktuelle Awareness-Kampagnen wie #MoreThanMS oder auf Interviews bei Dritten hinweisen.

In diesen Zeiten schlägt die Stunde des Energieexperten: Andreas Busse

Andreas Busse hat in seinen LinkedIn-Profilslogan das sperrige Wort „⊞ Immobilienenergieexperte 🜄" geschrieben, umrahmt von den beiden Emojis, die den Begriff verdeutlichen. In den Zeiten von Energie als gesellschaftlichem Megathema durch Klimawandel, Ukraine-Krieg und die konsolidierten europäischen Märkte kann Andreas Busse inhaltlich aus dem Vollen schöpfen – und er nutzt diese Gelegenheit auf vorbildliche Weise. Aber schauen wir zunächst auf seine digitale Visitenkarte:

Andreas Busse 📇 geb. Fieker · 1.
📇 Immobilienenergieexperte 🔥
Themen: #esg, #vertrieb, #klimaschutz, #energiewirtschaft und #immobilienwirtschaft
Metropolregion Berlin/Brandenburg · **Kontaktinfo**

2.200 Follower:innen · **500+ Kontakte**

Nachricht   Mehr

Direkt bei der Zielgruppe anknüpfen: Der Header

Andreas Busse ist als Führungskraft bei Vattenfall Berlin dafür verantwortlich, dass die Kunden aus der Immobilienwirtschaft mit Wärme und weiteren Energiedienstleistungen wie E-Mobility, Glasfaser und Strom versorgt werden. Die Wahl eines Neubaus für das Headerbild könnte darauf schließen, dass der Vertriebsleiter selbst in der Immobilienbranche tätig ist. Das ist er nicht – aber: seine Kund:innen sind genau aus dem Sektor und fühlen sich beim Besuch seines Profils sicherlich direkt angesprochen. Sie planen exakt solche Projekte und verknüpfen somit Andreas Busse auch auf der Bildebene als Experten für Energie in Immobilien.

Große Themen mit der eigenen Positionierung verbinden

Das erste Mal fiel mir die elegante Verknüpfung des Themas Energie mit dem Tätigkeitsfeld von Andreas Busse auf, als er den Vertrag der Ampel-Koalition von 2022 auf alle Themen des Energie-Sektors analysierte und seinem Netzwerk eine Übersicht in einem LinkedIn-Posting samt persönlicher Kommentierungen zusammenstellte. Was wir nicht wissen: Eventuell hat der Experte diese Analyse für interne Zwecke vorgenommen und sie dann parallel für die Kommunikation bei LinkedIn genutzt. Solange die Geheimhaltung gewahrt ist, können wir bei allen Schriftstücken überlegen: Wäre das auch etwas, um in meinem Netzwerk digital sichtbar zu werden? Wir sehen hier das Posting im

Überblick sowie die zweite von sieben Seiten eines PDF, das der Vertriebsleiter zur Ansicht hochgeladen hatte. Sicherlich: Dieses PDF wird nicht in der üblichen Form eines klicki-bunti Inhalts dargereicht. Menschen aus der Zielgruppe werden hier hingeschaut haben, da der Inhalt besticht.

Andreas Busse 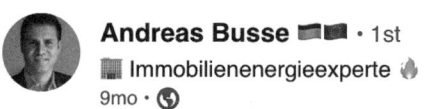 · 1st

▓ Immobilienenergieexperte 🔥

9mo · 🌐   · · ·

Der #Berlinler Koalitionsvertrag steht und hier kommt meine Einschätzung (↪) für die #Immobilienwirtschaft aus energiewirtschaftlicher Perspektive für den Berliner ⌐ Neubau und 🏚 Bestand......   ...see more

Einschätzungen von Andreas Busse zum Berliner Koalitionsvertrag für die Immobilienwirtschaft aus energiewirtschaftlicher Perspektive.

Zukunftshauptstadt Berlin.
Sozial. Ökologisch. Vielfältig. Wirtschaftsstark.

Entwurf zur Beschlussfassung
des Koalitionsvertrages 2021–2026

Einschätzungen zum Berliner **Koalitionsvertrag**

- Es soll eine Energieplanung eingefordert werden, S. 45.
  → Ich vermute, dass ausgehend von den
    Anforderungen des GEG aufgezeigt werden muss,
    wie das Gebäude bis 2050 Klimaneutral werden soll.
    Das würde Sinn machen und korrespondiert mit
    dem Klimaschutzplan des Bundes, der
    Klimaneutralität aller Gebäude bis 2050 vorsieht.

- Möglichst nachwachsende und kreislaufgerecht
  Baustoffe einsetzen, S. 15
  → Wahrscheinlich wird, insbesondere bei öffentlichen
    Gebäuden, mehr mit Holz gebaut

Abstraktes Thema Energie in die Lebenswelt geholt – Reflexionen zum Thema

Die Inhalte des Vattenfall-Mitarbeiters sind zumeist eher technisch und beziehen sich auf Energieversorgung durch große Anlagen. Andreas Busse gelingt es immer wieder, das abstrakte Thema Energie in die Lebenswelt der Menschen zu überführen: Einmal postet er Bilder von der Besichtigung der Beelitzer Heilstätten, einem historischen Gebäude vor den Toren Berlins, das viele Personen aus dem Netzwerk als Ausflugsziel kennen. Ein anderes Mal erzählt er die Erfahrung aus einer Ferienwohnung, in der aus seiner Sicht Energie verschwendet wird. Diese Story berichtet er ohne private Einblicke oder Bilder, nur auf der Ebene der persönlichen Erfahrung und schildert, dass er die viel zu warm eingestellte Fußbodenheizung nicht regulieren konnte. Er positioniert sich dabei progressiv: Er schlägt vor, mit künstlicher Intelligenz solchen Missständen vorzubeugen.

Falls Du auch in einem Feld mit abstrakten Themen unterwegs bist, überlege Dir: Welche Auswirkungen hat mein Thema auf die Lebenswelt der Kunden und Klienten? Dies kannst Du dann sichtbar machen und besser diskutieren. Und sogar einmal mit persönlichen Erfahrungen aus dem Feld anreichern. Den selektiven Blick für Dein Thema hast Du bereits – nun gilt es, die Übersetzung in gute Inhalte zu finden, so wie Andreas Busse das beispielhaft umsetzt.

Komm ins Tun

Der Weg entsteht beim Gehen: Indem Du herausfindest, welchen Weg Du persönlich einschlagen willst, bildet sich dieser heraus. Lies die Beispiele noch einmal wie eine Speisekarte in einem guten Restaurant. Kreuze an oder markiere, was Dir zugesagt hat, und nimm diese Gedanken mit auf unseren weiteren gemeinsamen Weg zum souveränen Netzwerken. Schau Dir die Profile der hier gezeigten Persönlichkeiten an, die Dir am nächsten sind: Was findest Du an aktuellen Postings?

Nimm Dir auch die Profile von Menschen aus Deiner Branche vor, die Du schätzt oder die Dir ein Vorbild sind. Wenn Du magst, kannst Du auch jetzt Deinen Ideenspeicher anlegen – das kann ganz analog passieren mit einer Mappe auf dem Schreibtisch oder auch digital in einem Programm, das Du dafür gezielt nutzt wie z.B. Evernote oder die Notizen in Deinem Smartphone. Schau auch gern ins Bonuskapitel auf new-networking.de, in dem ich weitere bemerkenswerte Profile aktuell halte und betrachte.

Der smarte Weg des sozialen Vergleichs

Frei aufspielen können alle Nutzerinnen und Nutzer, die eine hohe Kongruenz zwischen Identität und beruflicher Rolle aufweisen, oder kurz: die sich wohl in ihrer beruflichen Haut fühlen. Die beste Positionierung erfolgt über eine klare innere Haltung, persönlich geschilderten Emotionen und der Verknüpfung abstrakter Themen mit der Lebenswirklichkeit der User oder des Absenders bzw. der Absenderin. Mit guten grafischen Lösungen können wir die Profile als Hingucker gestalten und einen guten ersten Eindruck machen. In den Profilen sollte die Info in jedem Fall als erste Vorstellung der Person ausgefüllt sein. Keine Scheu vor den eigenen Worten. Diese sorgen für Aufmerksamkeit bei den Besucherinnen und Besuchern des Profils. Zu geschliffene und komplexe Botschaften erzeugen Distanz. Einige Menschen bauen diese bewusst auf, indem sie in der dritten Person über sich sprechen.

„Do one thing every day that scares you."

Eleanor Roosevelt

11

Blick nach innen für mehr Kraft nach außen

„Mensch, da ist ja Kristin[3] – wie schön", denke ich bei der Work Awesome in Berlin, einem Fachevent für die neue Arbeitswelt, das ich aus Interesse und zur Recherche für dieses Buch besuche. Ich entdecke sie ein paar Reihen vor mir und freue mich: Endlich sehen wir uns mal in Präsenz. Sie hatte vor Jahren bei einem meiner Gewinnspiele ein Buch gewonnen und hie und da ein Like oder einen kurzen Kommentar bei mir hinterlassen, bei Facebook, Twitter, Instagram. Und ich ebenso. Ich freue mich sehr, dass ich diese digitale Bekanntschaft endlich auf Beziehungsgrad 100 bringen kann (mehr zum Beziehungsgrad siehe Kapitel 3) und gehe nach dem Vortrag mit großer Freude auf sie zu. Sie begrüßt mich sehr freundlich professionell, aber doch etwas erstarrt. In der Sekunde merke ich: Entweder weiß sie nichts mit mir anzufangen oder sie will

---

3   Kristin heißt nicht Kristin.

nichts mit mir anfangen – nach zwei höflichen Sätzen und null Augenkontakt macht sie auf dem Absatz kehrt und verlässt an der Seite einer Bekannten den Saal. Da stehe ich baff und denke: Wow.

In diesem Kapitel wollen wir schauen: Hat sich durch unseren bisherigen Weg innerlich bei Dir schon etwas in Bewegung gesetzt? Wie blickst Du durch die Erkenntnisse aus den ersten Kapiteln auf Deine Art zu netzwerken? Welche Haltung hattest Du vor Beginn der Lektüre, wie blickst Du jetzt auf das Thema und wohin willst Du Dich persönlich entwickeln? Wie willst Du weitermachen? Aus meiner Sicht jetzt notwendig: Wir blicken auf Dich, auf Deine Interaktionen und damit die Beziehungspflege zu anderen und die Kontakte „da draußen".

Damit Du nicht nur oberflächlich „drüber liest", sondern in eine intensive Reflexion kommen kannst, findest Du am Ende des Kapitels einen Link zu einer Online-Befragung. Diese kannst Du anonym oder mit Namen ausfüllen, beides ist möglich. Die Antworten landen in meinem persönlichen Postfach, ich speichere sie in einer amerikanischen Cloud namens Dropbox, soviel Datenschutzgrundverordnung (DSGVO) muss wohl sein. Das Ausfüllen selbst ist die Übung, für die Antworten setzt Du Dich mit Deinen Gedanken auseinander. Wenn Du hier uns Tun kommst und Deinen Standort klar bestimmst, wirst Du das Netzwerken zukünftig bewusster angehen und wirklich eine Änderung herbeiführen können.

Und: Deine Antworten und Gedanken helfen uns allen weiter, weitere Perspektiven zu gewinnen, das Thema besser auszuleuchten und die Hürden und Blockaden noch besser zu verstehen. Nagele mich bitte nicht fest auf eine direkte Antwort, sobald Du Deine Gedanken einbringst und auf „Senden" klickst. Wer weiß schon, was ich in dem Moment gerade ausbaldowere oder wo ich gerade chille. Sei sicher: Ich werde es lesen. Wir arbeiten hier asynchron und doch gemeinsam. Meinen Dank fürs Mitmachen sende ich Dir daher hier direkt: Ganz herzlichen Dank! Danke für Deine neuen Ideen und für das vernetzte Lernen in unserer Community.

DIE PERSÖNLICHE EINSTELLUNG

Was Du aus diesem Kapitel hier mitnehmen kannst: Deine Haltung führt dazu, dass Du das Netzwerken als inspirierende Handlung oder kraftraubende Herausforderung einstufst. Dass sich die Deutschen hier in etwa gleiche Teile aufteilen zwischen Netzwerk-Freund:innen (47 Prozent) und -Ablehner:innen (43 Prozent), hat LinkedIn mit einer Studie herausgefunden (YouGov, 2019). Sehr beachtenswert: Von den Befragten, die nicht gern netzwerken, stufen immerhin 49 Prozent das Thema als wichtig ein. 33 Prozent aus dieser Gruppe bewerten es als „notwendiges Übel". Gehörst Du zu diesen Menschen? Oder stehst Du an diesen Stehtischen bei Kongressen oder Netzwerk-Treffen, fühlst Dich bereichert nach dem Austausch mit neuen Kontakten und überlegst Dir, ob Du die Beziehung mit ihnen vertiefen willst und wohin das führen kann?

Warum Strategie, Tool und Haltung Hand in Hand gehen

Deine persönliche Haltung ist einer der drei Faktoren, die Dich zur souveränen Netzwerkerin, zum souveränen Netzwerker machen. Wenn Du eine positive Einstellung zu dieser zielgerichteten Art und Weise hast, mit anderen Menschen in Kontakt zu kommen, dann strahlst Du diese Offenheit und Zugewandtheit beim Austausch mit andern aus. Ebenso wie die entgegengesetzte Grundstimmung „Das muss ja wohl sein. Was mache ich hier bloß?!"

In meinen Workshops und Vorträgen zur digitalen Sichtbarkeit verweise ich häufig auf die drei Komponenten „Tool," „Strategie" und innere „Haltung", die in der Schnittmenge den Sweetspot für Deine Souveränität und Wirkkraft am virtuellen Stehtisch bilden. Eventuell fragst Du Dich, welche Gestaltungsmöglichkeiten es für Postings gibt oder wie Du bei LinkedIn eine Kontaktanfrage formulierst? Wenn Du das Tool, also die technische Anwendung von LinkedIn, Twitter oder Instagram nicht einigermaßen beherrschst, dann fehlt Dir Sicherheit und Du wirst inhaltlich nicht frei aufspielen. Wenn Du nicht zumindest ein Ziel, Deine Zielgruppe und Deine Themen definiert hast, dann fehlen Dir die strategischen Leitplanken und Du wirst viel Zeit verdaddeln (alles weitere dazu folgt ab Kapitel 12).

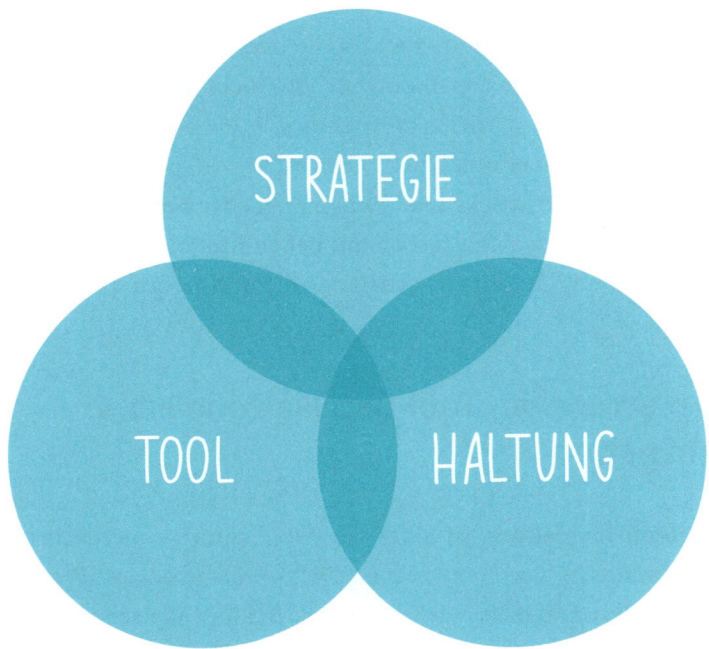

Dimensionen von Souveränität (Quelle: Digital You)

Abseits einer zügig formulierten Strategie ist es zumeist die innere Haltung zum digitalen Netzwerken mit anderen, die viele Menschen blockiert. Dir ist sicherlich bewusst: Wir Menschen ändern unsere Einstellungen und damit unser Verhalten nicht von heute auf morgen. Für die Kanäle gibt es knackige Anwenderschulungen zuhauf. Sie sind oftmals nicht verknüpft mit Impulsen zum Wandel der persönlichen Kommunikation. Wandel dauert. Klopfe doch jetzt noch einmal ab, ob da noch dicke Brocken im Weg liegen. Mir ist an dieser Stelle wichtig, dass wir sie nun aus dem Weg räumen. Nur dann wirst Du freie Bahn haben fürs souveräne Netzwerken.

Schau doch mal, ob Du Dich bei den folgenden Typen wiederfindest. Mir ist an dieser Stelle Orientierung wichtig: Ich werde jeweils anmerken, wie Du den smarten Weg weiterverfolgen und bei Deinen Herausforderungen weiterkommen kannst.

Typ: Skeptiker:in

Typische Äußerungen: LinkedIn, Twitter oder Instagram scheinen wichtig zu sein. Ich sehe für mich aber den Sinn nicht, aktiv zu werden – ich komme auch so gut durchs berufliche Leben. Aber mich interessiert durchaus, welcher Nutzen eventuell darin liegt und welchen Aufwand es braucht. Du erinnerst Dich: „Was soll das ganze Gelike und Geteile?!" Wenn Du nun denkst: Das kann doch in der heutigen Zeit niemand mehr ernsthaft hinterfragen? Doch, doch. Naheliegend: Es gibt Menschen, die noch ohne soziale Netzwerke ins Berufsleben gestartet sind, die Boomer-Generation. In Deutschland zählen dazu laut Wikipedia die Jahrgänge 1955 bis 1969. Bei einigen, wenigen Vertreter:innen dieser Generation höre ich diese Fragen. Und doch ist es nicht nur das Alter, das hier differenziert. Auch Vertreter:innen der jüngeren Generation bleiben häufig stumm. Wer insgesamt den Kontakt mit anderen nicht bewusst angeht oder die persönlichen Kontakte 1:1 pflegt, für den oder die bedeutet digitale Sichtbarkeit eher Aufwand als Nutzen.

Wie geht's für diesen Typ weiter? Vielleicht hast Du durch die Einleitung, durch die Beobachtungen aus der Arbeitswelt (Kapitel 3) und durch die Erkenntnisse aus den Gesprächen erste Einsichten erhalten. Im nun folgenden, praktischen Teil werden wir durch weitere Storys und eigene Erfahrungen den Nutzen des digitalen Netzwerkes herausarbeiten – lies also weiter, selbst wenn Du gar nicht aktiv werden willst. Die Frage nach dem „Gelike und Geteile" zieht sich durch bis zum Schluss, daher bleib dran! In jedem Fall kann ich Dir meinen persönlichen Nutzen mitgeben: Ich schätze es sehr, dass durch meine Sichtbarkeit und meine Interaktionen auf Twitter und LinkedIn neue Menschen auf mich aufmerksam werden. Und dass mich Menschen durch meine digitale Sichtbarkeit im Business besser einschätzen können und Vertrauen aufbauen. Dass sie schon vor dem ersten Anruf erkennen: Wir sprechen eine ähnliche Sprache, wahrscheinlich passen wir zusammen.

Typ: Hoher Anspruch

Typische Äußerungen: „Digital wird alles sichtbar und ist nachvollziehbar." Eventuell hast Du hohe Ansprüche an Dich und Deine Rolle und weißt oder glaubst zu wissen, dass Dich andere mit Argusaugen beobachten werden, wie Du Dich und Deine Themen in den sozialen Netzwerken präsentieren wirst. Schließlich beobachtest Du die anderen auch sehr aufmerksam. Du weißt: Die Botschaften in Video, Audio und Text bleiben langfristig nachvollziehbar. Es wird Dich Energie kosten, Deinen eigenen Ansprüchen gerecht zu werden. Aufmerksamkeit auf die Umsetzungen ist für die meisten vor allem zu Beginn der Aktivitäten notwendig, dann wird es zur Routine.

Typ: Keine Zeit

Alte Management-Weisheit: Hier geht es nicht um Zeit, sondern um Priorisierung. Und um mehr Klarheit, denn wenn diese erzielt ist, wird der gefühlte Aufwand und das erwartete Zeitinvest viel geringer. Wie geht's für diesen Typ weiter? Lies Kapitel 12 und 13, mach Dir Notizen und ziehe dann Bilanz: Lohnt es sich für Dich, sagen wir, sechs Monate lang mit mehr Aufmerksamkeit das digitale Netzwerken für mehr Sichtbarkeit zu testen? Und dann zu schauen: Wie steht der Aufwand zu den Ergebnissen? Welche Effekte stellen sich ein? Wie fühlt es sich an, mehr Sichtbarkeit zu haben? Ich habe das immer wieder erlebt: Wenn Du Dir selbst eine gute Strategie zurechtlegst, dann wirst Du Energie freisetzen und das Networking in einen bereits vollen Alltag integrieren können.

Typ: Selbstzweifler:in

Typische Aussage: „Was habe ich denn schon zu sagen?" Diese Frage haben wir im Gespräch mit Kara Pientka in Kapitel 4 analysiert. Mach Dich bitte nicht kleiner, als Du bist. Das Internet macht's möglich: Jeder Berufstätige und jede Berufstätige können heute öffentlich persönliche Erlebnisse reflektieren und auf persönliche Belange hinweisen. Beispiel: Bäckermeister können Kund:innen heutzutage mit eigenen Worten mitteilen, ob und wie sie die aktuelle Lage bewältigen, sei es nun der Corona-Lockdown oder die kriegsbedingte Steigerung der Energiekosten. Sie könnten auch denken: Ich bin ja keine Person mit öffentlicher Rolle, was habe ich denn schon zu sagen? Aber sie haben eine Botschaft und sie nutzen die sozialen Medien, um sich einzuschalten. Ihr Handeln entspricht dem Gedanken von Kara Pientka (siehe Kapitel 4): „Wem möchte ich was sagen – einhergehend mit meiner professionellen Rolle? Ich werde ein Thema finden, zu dem ich wirklich etwas zu sagen habe und meinen Beitrag leisten kann, bei dem ich gut Bescheid weiß."

Der Mumm, das Wort zu ergreifen, ist auch ein wichtiger Hebel in der New Work-Welt: Hier zählen nicht nur die Meinungen der Chef:innen oder von prominenten Expert:innen. Hier geht es darum, dass wir uns mit unserem spezifischen Wissen in die Prozesse einbringen.

Wie geht's für diesen Typ weiter? Lies einfach weiter, wir kommen in ein paar Momenten dazu, warum Du der Hammer bist. Wenn Du jetzt nicht schmunzeln kannst und wirklich an Dir und Deiner Persönlichkeit und Deiner Wirkkraft zweifelst: Es gibt große Abstufungen, wie wir selbst besser zu uns finden können. Die einen erreichen es durch gute Bücher und die Reflexion mit sich selbst, die nächsten durch gute Gespräche: Mit Familie und Freund:innen, professionell geleitet durch Coaches oder medizinisch fundiert durch Therapeut:innen. Anything goes.

Typ: Ratlos

Typische Aussage: „Ich weiß gar nicht, was ich da schreiben soll." Die einfachste aller Herausforderungen, die Umsetzung baucht Deine Energie. Themenfelder kannst Du strategisch erarbeiten, Botschaften lassen sich davon ableiten. Das gehen wir gemeinsam im nächsten Kapitel Positionierung und dann beim gemeinsamen Schritt in die Sichtbarkeit an.

Typ: Unsicher

Typische Aussage: „Ich habe Sorge, etwas Dummes oder Unbedachtes zu schreiben." Du hast Sorge, dass Deine Kontakte nicht wertschätzen, was Du zu sagen hast. Dass Du nicht den richtigen Ton triffst. Durch die vielen Botschaften schleicht sich der Eindruck ein, dass viele User viel mehr wissen als Du. Oder dass viele Menschen Dein Thema besser durchdrungen haben und bemerken: Du weißt es ja gar nicht wirklich – das wäre das Imposter-Syndrom. Wer keine Ausbildung hat fürs Schreiben: Kann ich das überhaupt? Wie kann ich meinen Gedanken gut Ausdruck verleihen? Kurz: Bin ich gut genug?

Wie geht's für diesen Typ weiter? Mach den ersten Schritt und erfahre durch die Umsetzung und die ersten Reaktionen, dass sich Deine Kontakte für Deine Gedanken interessieren. Nimm Dir die strategischen Fragen als Gerüst vor und arbeite die Punkte nacheinander ab. Du wirst einige mögliche Routen kennenlernen, für Dich Entscheidungen zu treffen und Ideen zu entwickeln.

Typ: Sorge vor Reaktionen

Typische Aussage: „Mit mehr Sichtbarkeit werde ich angreifbarer." Hier bezieht sich die Sorge auf die Reaktionen aus diesem diffusen digitalen Raum: Vor Kritik, respektlosen Kommentaren oder gar vor negativen Reaktionen, auch seitens des Arbeitgebers oder der Auftraggeber:innen. Wir wollen uns nicht selbst in einen Schlamassel bringen oder uns an den Pranger gestellt fühlen.

Wie geht's für diesen Typ weiter? Erinnere Dich noch einmal an den Austausch mit Ines Imdahl zu ihrer Expertenpositionierung: Mit wachsender Sichtbarkeit können tatsächlich diese kleinen und größeren Angriffe in Form von negativen Kommentaren kommen. Wirklich davor schützen kann Dich niemand. Ich weiß nur aus Erfahrung: Wenn Du gut positioniert bist und Sicherheit im Umgang mit den sozialen Netzwerken aufgebaut hast, dann wirst Du auch diese Erlebnisse wegstecken.

So, die größten Herausforderungen hätten wir – aus meiner Sicht. Falls nicht, dann melde Dich unbedingt in der Befragung und teile mir Deine Gedanken mit. Ich werde die Reaktionen sichtbar machen, wie häufig in unserer Community. Und ich werde sie in meine Arbeit einfließen lassen. Danke!

TAKE THAT
Wenn Du klar definiert hast, warum Du etwas erreichen willst, bringst Du viel mehr Energie auf, um dieses Ziel zu erreichen. Dann setzt Du die Hebel, die Dir zur Verfügung stehen, in Bewegung.

Warum digitale Sichtbarkeit eine Entscheidung ist

Wenn wir auf den Business-Plattformen aktiv werden, zeigen wir uns mit unseren beruflichen Themen. Dabei kommen mehrere Faktoren und Fragestellungen zusammen – mit diesen Fragen kannst Du Deine Haltung und Motivation in Bezug auf Deine Sichtbarkeit reflektieren. Die Veränderung des Kommunikationsverhalten geht meistens mit einer Änderung in der persönlichen Haltung einher. Je mehr Du Dich in diesem Moment für die bewusste Reflexion öffnest, desto einfacher wird es für Dich, eine neue Route anzusteuern.

1. **Haltung zum Netzwerken generell:** Macht es Dir Freude oder saugt es Deine Energie? Gehst Du aktiv auf Menschen zu oder verhältst Du Dich eher reaktiv und lässt Menschen auf Dich zukommen? Oder mal so, mal so?
2. **Haltung zu Deiner Identität im Beruf:** Bist Du in einer beruflichen Rolle, die Dich erfüllt? Welches Bild hast Du von Dir in dieser beruflichen Rolle, also von Deiner beruflichen Identität? Entspricht sie Deinen persönlichen

Zielen, Interessen und Leidenschaften? Wirklich, wirklich? Hast Du also viel dazu zu sagen und verspürst großes Interesse, Dich auf diesem Feld weiterzuentwickeln und dazu zu kommunizieren?

3. **Haltung zur Sichtbarkeit:** Hast Du wirklich Interesse, mit Deinen beruflichen Themen sichtbar zu werden, Dich in die öffentlichen Diskussionen einzuschalten und somit zu positionieren? Warum genau lohnt sich das? Wofür machst Du das? Gibt es ein höheres Ziel, dass Du verfolgen willst, z.B. für eine gute Sache oder die Zusammenarbeit, für Dein Leadership oder die Gesellschaft an sich? Oder geht es um Dich und Deine persönliche Weiterentwicklung? Um einen von Dir definierten Erfolg? Um das Ausleben Deiner persönlichen Potenziale in Kombination mit einem steten Strom an Anfragen? Das ist z.B. bei mir der Fall und das ist völlig legitim.

4. **Haltung zu weiteren Selbstreflexionen:** Hast Du Dich schon einmal mit Deinen Stärken auseinandergesetzt? Das Wissen darum ist ein exzellenter Booster, mit dem Du auch Deine Netzwerkaktivitäten anfeuern kannst. Wenn Du weißt, worin Du stark bist und was Du aus Dir heraus für Dich und andere beisteuern kannst, blickst Du neu auf die Welt und Du wirst anders auftreten.

Insa Klasing (2019) empfiehlt allen Führungskräften einen Check: Ist die Weiterentwicklung in ihrem Unternehmen eher auf Stärken oder auf Schwächen ausgerichtet? Wie wir unsere Stärken in unsere Positionierung einweben können, das haben Stärken-Coach Nicole Zätzsch und ich in einem Show & Tell besprochen. Sie zeigt darin: Das Bewusstsein für die eigenen Stärken macht uns motivierter, leistungsfähiger und gesünder.

„Studien zeigen: Nur wenn ich weiß, worin ich richtig gut bin und was mir Freude macht, bin ich engagiert, motiviert, leistungsorientiert und auch gesünder", sagt die Expertin für Stärken. Und weiter: „Positionierung bedeutet ja, sich des eigenen Potenzials bewusst zu werden und sich damit sichtbar zu machen. Wenn wir also unsere eigenen Stärken kennen und wissen, welchen Beitrag wir hiermit erbringen können, dann können wir Kernbotschaften formulieren. Mit dem Bewusstsein über die eigenen Stärken erhalten wir Worte, um deutlich zu machen, wofür wir stehen. Auf Basis dieser Kernbotschaften werden wir für andere klar erkennbar."

Ich kann dieses Herausschälen der eigenen Stärken nur empfehlen. Zum Abschied meiner Tätigkeit bei der Expo 2000 in Hannover hatte ich im Rahmen einer Outplacement-Beratung bei den Rückmeldungen verstanden, dass ich zu impulsiv sei und nicht strategisch denken könne. Mit diesem Glaubenssatz bin ich 20 Jahre durch die Welt gelaufen, bis ich in der Zusammenarbeit mit Nicole den Test „CliftonStrengths" des Gallup Instituts beantwortet habe. Und siehe da: Strategie ist meine Top-Stärke! Nach ein paar zusätzlichen Feedbacks von Freund:innen und positiver Resonanz von Klient:innen konnte ich diesen gedanklichen U-Turn vollziehen und diesen Glaubenssatz aussortieren. Heute schüttele ich den Kopf, warum ich das so lange über mich gedacht habe.

Ob auf Basis von Stärken-Arbeit oder durch gründliche Reflexion: Am Ende ist Sichtbarkeit eine Entscheidung. Sie kommt nicht von selbst. Deine Vorstellungen und Einstellungen führen zu Deinem Verhalten – im Leben, also auch kommunikativ beim Netzwerken. Ich kann dies immer sehr gut feststellen, wenn viele Kolleg:innen aus einer Organisation bei mir in einem Boot Camp zusammenkommen. Einigen sehe ich die innere Kündigung an der Nasenspitze an: Sie werden sicherlich keine Rolle als Markenbotschafter:in annehmen und im Sinne des Unternehmens kommunizieren. Dafür braucht es intrinsisch motivierte Menschen, die mit sich und ihrer beruflichen Rolle im Reinen sind. Damit sind wir bei dem Begriff authentisch, der sich aus dem altgriechischen „authetikós" ableitet und „zuverlässig" bedeutet. Wenn Deine Rolle und Deine Erwartungen an diese Rolle aus Deinem inneren Blickwinkel zuverlässig übereinstimmen, dann wirst Du authentisch kommunizieren. Das gilt zugleich im Außen: Wenn Du die Erwartungen Deiner Kontakte hinsichtlich Deiner Rolle zuverlässig mit Deiner Kommunikation übereinbringst, wirst Du von ihnen als authentisch wahrgenommen werden.

TAKE THAT
Authentizität: Deine Worte, Deine Werte

Warum Du der Hammer und einzigartig bist

Einige Menschen kommen mit mir ins Gespräch und wollen bei ihrer Positionierung ihre „Unique Selling Preposition", ihren „USP" definieren. Ehrlich gesagt bin ich davon ebenso wenig eine Freundin wie vom Fokus aufs Personal Branding. Damit sind wir viel zu sehr beim Ego als bei der Beziehung zu unseren Kontakten. Als Persönlichkeiten können wir viele Rollen und Perspektiven einnehmen und darin gut sein. Im Austausch mit anderen zeigen wir dabei die Nuancen unserer Identität – weil es passend für die Situation oder das Gegenüber ist. Und es gibt, wenn wir ehrlich sind, immer eine Liste voller prächtiger Expert:innen, die unser Thema ebenfalls – auf ihre Weise – beherrschen.

Mir persönlich erschließt sich daher diese Eingrenzung auf diese „Nur ich…" oder „Nur mit mir…"-Sätze nicht. Trotzdem: Einzigartig bin ich natürlich schon. Und Du auch. Wenn wir nun im Folgenden Deine Themen, Deine Meinungen, Deine Werte, Deine Stärken, Deine Expertise, Deine Ziele und vor allem die Menschen in Deinem Netzwerk betrachten: In ihrem Mix bilden diese Faktoren für mich die Alleinstellung und Deine Einzigartigkeit ab. Wenn Du Dich damit zeigst und in die Interaktion kommst, ist dieser „Nur ich"-Aufkleber nicht notwendig.

Was hat mir geholfen?

Was mir hilft, muss für noch lange nicht gut für Dich sein. Ich werde immer wieder gefragt, welche Impulse und Quellen mich inspiriert haben. Es sind viele Bücher, die Du im Literaturverzeichnis findest. Ein bemerkenswertes Buch zur Haltung zu mir selbst ist Jen Sinceros „Du bist der Hammer" (2013). Sie hat mir ein gutes Bad und einen Samstagnachmittag lang meinen Wert in dieser Welt humoristisch vor Augen geführt. Damit habe ich eine sehr gute Antwort auf meine Frage gefunden: Wer bin ich denn, dass sich andere für meine Botschaften interessieren könnten? Und es hat mir den Blick geöffnet dafür, dass die beste Wirkung immer im Zusammenspiel mit anderen entsteht.

Bevor wir nun allzu pathetisch werden: Die Business-Netzwerke sind hinsichtlich dieses Zusammenspiels und des Austausches darin Fluch und Segen zugleich. Sie bieten Motivation und Ansporn, aber auch Bräsigkeit, Irritationen und zuweilen negatives Feedback. Hier gilt es, nicht aus verletztem Stolz die Schotten dicht zu machen. Hier gilt es, bei negativen Kommentaren zu schauen: Was davon kann in die Tonne? Was sagt mehr über den Absender, die Absenderin aus als über mich? Und doch: Gibt es im Feedback ein Fünkchen Wahrheit, aus dem ich lernen kann und das mich weiterbringt? Was mache ich nun damit?

Stark beeinflusst bin ich von der Offenheit für Feedback und für den Kontrollverlust, den US-Journalistik-Professor Jeff Jarvis lehrt (2009). Er richtet sich vor allem an Unternehmen und Institutionen am Beispiel der (heute nicht mehr geltenden) Geschäftspraktiken von Google. Seine Gedanken passen aus meiner Sicht auch für unsere persönliche, digital sichtbare Kommunikation, die damals vor allem durch das Kommunizieren in Blogs im Entstehen war. Er verweist wie viele Social Media Evangelisten auf das Cluetrain-Manifest (1999), das die letzten zwei Dekaden nichts an Relevanz eingebüßt hat. Dies sind die ersten Punkte, sie haben mir für meinen Weg ebenfalls sehr geholfen:

1. Märkte sind Gespräche.
2. Märkte bestehen aus Menschen, nicht aus demographischen Daten.
3. Gespräche zwischen Menschen klingen menschlich. Sie werden mit einer menschlichen Stimme geführt.
4. Ob zum Austausch von Informationen, Meinungen, Perspektiven, Standpunkten oder Anekdoten: Die menschliche Stimme ist offen, natürlich, ehrlich.
5. Menschen erkennen einander am Klang ihrer Stimme.
6. Das Internet ermöglicht Gespräche unter Menschen, die in den Zeiten der Massenmedien einfach nicht möglich waren.

Feedback als Teil dieser Gespräche kann weh tun. Das hast Du eventuell selbst schon einmal erfahren. Ines Imdahl hat uns darüber im Gespräch berichtet (siehe Kapitel 5). Feedback muss gewünscht sein, wenn sich Menschen entwickeln wollen: Das ist eine Grundregel für uns Trainer:innen und Coaches. Im Internet passiert das Gegenteil. Feedback kommt ungefragt, überraschend. Zu Punkten, die uns nicht bewusst sind. Und gefühlt jede:r liest mit.

Die Bedeutung der „Social CEOs", die die Kommunikation in den Business Netzwerken gezielt einsetzen zur Kommunikation und fürs Leadership, nimmt grundsätzlich zu – dies bestätigt Kommunikationsberater Klaus Eck (2022). Was ich bei Führungskräften in Unternehmen immer wieder erlebe: Sie befürchten dieses öffentlich sichtbare Feedback. Sie scheuen vor der transparenten Kommunikation zurück, da sie nur bedingt kontrollieren können, was über sie gesprochen wird und was andere Menschen an ihrem virtuellen Stehtisch in Form von unerwünschten Kommentaren beitragen könnten. Diese Sorge ist ein Quell großer Skepsis gegenüber der Kommunikation in den Business-Netzwerken.

Warum Feedback der Treiber ist – auch im Leadership

Kannst Du Feedback gut annehmen? Persönlichkeiten, die die Sichtbarkeit gewohnt sind, gehen zum Teil noch einen Schritt weiter: Sie suchen, sie wollen das Feedback. Sei es in direkten Gesprächen oder aus dem Resonanzraum Social Media.

Eine bemerkenswerte Haltung zum Thema Feedback im Leadership zeigt der CIO von OTTO, Michael Müller-Wünsch (bekannt als „MüWü") in einem Talk im Rahmen der Reihe „Show & Tell": „Wir leben ja in einer schnellen Welt, die durch Wandel gekennzeichnet ist. Und für mich ist der Wandel ohne Feedback gar nicht vorstellbar. Ich muss im Prinzip Wandel mit Feedback zusammen denken. Und wenn ich Wandel steuern will als Leader, dann sollte ich mich auf Feedback vorbereiten. Ich selbst rede quasi in eine Wolke hinein. Wenn ich mit der Community spreche, freue ich mich über jedwedes Feedback. Wenn ich mich als Person mit meiner Position klar darstelle, mache ich mich natürlich verletzbar und angreifbar. Das ist dann eine Frage der eigenen Persönlichkeit, wie ich mit der Situation umgehe. Ich sehe das als ein riesiges Geschenk, Feedback zu bekommen. Darüber nachzudenken: Welchen Platz habe ich in der Welt, in der Community, in der ich mich bewege? Und wie kann ich mich weiterentwickeln? Change ist bei mir das Motoröl, das mich vorantreibt. Und zu Change gehört eben Feedback."

„MüWü" erinnert sich in unserem Talk an eine ganz besondere Feedback-Situation: „Zwei junge Mitarbeiterinnen kamen auf mich als lebenserfahrene Personen zu und baten um einen Termin. Sie kamen in mein Büro und haben dann gesagt: Lieber MüWü (wir duzen uns ja alle bei OTTO). Wir haben was beobachtet. Wir wollen Dir gerne Feedback geben. Und da habe ich so gedacht: Boah, was passiert denn jetzt? Sie haben etwas zu meinem Verhalten, zum Auftreten in der Organisation berichtet, was mir sehr nahe gegangen ist. Ich sehe es heute als ein großes Geschenk an, weil es ein Teil auch meiner persönlichen Transformation ist und war, als ich drüber nachgedacht habe. Wie dankbar darf ich sein, dass mir Menschen sagen: Guck mal, so wirkst Du, so bist Du ja vielleicht eigentlich gar nicht. Denk doch mal darüber nach. Und ja, ab und zu hilft es dann, den Fuß zwischen Reiz und Reaktion zu kriegen und mal kurz innezuhalten. Ich hatte Situationen, in denen ich wirklich sehr tief durchatmen und innehalten musste. Aber wenn man sich zurückzieht im Sinne von ‚mal überdenken': Ich bin überzeugt, man kann viel gewinnen, wenn man das will. Man muss sich darauf einlassen wollen. Aber ich glaube, wir brauchen das in unserer Zeit: Menschen, die diese Reflexion an den Tag legen, in dieser ganzen Wahnsinns-Hektik und Dynamik und Veränderung, die wir ja alle beobachten und teilweise auch verantwortlich gestalten."

Ich habe mir diese innere Haltung zum Vorbild genommen und versuche nun, bei unerwartetem Feedback genau zu schauen: Was davon kann ein Impuls sein, meine Haltung oder mein Verhalten zu reflektieren und eventuell zu justieren. Auch, wenn das zunächst einmal wehtut.

Wenn Du jetzt nach innen blickst und dabei in Betracht ziehst, wie unterschiedlich Menschen sind, dann mach Dir klar: Dein Standpunkt ist nicht immer der Standpunkt der anderen Personen auf den Plattformen. Deine Begeisterung nicht ihre, ebenso wie Abneigungen oder Ansprüche. Lass Dich von Deinem Weg nicht abbringen. Mal kommst Du voran, mal stockt's.

Damit sind wir direkt wieder bei dem New Work-Event, bei dem ich mich fühlte wie „bestellt und nicht abgeholt": Meine Enttäuschung über die deutlich geringere Begeisterung seitens Kristin war schnell verflogen. Ich hake so etwas sofort wieder ab und hatte das Erlebnis sogar vergessen. Diese Erinnerung kam mir erst nach gründlicher Überlegung, wie ich dieses Kapitel mit einer eher unangenehmen Erfahrung einleiten könnte, um Dir klar zu machen: Ich netzwerke gern, aber ich bin nicht immer oben auf der Welle. Was ich hier beschreibe, befürchten viele Menschen: Zurückweisung oder Ausgrenzung. Stehen gelassen werden. Seltsame Begegnungen und die Sorge, an den Stehtischen nichts Schlaues beitragen zu können. Der Punkt ist: Ich habe so viele positive Netzwerk-Erfahrungen auf meinem immateriellen Konto, dass ich solch eine Erfahrung als absolute Ausnahme abbuchen kann. Bemerkenswert noch: Neulich hat Kristin bei mir wieder ein Like hinterlassen. Na dann!

Komm ins Tun
Öffne die Seite www.new-networking.de, dort findest Du auch die Talks mit Nicole Zätzsch und Michael Müller-Wünsch. Reflektiere jetzt Deine Haltung in der digitalen Befragung. Ich bin gespannt wie ein Flitzebogen und freue mich schon sehr auf Deine Rückmeldung.

Die Reflexion zur inneren Haltung ist vergleichbar mit einer gründlichen Inspektion vor dem längeren Roadtrip: Hakt es noch irgendwo im Getriebe? Ist genug Treibstoff im Tank? Die Sicht klar? Das Bewusstsein für persönliche Blockaden ist der erste Schritt, diese zu lockern – dazu hast Du ja eventuell in Kapitel 4 mit Coach Kara Pientka mehr erfahren. Wir können Hemmungen lösen, wenn wir parallel überlegen: Wer könnte mir helfen, die Kirche wieder ins Dorf zu holen? Es gibt sicherlich eine Person in Deinem Netzwerk, mit der Du das Thema vertrauensvoll besprechen kannst. Eventuell ist das eine Person, die bereits deutlich aktiver und sichtbarer ist. Begleite sie doch ein Stück des Weges und lerne von ihr. Wichtig ist, jetzt wieder nach außen zu blicken und für die inhaltlichen Überlegungen in die Umsetzung zu kommen, selbst wenn noch Unsicherheiten im Spiel sind. Hatte ich das schon gesagt? Der Weg entsteht beim Gehen. Mut gesellt sich dazu. Auf, auf, nun setzen wir um.

„Ich mach' mein Ding. Egal, was die andern labern."

Udo Lindenberg

12

Superpower: Energie freisetzen mit Positionierung

Reflexionen zur eigenen Positionierung sind die wichtigste Grundlage fürs smarte Netzwerken und für den Erfolg in der Arbeitswelt: Wo stehe ich? Wie sehe ich mich selbst? Wie sollen andere mich wahrnehmen? Welche Wirkung will ich erzielen? Was ist notwendig, um diese Wirkung zu entfalten? Was sollte ich lieber lassen? Wer diese Fragen zu Zielen und Zielgruppen, zu Themen und Maßnahmen beantwortet, räumt einiges an Gedankengerümpel zur Seite und macht sich selbst die Bahn frei für die aktive und wertschöpfende Kommunikation in den Business-Netzwerken.

Wenn Du hier klar bist und Dich nicht mehr in Grübeleien verfängst, gewinnst Du mehr Energie für den wertschöpfenden Austausch und dafür, Dein Potenzial in der neuen Arbeitswelt zu entfalten.

Wenn wir nun über Ziele sprechen, kommen wir sehr schnell zu einem weiteren Thema: Die Zielerreichung geht mit Aufwand einher. Wir werden schauen: Wenn Du ein bestimmtes Ziel erreichen willst, welche Ressourcen solltest Du dafür einplanen, wie solltest Du Dich verhalten?

Wir überlegen gemeinsam: Welche Netzwerkpartner:innen und relevante Personen sollen Dich kennen für welches Thema, für welche Themen? Wenn Du Selbstbeweihräucherung vermeiden willst, solltest Du hier die bewusste Entscheidung fällen, vom Sprechen über Deine Person abzurücken und die Kommunikation zu einem Thema oder zu mehreren Themen in den Fokus Deines Netzwerkens zu rücken.

Du weißt bereits: Sichtbarkeit ist eine Entscheidung. Deine Positionierung ist das Fundament. Lass es uns gemeinsam legen.

Wo willst Du Dich hin kommunizieren?

Ich erinnere mich noch gut daran, wie ich diese Frage erstmals gestellt habe bei einem Coaching mit einer Führungskraft aus dem Bereich Kommunikation, die ihre Social Media-Aktivitäten optimieren wollte. Sie war sich selbst noch nicht im Klaren: Will ich mich positionieren als Expertin für Logistik oder strebe ich den nächsten Karriereschritt an, bei dem das Thema wahrscheinlich nicht mehr relevant ist?

Wo willst Du Dich hin kommunizieren? In dieser Frage liegt viel Kraft, da sie uns als Kommunikator oder Kommunikatorin in die Selbstbestimmtheit und Aktivität führt. Sie leitet uns von A nach B. Wir können uns klar machen, wo wir aktuell stehen und wo und wie wir uns zukünftig positionieren wollen. Das bedeutet für Dich: Du kannst steuern, welche Wirkung Du in Deinem Kopf und in den Köpfen Deiner Kontakte in der Zukunft erzielen wirst.

Wenn Du besonders wichtige Inhalte planst, hab immer das Ende im Sinn: Was willst Du mit genau diesem Posting erreichen? Diese Frage benötigt Raum. Sie bringt Dir enorm viel Tiefe bei der Entwicklung richtig guter Inhalte – für Beiträge, für gute Statements am Stehtisch und sogar für Vorträge. Das „Warum" und das "Wozu" – Du kannst dies getrennt betrachten. Das „Wozu" haben wir ausführlich mit dem Dramaturgen Matthias Messmer in Kapitel 9 diskutiert. Nun nähern wir uns dem „Warum".

Für die Führungskraft war die Frage schnell beantwortet: Solange der Karriereschritt nicht geklärt ist, macht die Positionierung als Expertin keinen Sinn. Eine Positionierung bedeutet Aufwand, der nicht nach ein paar Monaten ungenutzt verpuffen sollte. Bis die Botschaft in den Köpfen der Kontakte ankommt, vergehen schnell ein paar Monate – das sehe ich anhand der Erfahrungen aus meinem Kreis der Klientinnen und Klienten.

Bei persönlichen Zielen überlegen zu müssen, ist völlig normal

Die Frage des aktuellen Standpunktes ist meistens schnell geklärt: Dies ist meine Rolle, dies sind meine beruflichen Themen und Herausforderungen. Wenn ich aber nun nicht weiß, wo es hingehen soll? Wenn ich meine Ziele nicht klar benennen kann? Willkommen im Club! Viele Menschen geraten innerlich ins Schwitzen und winden sich bei den drei bis vier Spiegelstrichen, wenn wir im Coaching die persönliche Ziele festlegen wollen.

Zumeist trippeln wir doch alle im Hamsterrad unseres Lebens, versorgen uns und unsere Familien, bedienen die Altersvorsorge und das Finanzamt, genießen unsere freie Zeit und finden nur schwer die Muße, über Ziele und Sinn zu reflektieren. Lass uns das nun angehen, es bringt Dir Klarheit und Ruhe und dadurch Energie für neue Taten, auch in Richtung Sichtbarkeit.

Mit dem Festlegen unserer Ziele setzen wir uns selbst auf die Gleise der zielgerichteten Kommunikation. Wenn wir bestimmt haben, was genau wir mit unseren Aktivitäten erreichen wollen, werden wir unsere Sinne schärfen und unsere Kommunikation auf unsere gezielte Positionierung ausrichten, ganz im Sinne der selektiven Wahrnehmung. Infolgedessen grenzen wir uns in den Themen ein und werden dadurch für andere klarer und deutlicher wahrnehmbar. Nun wissen wir, wozu der ganze Aufwand dient und worauf wir Posting für Posting einzahlen. Nun wissen wir, warum wir liken und teilen und an welche Stehtische wir uns gesellen sollten.

Sichtbarkeit ist das Top-Ziel in allen Runden, in denen wir Ziele priorisieren. Ob analog oder digital – Sichtbarkeit entsteht durch aktives Kommunizieren, sei es bei einem „ShowUp" in Präsenz oder am virtuellen Stehtisch. Sie ist die Grundlage für wertvolle Ergebnisse:

- Du knüpfst neue Kontakte und entdeckst interessante Persönlichkeiten, die Dich auf Deinem Weg bereichern.
- Du lernst kontinuierlich dazu.
- Du erfährst Einstellungen und Meinungen Deiner Mitarbeitenden, Stakeholder, Kund:innen und Klient:innen.
- Du baust Reputation auf.
- Du steigerst das Vertrauen in Deine Person, Deine Vision oder Deinen Auftrag, Dein Angebot.
- Du stärkst die Bindung zu Mitarbeitenden und Kund:innen.
- Du baust insgesamt mehr Nähe auf.
- Du wirst gefunden: Menschen kommen auf Dich zu und wollen sich mit Dir austauschen oder mit Dir arbeiten.
- Du machst Deine Botschaften und Deine Werte im Leadership erfahrbar.
- Du tauscht Dich zu (selbstgewählten) Lerninhalten aus (z.B. in Working Out Loud-Programmen).
- Du erzielst Leads für Marketingziele (z.B. Anmeldungen zum Event, Downloads von Whitepapers).
- Du kannst neue Mitarbeiter:innen und Kund:innen gewinnen.
- Du kommst auf die Liste möglicher Kandidat:innen für eine freie Position und vermittelst die dafür notwendige Kompetenz.
- Du trittst als Expert:in für ein Thema in Erscheinung.
- Du kannst mehr Umsatz erzielen.

Manche Ziele sind eine direkte Wirkung der Kommunikation (z.B. „mehr Sichtbarkeit"), andere sind eine Folge der daraus resultierenden Gespräche und Handlungen (neuer Karrierestep, mehr Umsatz). Sie können ein messbares Ergebnis sein „mehr Anmeldungen" (= „Leads"), „Initiativbewerbungen von IT-Entwicklern" oder eher abstrakt bleiben wie „mehr Bindung" bzw. „Vertrauensaufbau".

Was ich immer und immer wieder erlebe: Sind wir uns erst einmal im Klaren über einige strategische Punkte wie Ziele, Zielgruppen und die thematische Ausrichtung, flutscht es viel besser hinsichtlich gutem Content, der dem Netzwerk wirklich inhaltlichen Mehrwert bietet und nicht in der Selbstbeweihräucherung steckenbleibt. Also ist es sinnvoll, zum Freisetzen der Energie diese Zeit in die Superpower-Positionierung zu investieren – diese holen wir im operativen Alltag schnell wieder hinein.

Ziele zu setzen und diese durch die persönlich getriebene Kommunikation zu erreichen – das bedeutet Aufwand. Dieser muss in gutem Verhältnis zum Nutzen stehen, das fordern eng getaktete Führungspersönlichkeiten und Menschen mit vollen Schreibtischen als erstes. Schließlich können die sozialen Netzwerke, ob B2B oder privat genutzt, echte Zeitfresser sein. Mir geht das genauso: Mal eben eine neue Funktion bei LinkedIn erkundet, schon bleiben meine Augen an Inhalten im Feed haften und im nächsten Moment ist eine Viertelstunde, eine halbe Stunde vergangen. Oder noch besser: Bei einer Recherche für ein Training frage ich mich nach dem Checken der Mitteilungen, Likes, Kommentare: Was wollte ich eigentlich gerade hier?

Lass uns also Deine Ziele gleich in den Zusammenhang bringen mit Aufwand und Nutzen, wobei Du natürlich durch Deine Aktivitäten am Ende festlegen wirst, wie lange es dauert. „Von nüscht kommt nüscht“, so hat es LinkedIn-Boot Camper Lars einmal gesagt – da gehe ich für diesen Kanal mit. Doch gleichzeitig gilt vor allem bei LinkedIn: „Viel bringt nur bedingt viel“. Hier gibt es eine Schmerzgrenze der Frequenz von einem Beitrag pro Tag, die wir nicht überschreiten sollten. Bei Instagram, TikTok, Twitter stört eine hohe Frequenz mit mehreren Postings pro Tag nicht.

Um klare Ziele für Dich zu definieren, gleichen wir zunächst Deinen aktuellen Aktivitätstyp mit Deinen persönlichen Zielen ab. Naheliegend: Wenn Du passiv präsent bist und nur gefunden werden willst, musst Du deutlich weniger Zeit investieren, als wenn Du Dich entscheidest, die Positionierung einer Expertin oder eines Experten anzustreben.

Nicht linear: Aufwand und Nutzen beim digitalen Netzwerken

Für die souveräne Nutzung von LinkedIn ist das gepflegte Profil wirklich nur der erste Schritt. Es macht uns auffindbar, wenn andere nach unserem Namen oder den enthaltenen Keywords suchen. Damit sind wir bei unserem imaginären virtuellen Business-Event anwesend und haben unsere digitale Visitenkarte ausgelegt. Falls sich jemand diese zufällig pickt, wird er oder sie sich anhand des Profils ein Bild von uns machen. Noch haben wir uns nicht eingeschaltet in die Diskussion an einem Stehtisch. Noch werden wir nicht aktiv sichtbar.

Wichtig ist zunächst die Differenzierung der passiven und aktiven Nutzung von LinkedIn:

Viel Luft nach oben (Typ 1)
Dieser Typ hat ein rudimentär gepflegtes Profil ohne Hintergrundbild. Eine Zusammenfassung fehlt ebenso wie der Eintrag der beruflichen Stationen oder der Kenntnisse. Manchmal gibt es noch nicht einmal ein Profilbild oder das Passwort ist in Vergessenheit geraten.

Passive Nutzer (Typ 2)
haben ein solide ausgefülltes Profil – aber auch hier fehlt häufig die „Info" zur Person. Wenn andere Personen bei LinkedIn nach ihren Fähigkeiten suchen, werden sie über die im Profil eingetragenen Begriffe Keywords gefunden. Aufwand für die Dauer eines Profilaufbaus: Je nach Bewusstsein für die persönliche Positionierung drei bis fünf Stunden, bei großer Unklarheit hinsichtlich der aktuellen Positionierung und Rolle auch länger.

Bei LinkedIn hat ein Geschäftsführer einer Werbeagentur mit einem minimal ausgefüllten LinkedIn-Profil nach drei Stunden den Status „Allstar" erreicht – nach einer kurzen Reflexion zu seinen Themenfeldern, Stärken und Zielen. Das Ausfüllen der relevanten Felder wie Profilbild, Ort, Branche, berufliche Stationen, Kenntnisse und Fähigkeiten ist deskriptiv und daher meistens ein guter Einstieg.

Die „Info", also die Prosa zur Person im Freitextfeld, ist hingegen für einige Menschen ein echter Schritt. Empfindest Du es als Herausforderung, über Dich zu sprechen und hier ein paar Absätze an die Leser:innen Deines Profils zu richten? Nimm diese Hürde, sie macht das Profil rund und die passive Präsenz souverän.

Aktivitätstypen bei der Nutzung der Business-Netzwerke (Quelle: Digital You)

Aktives und damit sichtbares Engagement (Typ 3)

Das Engagement (Liken, Kommentieren, Teilen) ist eine Aktivität, die deutlich weniger Aufwand erfordert als das aktive Posten (Typ 4) und dabei bereits exzellente Sichtbarkeit bringt. Jedes Like ist ein Nicken am Stehtisch und bringt Dich wieder in die Wahrnehmung bei genau diesem Kontakt. Jeder Kommentar ist eine Antwort auf ein Gesprächsangebot. Du stellst Dich an den Stehtisch eines Kontaktes und nimmst an dessen oder deren Gespräch teil, bringst Dich ein mit Ideen oder Deinen Perspektiven. Wohldosiert pro Kontakt und formuliert in Deinem persönlichen Stehtisch-Sound baust Du Sichtbarkeit auf. Du bringst Dich wieder in Erinnerung, baust Nähe, Vertrauen in Deine Person auf und erreichst am Ende Deine Ziele.

Mein persönliches Prio 1-Ziel ist Sichtbarkeit bei Menschen, die mich noch nicht kennen. Umso wichtiger ist es, mich an die Stehtische meiner Kontakte und großer Wortführer:innen zu stellen, da ich genau dort auf Menschen treffe, die eventuell sogar über meine Themen sprechen, mich aber noch nicht kennen. Und schon hier macht es viel Sinn, zielgerichtet zu agieren, denn nur dadurch investieren wir unsere knappe Zeit in die für uns relevanten Themen und Kontakte.

Welchen Aufwand rechne ich dafür? Du kannst Dir zwei Mal pro Tag 10 bis 15 Minuten setzen und mit Likes und Kommentaren sichtbar werden. Ich persönlich setze dafür mindestens 30 Minuten an; mal ist es auch eine Stunde, wenn die Inhalte und Gespräche bereichernd sind und ich dazulerne. Dafür führe ich ein 1:1-Telefonat weniger und investiere diese Zeit, um Impulse bei meinen Kontakten und Followern zu setzen.

Diese „Kommentar-Taktik" ist zudem smart für all jene, die neu sind bei LinkedIn und noch nicht wissen, was sie selbst posten wollen oder hier Blockaden verspüren.

TAKE THAT
Sichtbar wirst Du nur mit Deinen Aktivitäten – weniger aufwendig durchs Liken und Kommentieren (Typ 3) oder aufwendiger mit eigenen Postings (Typ 4).

Selbst posten – sichtbar kommunizieren (Typ 4)
In der neuen Arbeitswelt ist das Formulieren eigener Botschaften und das Einstehen für eigene Positionen der Hebel, um über Abteilungen, Hierarchien und Organisationen hinweg sichtbar zu werden und selbstbestimmt die persönlichen Ziele zu verfolgen. In Markenbotschafter-Programmen ist dieser Typ sehr gefragt: Mit Deiner spezifischen Fachkenntnis bringst Du eine hohe Glaubwürdigkeit mit an den virtuellen Stehtisch und wirst sichtbar fürs Unternehmen. Das zahlt auf Dich als Person und gleichzeitig auf die Unternehmensziele ein – die perfekte Symbiose.

Als aktive Kommunikatorin oder aktiver Kommunikator startest Du selbst Gespräche bei Twitter, LinkedIn oder Instagram in Form von Postings oder Artikeln. Nun führst Du das Wort und legst exakt fest, was Deine Kontakte über Deine Themen und Deine Perspektiven auf diese Themen und damit indirekt über Dich erfahren sollen.

Das Kreieren von Content in Form von Text, Bild, Audio bedarf eines höheren Aufwands, erzeugt dafür auch deutlich stärkere Effekte. Wenn wir einen öffentlichen Austausch zu einem Thema starten, besetzen wir das Thema aktiv. Entwickelt sich dabei ein Dialog mit einem Kontakt aus Deinem Netzwerk, kannst Du noch detaillierter verdeutlichen, wofür Du (ein-)stehst und somit

Position beziehen. Und häufig bilden sich neue Positionen genau in diesen Dialogen und Impulsen – durch den Mix der Perspektiven und durch Feedback.

Pluspunkt: Auf diese Weise sprichst Du übers Thema und nicht über Dich als Person – damit kannst Du Dich zurücknehmen und tappst nicht in die Falle der Selbstinszenierung.

Falls Du Führungskraft bist, sendest Du mit den Botschaften Signale nicht nur nach außen, sondern auch nach innen, hinein in die Organisation: Du kannst Deine Leuchtturm-Funktion nicht nur über persönliche Ansprachen im direkten Kontakt einzeln oder vor internen Runden gestalten, sondern Deine Botschaften parallel auch bei LinkedIn platzieren. Sei sicher: Die Mitarbeitenden lesen hier genau mit und Du baust hier parallel Nähe und Vertrauen zu ihnen auf. Übrigens mit dem bereits besprochenen Vorteil des Skalierens: Eine Botschaft, viele lesende Augen.

Je mehr Du auf Augenhöhe gehst und bei den Mitarbeiterinnen und Mitarbeitern Likes und Kommentare hinterlässt, desto mehr werden sie sich bei Dir an den Diskussionen beteiligen und sich öffnen. Hier spiegelt sich Kultur 1:1 wider im Grad der transparenten Kommunikation – der Austausch über die Abteilung und Hierarchie hinweg ist ein relevanter Erfolgsfaktor in der neuen Arbeitswelt. Das ist der Vorteil des New Networking: Am virtuellen Stehtisch kommst Du in den direkten Austausch mit Vorgesetzten und Kolleginnen und Kollegen – vor allem in internen Netzwerken (wie z.B. der Microsoft-Plattform Yammer für Unternehmen) kann das fachlich und für Dein Leadership sehr bereichernd sein.

Durch unsere selbstgesteuerte Sichtbarkeit erhalten wir auch abseits der digitalen Plattformen Reaktionen aus unserem Netzwerk. Wir werden beim nächsten Event auf unsere Themen angesprochen. Wir erhalten beim vernetzten Lernen unerwartet Anregungen und Impulse und potenzielle Bewerber melden sich von selbst – hier kannst Du konkret Headhunterkosten gegenrechnen. Kurz: Wir erzeugen Sog für all das, was wir in unseren Zielen festgelegt haben.

Und der Aufwand? Wenn Du kontinuierlich einmal im Monat mit einem wohl überlegten Posting das Gespräch eröffnest und Mehrwert für Deine Leser:innen beiträgst, zahlst Du auf Deine Ziele ein – das ist die Minimalanforderung. Sicherlich ist zwei Mal pro Monat oder gar einmal pro Woche deutlich besser – wenn Du Nachfrage für Dein Produkt oder Deine Dienstleistung erzeugen willst. Du schaffst noch mehr? Mit zwei bis drei Postings pro Woche wirst Du Dein Netzwerk und bei dem Takt auch einen Expert:innenstatus deutlich schneller aufbauen – jedes Posting bringt Reaktionen und damit neue Kontakte. Mehr als ein Posting pro Tag macht keinen Sinn, da Du Dir aufgrund der Einstellungen im LinkedIn-Algorithmus selbst die Sichtbarkeit abschneidest.

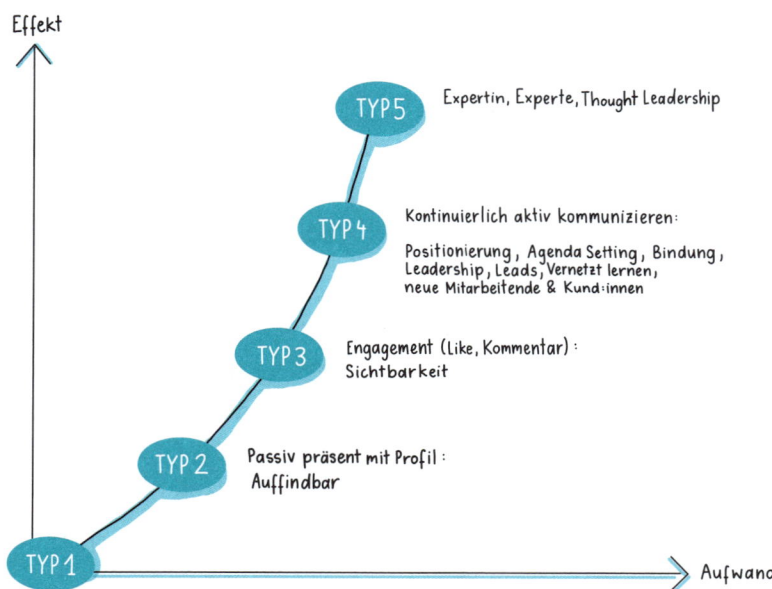

Aufwand vs. Nutzen in Bezug auf Aktivitätstypen (Quelle: Digital You)

Nun gleichen wir Dich und Deinen Typ ab mit den Zielen, die wir beim digitalen Netzwerken erzielen können. Nimm Dir nochmals die Liste mit möglichen Zielen vor (s. S. 152 und picke Dir das für Dich relevanteste Ziel heraus).

Einige Ziele aus dem oberen Block der Liste von Seite 152 findest Du im Schaubild zu Aufwand und Nutzen nicht wieder, wie z.B. Vertrauen und Nähe aufbauen, Kenntnisse über Kundenwünsche erfahren oder neue Kontakte finden. Hier gilt: Viel bringt viel – jede Aktivität führt zu Effekten. Wenn Du jeden Tag eine Stunde auf der Plattform liest, dann lernst Du viel und identifizierst viele spannende Gespräche und Gesprächspartner:innen. Wenn Du jeden Tag fünf neue Kontakte anschreibst, dann kommen über den Zeitraum von sechs Jahren mehr als 10.000 Kontakte zusammen. Davon berichtet die CEO von VOGEL Corporate Solutions, Tina Schäfer, in einem Digital You Show & Tell.

Schau Dir die Graphik oben noch einmal an: Die Wirkung wächst schneller als der Aufwand – dies ist eine Reihenbeobachtung aus unseren Trainings. Solange Du Sichtbarkeit anstrebst, Dich aber selbst nicht als Expertin oder Experte für ein Thema positionieren willst, langt es allemal, ein bis zwei Mal pro Monat aktiv zu kommunizieren. Hier gilt: Qualität vor Quantität.

Diese Beispiele haben wir erlebt: Wenn Du einmal pro Monat zu einem spezifischen Thema ein Posting bzw. Gespräch startest, wirst Du von Deinem Netzwerk bereits als Expertin oder Experte zu diesem Thema wahrgenommen, selbst wenn dies nicht Deine Intention ist. Du selbst definierst Dich in dem Moment noch gar nicht als Expert:in, doch durch Deine Sichtbarkeit verknüpfen Deine Kontakte Deine Person mit dem Thema. Da Du den Mut hast zu posten und zum Gespräch einzuladen, sprechen Dir Deine Kontakte Expertise in diesem Themenbereich zu. Wundere Dich also nicht, wenn dieser Effekt nach ein paar Monaten eintritt.

> ## TAKE THAT
> Mein Tipp für die volle Potenzialentfaltung in der neuen Arbeitswelt: Wenn Du eine gute Grundlage für Deine Karriere oder bessere Ergebnisse für Dich und Deinen Arbeitsbereich legen willst, dann wechsle in die Gruppe derjenigen, die sichtbar werden und selbstbestimmt den Austausch an ihrem Stehtisch gestalten (Typ 4).

Digital You der Expertin, des Experten (Typ 5)
„Experte, Expertin werden" – dieses Ziel nennen uns häufig Teilnehmerinnen und Teilnehmer in unseren Markenbotschafter-Boot Camps mit Firmen und Organisationen. Das ist schnell gesagt und schwer getan. Hier kommen die Faktoren Kontinuität und das Bewusstsein für relevante Botschaften ins Spiel. Wenn Du mit klarer Content-Strategie langfristig dranbleibst, wirst Du dieses Ziel erreichen.

In der neuen Arbeitswelt ist die themen-zentrierte Positionierung das persönliche Ass im Ärmel in sich wandelnden Strukturen. Deine Sichtbarkeit arbeitet nicht nur nach außen, sondern auch zurück in Deine Organisation. Mit einer guten Sichtbarkeit fällst Du bei einer Neustrukturierung nicht so leicht durchs Raster: Deine Aktivitäten liefern einen hohen Wert fürs Unternehmen, auf fachlicher Ebene ebenso wie im Leadership. Und dass Du auf diese Weise attraktiv bist für andere Arbeitgeber:innen oder als Selbständige:r für Deine Kund:innen, versteht sich von selbst.

Höchster Aufwand, größte Wirkung: Die Experten-Positionierung treibt die thematische Ausrichtung auf die Spitze und macht Dich auffindbar und wiedererkennbar in der Kakophonie heutiger Botschaften online und offline. Du kommunizierst kontinuierlich, teilst Deine Perspektiven und Meinungen zum Thema und erzeugst dadurch Sog: Du wirst als Speakerin oder Speaker für Bühnen und Podcasts angefragt, publizierst in Fachzeitschriften, erhältst Einladungen zu Panels und in Podcasts oder bekommst den Buch-Deal (Note to self: Hurra!).

Schau noch einmal zurück auf das Aufwand-Nutzen-Schema. Musst Du dafür wirklich jeden Tag posten? Ich mache das nicht. Für die Expertenpositionierung reichen bei LinkedIn ein bis zwei Postings pro Woche völlig aus, wenn Du parallel an den Stehtischen der anderen aktiv bist. Ich selbst werde als Expertin wahrgenommen und poste „nur" ein- bis zwei Mal pro Woche.

Tipp: Nimm Dir bitte nicht die Kommunikations-Expert:innen zum Vorbild, die jeden Tag ein Posting absetzen. Sie sind professionelle Kommunikator:innen, oftmals ist Personal Branding oder LinkedIn selbst das Thema. Sie liefern jeden Tag exzellenten Mehrwert, weil die Content-Schatulle prall gefüllt ist. Sie haben ein breites Spektrum an Botschaften oder News zu ihrem Thema und das Schreiben ist oftmals ihr Handwerk.

Zur Expertin oder zum Experten kannst Du Dich entwickeln, wenn Du den Aufwand der eigenen Botschaften nicht scheust. Das ist eine bewusste und selbstbestimmte Entscheidung für Dein persönliches New Work.

Komm ins Tun: Wo wirst Du Dich hin kommunizieren?

Eines vorab: Lass Dich bloß nicht beeindrucken oder stressen vom Thema Zielsetzung und von den noch folgenden strategischen Überlegungen – das ist kontraproduktiv.

Nimm Dir nun eine halbe Stunde für Deine Ziele und folge den Gedanken hier. Wenn Du alle weiteren Schritte reflektiert hast – klapp Deine Kladde zu und mach' einfach. Deine Entscheidungen werden Dich tragen, ohne dass Du ständig in Deinen Papieren oder Dateien wühlen musst.

Als Typ 2 wirst Du Dich nicht als Expert:in positionieren: Verorte Dich jetzt und gleiche ab, ob Dein Typ übereinstimmt mit Deinen Zielen. Schnell wirst Du erkennen, ob Du schon hinreichend aktiv bist bei der Nutzung der digitalen Netzwerke – oder ob Du noch eine Schippe drauflegen solltest.

Als Beispiel eignet sich ein Fall aus meinem Alltag: Der Vertriebsverantwortliche in einem Konzern hat ein gut gepflegtes Profil. Darin schreibt er deutlich, wie er die Rolle innerhalb des Unternehmens gestaltet, was ihn antreibt und wie wir ihn erreichen können. Er verfasst keine eigenen Postings, setzt keine Likes, schreibt keine Kommentare, teilt keine Inhalte von Dritten, ist also passiv präsent: Der klassische und häufig anzutreffende Typ 2.

Im Workshop definiert er das Ziel, als Experte für Nachhaltigkeit in seiner Branche wahrgenommen zu werden, um diesen thematischen Ansatz bei den Unternehmenskunden zu vermarkten. Damit wird klar: Er muss in die Sichtbarkeit kommen. Dazu kann er Diskussionen zu diesem Thema z.B. bei Twitter oder LinkedIn finden, sich hier per Kommentaren und Likes einschalten, seine Positionen und Erfahrungen teilen. Plus: Er sollte das Keyword Nachhaltigkeit und seine Branche in seine Twitter-Biografie und das LinkedIn-Profil ergänzen. Zu finden war es dort bislang nicht.

Das klingt banal und ist doch das, was ich Tag für Tag erlebe – die zukünftige gewünschte Positionierung wird nicht im Profil abgebildet. Sie wird definiert durch das aktuelle Kommunizieren: Wer das Ziel der Expertenwahrnehmung wirklich erreichen will, sollte den kommunikativen Hebel auf den Tisch legen.

Bei der Zielfestlegung fühlst Du Dich überfordert von den Punkten auf der Liste? Starte minimal und wähle das Ziel, das Dich am meisten anspricht. Das ist die Minimalanforderung. Wenn Du häufiger postest, kannst Du durchaus mehrere Ziele parallel verfolgen.

Meiner Erfahrung nach kommt es darauf an, dass wir uns unserer Ziele bewusst werden, diese einmal bewusst formulieren und sie priorisieren, sobald es mehrere sind. Was will ich an erster Stelle erreichen? Worauf fokussiere ich mich?

Diese bewusste Entscheidung macht etwas mit Dir, Du wirst sehen. So findest Du schneller passende Inhalte, vereinfachst die Auswahl und die Formulierung wichtiger Botschaften und kommst schneller in Schwung für das pointierte Kommunizieren in Form von Postings.

Wo wirst Du Dich hin kommunizieren? Wichtig ist, dass Du Dir diese Frage hin und wieder vornimmst und mit der Realität abgleichst: Passen Deine Ziele noch? Was hat sich inzwischen verändert? Musst Du neu priorisieren? Sind gar erste Ziele erreicht? – Hurra! Feier das für Dich und lass Dich feiern. Schreibe mir gern bei LinkedIn eine persönliche Nachricht mit Deinem Erfahrungsbericht, z.B. mit Deinen Erfahrungen beim Wechsel in die Sichtbarkeit. Das lese ich immer gern und es bereichert meinen Erfahrungsschatz.

Fälle die Entscheidung und trage sie ein in Deinen New Networking-Canvas, den Du auf new-networking.de findest. Lade Dir dort den Canvas herunter, fülle ihn nach und nach aus und entwickle so Deine persönliche New Networking-Strategie.

Der smarte Weg zu Deinen Zielen

Wo willst Du Dich hin kommunizieren? Du kannst bestimmen, welche Wirkung Du in den Köpfen Deiner Kontakte in der Zukunft erzielen wirst. Posting für Posting steuerst Du Deine Zielpositionierung an und lässt Deine Kontakte daran teilhaben. Das Festlegen der persönlichen Kommunikations-Ziele braucht etwas Zeit und Vertrauen in Dich. Schau Dir die Liste an und lege das Ziel nun fest. Die Mühe lohnt: Nun lassen sich alle weiteren Schritte und Entscheidungen davon ableiten.

Themenzentrierte Positionierung

Reichen sechs Postings in sechs Monaten bei LinkedIn zu einem spezifischen Thema aus, um als Expert:in wahrgenommen zu werden? In Christi-

nas Fall war das so: Um als Speakerin zu einem Kongress zum Thema „Künstliche Intelligenz (KI) in der internen Kommunikation" eingeladen zu werden,
postete sie ausführliche Artikel als Fundstücke ihrer Recherchen einmal pro
Monat bei LinkedIn: Allgemeine Postings rund um das Thema KI. Nach sechs
Postings innerhalb eines halben Jahres, welches gleichzeitig die Probezeit in
einem neuen Job war, bekommt sie unerwartet von ihrem neuen Geschäftsführer das Feedback: „Ich wusste ja gar nicht, dass wir eine Expertin zum Thema
Künstliche Intelligenz eingestellt haben."

Ganz eindeutig: Christina selbst sieht sich auf dem Feld als Lernende, weit ent-
fernt vom Status der Expertin: „Ich weiß jetzt vielleicht, wer die Expertinnen
und Experten sind. Ich bin das definitiv nicht." Trotzdem hat sie mit den sechs
Postings eine Verknüpfung ihrer Person mit dem Thema, ja sogar die Kompe-
tenzzuschreibung seitens des Geschäftsführers erreicht. Das zeigt: Wir sollten
uns gut überlegen, zu welchen Themen wir kommunizieren. Menschen, die sich
für uns und unsere Themen interessieren, verbinden unser Person direkt mit
diesen Themen. Ordnen uns sogar Kompetenz zu diesem Thema zu. Voilà – so
erfolgt die Positionierung über Themen.

Wie? Wir können über Themen posten, zu denen wir noch gar nicht 100 Prozent Überblick oder 10.000 Stunden Talentbildung hinter uns haben? Wir
können unser Netzwerk am Lernprozess teilhaben lassen – wie zum Beispiel
angeleitet in dem Graswurzel-Programm „Working out loud"? Ja, das ist sinnvoll und effektiv, wenn wir uns gezielt mit diesem Thema verbinden und uns
dafür positionieren wollen. Christina hatte das klare Ziel, als Speakerin zum
Kongress eingeladen zu werden. Dafür musste sie nicht „fertig" sein. Es langte
das Selbstvertrauen, dass sie sich dem Thema mit Sinn und Verstand annähert
und dies mit ihrem Netzwerk teilt.

Gut, nicht jede:r will sich mit einem spezifischen Thema als Speaker:in bei
einem Kongress bewerben. Wie können wir also Schritt für Schritt und von
der Pike auf vorgehen? Zunächst legen wir Themenfelder fest, zu denen wir
etwas beitragen wollen – und können. Themenfelder sind zum Beispiel Daten-
sicherheit, Corporate Learning, Nachhaltigkeit, mentale Gesundheit oder New
Work. Qualitätsmanagement, Pflegeberufe, Stilberatung, Arbeitsorganisation,
Logistik, Podcasten oder klassische Werbung für Beautyprodukte. Um nur
einige Beispiele aus meiner Praxis zu nennen.

Diese Themenfelder klopfen wir auf unsere Perspektiven ab: Was habe ich dazu zu sagen? Was sagen meine Kolleg:innen und Marktpartner:innen dazu? Was würde ich anders ausdrücken? Was kann ich aus meinem Erfahrungsschatz zum Thema beitragen, aus meiner Rolle heraus?

Deine Themen kannst Du finden anhand einiger Dimensionen, die wir uns hier im Einzelnen vornehmen.

Themen der Branche

Jede Branche hat Themen, die aktuell diskutiert werden, die sich zumeist aus den gesellschaftlichen Meta-Themen in die Branche herunter brechen. Also zum Bespiel „Energiewende in der Automobilbranche" oder „Diversity im Bankensektor".

Wenn Du in einer klar abgesteckten Branche tätig bist: Welche Entwicklungen werden hier diskutiert? Kannst und magst Du dazu etwas sagen? Was ist der Blick aus Deiner Perspektive dazu? Wie sehr willst Du persönlich für das Thema einstehen? Der Punkt ist: Je besser Du Dich mit dem Themenfeld und dem Thema identifizierst, desto leichter wird Dir die kontinuierliche Kommunikation dazu fallen.

Themen mit Bezug auf Deine Rolle

Du bist HR-Professional und kämpfst Tag für Tag mit dem Nachwuchs- und Führungskräftemangel? Du bist Vorstand und legst beheizte Arbeitsflächen zusammen, um Energie zu sparen? Zumeist sind diese Themen branchenübergreifend von Interesse, da gesellschaftliche Trends alle Branchen erfassen. Wie gehen die Protagonisten in anderen Unternehmen mit dieser Thematik um? Was sind Deine Erkenntnisse zum Beispiel bei einem Fachkongress oder nach der Lektüre eines Fachartikels? Bei einer Recherche zum Thema? Welche Herausforderungen und Lösungen siehst Du? Wie bewertest Du sie? Wie geht es einem, einer HR-Verantwortlichen in einem Markt, der einerseits keine neuen Mitarbeitenden findet und andererseits mit Führungskräften klarkommen muss, die in Teilzeit oder im Ausland arbeiten wollen? Dies sind Themen, die auf einer beruflichen Plattform immer Resonanz finden – Themen, die viele Menschen betreffen und zu denen viele Kontakte etwas zu sagen haben; selbst wenn sie gar nicht in der Rolle arbeiten.

Du brennst für das Thema #LebenslangesLernen, #Nachhaltigkeit oder #New-Work – obwohl dies mit Deiner aktuellen Branche oder aktuellen Rolle nichts zu tun hat? Nimm das Thema und stecke es für Dich als Lernfeld ab. Hier können „Working out loud" oder „Thinking out loud" helfen. Wenn Du magst, kannst Du Dir dieses Mandat selbst geben in der neuen Arbeitswelt, die auf Freiheit und Selbstbestimmung setzt. Sobald Du Sinn oder Bestimmung (Purpose) verspürst – folge genau diese Themen.

Dass Du für ein Thema brennst, zum Beispiel weil Dich Postings, Fachbücher oder Events zum Thema interessieren, zeigt Dir einen Weg für die Zukunft auf. Ich kenne aktuell einige Persönlichkeiten, die in Fortbildungen zum Thema Nachhaltigkeit, ESG (Environmental, Social, Governance) bzw. Corporate Social Responsibility (CSR) ihr Fachwissen und entsprechende Fähigkeiten für die nächste berufliche Entwicklung aufbauen. Zum Teil posten sie bereits zum Thema, zum Teil nicht. Nun überlege einmal kurz für Dich: Wem trauen zukünftige Arbeitgeber:innen mehr Kompetenz auf dem Feld zu? Voilà.

Wieviel muss ich über ein Thema wissen, um darüber schreiben zu können?

Kommen wir noch einmal zurück auf die Frage „Wo willst Du Dich hin kommunizieren?". Wenn ich sie im Workshop stelle, antworten einige Klienten: „Ach, Du meinst ‚Fake it till you make it?'". Und ich antworte: Aus meiner Sicht ist es kein Fake, wenn wir uns zu Themen äußern, die wir noch nicht bis zum Ende durchdrungen haben. Was ist denn heute schon abschließend geklärt? Du machst Deinem Netzwerk durch die Beiträge klar, dass dieses Thema für Dich relevant ist.

Wenn Du eine Führungsrolle oder auch ein Thema für Dich einnehmen willst, dann verhalte Dich wie eine Führungspersönlichkeit oder Experte zum Thema, besuche entsprechende Events, berichte in 70 bis 80 Prozent Deiner Postings dazu und umgib Dich zusätzlich häufiger als bislang mit Menschen, die zu diesen Zielen passen – und kommuniziere mit ihnen persönlich und *zusätzlich* über die sozialen Netzwerke. So wird Deine Ausrichtung für alle sichtbar.

Dieses Henne-Ei-Dilemma kennen alle Angestellten beim Shift in ein neues Arbeitsfeld und alle Selbständigen zu Beginn der Tätigkeit oder bei einer Umpositionierung: Wenn Menschen uns Kompetenz für unsere Expertise zuschreiben sollen, benötigen sie Belege dafür, dass wir darin Erfahrungen haben. Durch das Schreiben beim Recherchieren und Entdecken eines Themenfeldes durchbrichst Du dieses Dilemma. Du wirst sichtbar und Deine Kontakte schreiben Dir Kompetenz zu – auch wenn Du selbst diese noch nicht empfindest.

Damit sind wir wieder bei Christina. Sie hat sich das Thema Künstliche Intelligenz gewählt und dazu gepostet. Sie hatte dazu keinen Auftrag, sie hat ihn sich selbst gegeben. An keiner Stelle hat sie behauptet, Expertin zu sein. Allein durch den Fokus auf das Thema nimmt ihr Geschäftsführer sie als solche wahr.

Auf Basis dieser Selbstermächtigung funktioniert das Networking in der New-Work-Welt: Wir selbst können entscheiden, was und wie wir arbeiten wollen und welches unsere Themen sind. Wir plappern nicht nach, was ein Chef oder eine Chefin vorkaut. Wir lassen uns davon gern inspirieren oder tauschen uns dazu aus. Wir finden unseren eigenen Themenmix und die jeweiligen Perspektiven. Wir kommunizieren in unserem eigenen Stil.

In der früheren Arbeitswelt hieß dies, „sprechfähig" zu sein und bezog sich zumeist auf Personen aus der Unternehmenskommunikation. Diese Rollen gibt es heute nach wie vor, doch die sozialen Netzwerke erschaffen weitere Räume, in denen Kommunikation auf persönlicher Ebene stattfindet. Diese können wir heute für uns selbst erlernen oder gemeinsam mit den Vorgesetzten und Kolleginnen in Markenbotschafterprogrammen vertiefen. Hier schreibe ich mir selbst die Fähigkeit zu, mich als Botschafter:in öffentlich zum Thema zu äußern.

Grundsätzlich gilt: Der Fokus auf Themen steigert die Superpower einer gelungenen Positionierung. Wenn Du über Dein Thema sprichst, kannst Du als Person dahinter zurücktreten. Finde gleichzeitig für Dich einen guten Weg, Deine Botschaften mit Deinen Erfahrungen anzureichern und um Deine Perspektiven zu ergänzen. Gib Deinen persönlichen Senf dazu: Genau das wollen die Menschen lesen, die Dich kennen und die mit Dir vernetzt sind. Nichts anderes findet an den realen Stehtischen statt. Hier äußern wir unsere Sicht auf die Dinge, anstatt neutrale Analysen zu liefern.

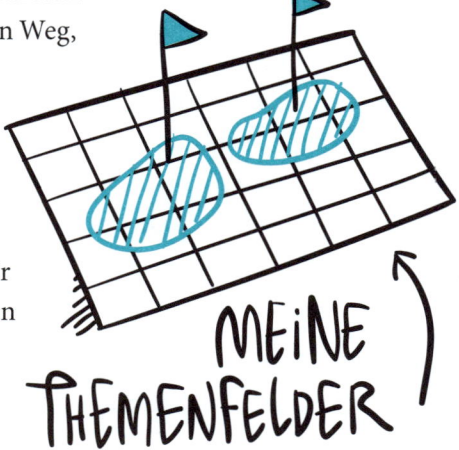

MEINE THEMENFELDER

Was Du feststellen wirst, wenn Du einige Zeit sichtbar und kontinuierlich aktiv
wirst: Mit Deinen Postings und den persönlich gefärbten Botschaften schaffst
Du Anknüpfungspunkte für den weiteren Austausch, auch abseits der Plattformen, also an den realen Stehtischen oder Telefonaten mit Deinen Kontakten. Für
mich immer ein Zeichen erfolgreicher Kommunikation und das innere Yippieh-
Yeah: Wenn meine Kontakte im persönlichen Gespräch an Themen anknüpfen,
zu denen ich mich bei LinkedIn, Twitter oder Instagram geäußert habe.

Einigen Menschen geht die Diskussion der persönlichen Themen zu weit auf
LinkedIn – immer wieder wird hier diskutiert, was diese Themen auf einer
beruflichen Plattform zu suchen haben. Diese Diskussionen finden auf Twitter
oder Instagram kaum statt. Diese Plattformen bedienen berufliche und private Themen und Interessen parallel. Daher wird dieses Sowohl-als-auch viel
schneller akzeptiert und nicht hinterfragt.

Persönliche Facetten und private Schutzzone

„Kathrin, diese privaten Themen bei LinkedIn nerven mich." Solche Reflexionen
höre ich aktuell häufig in den Coachings und lese entsprechende Beschwerden
in Postings bei LinkedIn. Zunächst einmal lass uns kurz unterscheiden: Private
Themen sind genau das, privat. Und sollten dies aus meiner Sicht auch bleiben.
Ein geschützter Rückzugsraum bringt Ruhe in Dein Leben, wenn Du zu beruflichen Themen öffentlich kommunizierst. Differenzierter können wir die persönlichen Themen betrachten – sie können durchaus ins berufliche Leben hin-
einragen und vor allem: Mit ihnen kannst Du Dich hervorragend positionieren.

Frage Dich selbst: Über welche persönlichen Themen sprichst Du bei beruflichen Veranstaltungen am Stehtisch? Erzählst Du Deinen
beruflichen Kontakten oder gar eher Fremden, dass Du in dieser Stadt schon mal ein
Sterne-Restaurant besucht hast, alles über
guten Kaffee oder viel über Nahe-Weine
weißt, dass Du segelst, Marathon läufst oder
Sankt Pauli-Fan bist? Genuss, aktiver Sport,
Sportbegeisterung – das sind klassische
Themen für persönliche Facetten, die sich
unsere Gesprächspartner:innen deutlich
besser merken als die zumeist drögen beruflichen Themen. Wenn Du darüber an

MEINE FACETTEN
—MEINE THEMEN

Stehtischen bei Präsenzterminen sprichst, kannst Du das Thema durchaus hin und wieder mit Deinen Postings verknüpfen und Dich damit nahbarer machen.

Meine Beobachtung: Menschen aus der Gen Y und Z trennen nicht so streng zwischen privater und beruflicher Identität – sie sprechen auf den beruflichen Plattformen durchaus intensiv und offen über private Themen. Am Beispiel: Mentale Gesundheit und das Thema Depressionen werden in diesen Generationen viel häufiger und deutlich transparenter thematisiert. Was ich gut daran finde: Anhand von Einzelnarrativen und den entsprechenden Kommentaren wird eine gesellschaftliche Entwicklung sichtbar. Was ich klar gestehe: Ich bin herangewachsen in der alten Arbeitswelt mit einem Mindset der Leistungsfähigkeit, die ich beruflich ausstrahlen will. Daher würde ich persönlich aktuell diese Themen nicht in den digitalen Netzwerken offenbaren. Das ist meine persönliche Ansicht – hier kannst Du in Dich gehen und Deiner Intuition und Deinem Bauchgefühl folgen, wie viel Du von Dir preisgeben willst.

Christina ist ihrem Bauchgefühl gefolgt, sie hat ihrem Geschäftsführer nicht widersprochen und seine Zuschreibung der Expertinnenrolle zugelassen. Ergebnis: Das Thema wurde sogar in die Unternehmensangebote implementiert[4]. Die Einladung als Speakerin für das Thema „KI in der internen Kommunikation" zum Kongress hat sie sich nach insgesamt zwölf Beiträgen zum Thema gesichert. Schließlich waren Postings zum Thema auf ihrem LinkedIn-Profil auffindbar, als die Organisator:innen des Events recherchierten.

Komm ins Tun: Definiere Deine Themenfelder

Welche sind die Themen, für die Du jetzt stehst und für die Du in Zukunft stehen willst?

Definiere jetzt drei bis vier grobe Themenfelder. Lege sie nicht nur gedanklich fest, sondern auch schriftlich, sodass sie für Dich auch in paar Monaten nachvollziehbar bleiben und Du immer wieder entsprechende Botschaften zu diesen Themen ableiten kannst.

Notiere Dir hier direkt Deine Themenfelder:

1.

2.

3.

---

4   abgerufen am 12.4.23: https://silvestergroup.com/blog/wegbereiter-in-der-unternehmenskommunikation/

Notiere persönliche Facetten, über die Du eventuell auch an Stehtischen plauderst:

1.

2.

3.

Parallel und für den Überblick nutze am besten den New Networking-Canvas, den Du auf new-networking.de findest. Lade ihn Dir dort herunter, fülle ihn nach und nach aus und entwickle so Deine persönliche Social Media-Kommunikation.

Was hier beim Aufschreiben erschreckend banal klingt, wird von vielen Menschen nicht beachtet. Sie bleiben beliebig und vermeiden die direkte Positionierung und Verknüpfung mit spezifischen Themen. Ein möglicher Grund: Sie fühlen sich nicht kompetent genug, zum Thema zu sprechen. Durchbrich diese Denkweise und mache Dir klar: Erst wenn Du beginnst, Diskussionen zum Thema durch das Teilen der Rechercheergebnisse oder eigener Schlussfolgerungen zu starten bzw. durch die Diskussion in Kommentaren sichtbar zu werden, erst dann positionierst Du Dich über Dein Thema und kannst Deine Ziele in Verbindung mit den für Dich relevanten Menschen im Netzwerk erreichen.

Der smarte Weg zu Deinen Themen

Es gibt zwei Wege sich zu zeigen: Als Expert:in oder als der- oder diejenige, die auf dem Lernpfad ist. Beides ist legitim. Werde zum Anwalt, zur Anwältin Deines Themas – dann kannst Du dahinter zurücktreten und tappst nicht in die Falle der Selbstbeweihräucherung. Poste 70 bis 80 % zu Deinen zentralen Themenfeldern: Nun steuerst Du, was Dein Netzwerk *durch* Dich erfährt, und – wohldosiert – *über* Dich.

Überlege gut, mit welchen Themen Du sichtbar wirst, auch im Hinblick auf mögliche berufliche Veränderungen und Deine zukünftige Positionierung. Menschen, die selbstbestimmt agieren und für ihre Themen einstehen und dazu kommunizieren, werden in der vernetzten Arbeitswelt sichtbar und sind sehr gefragt.

„Kathrin, welche Kontaktanfrage soll ich annehmen?" Andreas ist im Software-Vertrieb tätig, noch neu bei LinkedIn und versucht ein Gefühl dafür aufzubauen, mit wem er sich vernetzt und wohin die Aktivitäten führen können. Vor ein paar Tagen hat er sein Profil optimiert und die Ausbildungsschritte und beruflichen Stationen ergänzt. Auf Basis eines Datenabgleichs bekommt er nun Vorschläge seitens LinkedIn, mit wem er sich vernetzen könnte. Darunter einige Menschen, die er aus der Vergangenheit kennt und mit denen er lange keinen Kontakt hatte. Nach ein paar Tagen erhält er die Anfrage eines ehemaligen Mitschülers und fragt sich: Wozu soll das gut sein?

Andreas stellt also Überlegungen zu Kontakten in seinem Netzwerk an – das ist, wenn Du so willst, die große Gruppe an Menschen, die uns kennen, uns mit unserer Rolle verbinden und im besten Fall vertrauen oder Kompetenz zusprechen. Wir kennen uns beim Namen und wissen, was wir machen im Leben bzw. welchen gemeinsamen Kontext wir haben.

In der heutigen Arbeitswelt mit ihrer starken Volatilität und vielen Unsicherheiten können wir uns selbst ein Sicherheitsnetz bauen: Unser persönliches, starkes Netzwerk. Ein besonderer Teil dieses Netzwerks ist unsere Zielgruppe. Diese wiederum findest Du in großem Maß außerhalb Deiner persönlichen Kontakte. Zielgruppe sind jene Personen, mit denen wir enger in Kontakt kommen und bleiben wollen, um unsere beruflichen Ziele zu adressieren und umzusetzen.

Das Gute ist: Wenn Du jetzt einmal über Dein Netzwerk und Deine Zielgruppen nachdenkst, entwickelst Du damit einen Filter genau für die Frage, bei wem Du proaktiv anklopfst und selbst Kontaktanfragen platzierst und bei welchen Personen Du Deinerseits die eingehenden Anfragen bei LinkedIn bestätigst. Lass Dich also leiten von den Fragen: Mit wem willst Du netzwerken? Mit wem kooperieren? Mit wem oder bei welchem Arbeitgeber gemeinsam arbeiten?

Alle neuen und potenziellen Kundinnen und Kunden, alle bestehenden und potenziellen Mitarbeiterinnen und Mitarbeiter sowie Menschen, die uns für unsere Expertise und unsere Themen und Angebote intern und extern weiterempfehlen oder die mit uns kooperieren – das kann eine erste Eingrenzung der Personen sein, die wir als Zielgruppe bezeichnen.

Du erkennst: Einige Menschen in unserem Netzwerk passen in keine der hier aufgeführten Kategorien – und trotzdem können sie sehr relevant sein als Vermittler:innen im Augenblick der Frage „Wer kennt sich aus mit…?". Zu eng würde ich den Kreis der Personen, mit denen Du Dich vernetzt, nicht fassen. Bleib' mit Menschen in Verbindung, die Dich zum Beispiel aus der Schule, Ausbildung oder aus früheren beruflichen Stationen kennen und die Dir vertrauen. Netzwerke funktionieren manches Mal ganz überraschend und unerwartet.

Wichtig zu wissen: Wenn Du aktiv postest und damit sichtbar wirst, hast Du viele Mitlesende, die nie ein Like oder einen Kommentar hinterlassen. Sie zählen zu Deinem Netzwerk oder Deiner Zielgruppe und gewinnen einseitig ein sehr gutes Bild von Dir (erinnere Dich an den Beziehungsgrad aus Kapitel 1, er dürfte um die 80 liegen). Das Wissen über uns und das Vertrauen in unsere Person können wir nicht zu 100 Prozent kontrollieren und einschätzen. So denkt auch Andreas und zeigt sich offen für die Vernetzung mit dem Schulfreund. „Schließlich will ich mein Netzwerk aufbauen", so sein kurzer Gedanke beim Klick auf „Kontakt annehmen".

Selbständige erledigen Überlegungen zu Zielgruppen meistens zu Beginn der Geschäftstätigkeit mit der einhergehenden Positionierung und Überlegungen zum Geschäftsfeld. Manche verfeinern diese strategischen Überlegungen zum Teil noch mit der Festlegung von Personas. Diese sind in der Theorie entwickelte Personen-Vertreter:innen, die mit soziodemografischen und psychografischen Merkmalen charakterisiert werden. Herzlich grüßen hier meine imaginären Sparringspartner:innen Christa und Christopher (siehe Kapitel 4).

Oft unterschätzt, aber sehr relevant sind diese Überlegungen zu Zielgruppen zudem für Angestellte oder Führungspersönlichkeiten innerhalb von Organisationen. Die kommunikativen Aktivitäten können die Sichtbarkeit nach außen, zum Beispiel in den öffentlichen Sektor oder ins B2B-Netzwerk steigern – dies ist eine der Intentionen vor allem von Corporate Influencer-Programmen. Gleichzeitig sind die Kolleginnen und Kollegen auf den externen Plattformen wie LinkedIn aktiv und somit entsteht Sichtbarkeit auch in die Organisation hinein. So positionieren wir uns intern bei spezifischen Zielgruppen und können Kooperationen, Allianzen oder den nächsten Karrierestep anstreben.

Andreas hat durch die Vernetzung mit dem alten Schulfreund einen Volltreffer erzielt: Ein paar Tage nach der Vernetzung meldet sich dieser persönlich bei ihm. Er hat in seiner aktuellen Funktion als technischer Leiter dringenden Bedarf an der Software, die Andreas vertreibt. Die beiden kommen ins Geschäft. Auftragsvolumen: 30.000 Euro.

Komm ins Tun: Definiere Deine Zielgruppen

Nimm Dir am besten erst einmal ein weißes Blatt Papier oder den New Networking-Canvas und sammle in Stichworten erste Ideen, welche Zielgruppen für Dich in Frage kommen. Je nach Rolle treffen für Dich nicht alle hier aufgeführten Zielgruppen zu. Sie dienen Dir einfach nur zur Inspiration. Erhellend ist der Blick in Deinen eMail-Account – mit welchen Personen hast Du kooperiert? Wie lassen sich die Kontakte clustern? Welche Zusammenarbeit hat Dich bereichert – und das ist nicht monetär gemeint. In der heutigen Arbeitswelt ist es wichtig, dass wir vor allem mit den Menschen in den Austausch kommen, die wir schätzen und die uns schätzen und uns inhaltlich bereichern. Aus diesem Vertrauensfundus entstehen Dein tragfähiges Netzwerk und am Ende der berufliche Erfolg.

Direkte Geschäftskontakte

Hast Du direkte Kund:innen oder Kooperationspartner:innen? Menschen, zu denen Du für die Erfüllung Deiner Aufgaben direkten Kontakt aufbauen willst? Das können 30 sein oder 3.000 oder mehr sein – je nach Rolle und Funktion.

Kooperations- oder Businesspartner

Dies können Kooperations-Partner:innen sein, die Du gewinnen willst. Kontakte im Business, die Dich beispielsweise empfehlen oder vermitteln oder mit denen Du gemeinsam bei anderen Business-Partnerinnen und Partnern agierst. Manches Mal finden sich in Organisationen parallele Kontakte zum öffentlichen oder privaten Sektor, in die Forschung und zu Universitäten oder vice versa in politisch oder wissenschaftlich geprägten Institutionen Kontakte in die Industrie.

Mitarbeiterinnen und Mitarbeiter

Gibt es ein Team, das Du führst oder in dem Du integriert bist? Wahrscheinlich sucht Ihr aktuell neue Kolleg:innen? Deine Aktivitäten in den beruflichen

Netzwerken zahlen auf das Bild ein, das Ihr als Arbeitgeber aussendet. Potenzielle Mitarbeitende denken: Wow, da wäre ich gern dabei.

Investor:innen

Wenn Dein Unternehmen externe Partner:innen hat, die monetär involviert
sind, sind diese Personen natürlich auch Teil Deiner Zielgruppe, um hier durch
die Kommunikation Aufmerksamkeit, Bindung und Vertrauen zu sichern.

PR-Kontakte

Wenn Du Kontakte zu Massenmedien oder zu relevanten Blogs und Online-
Medien hast oder aufbauen willst, dann nimm auch diese Kontakte als besondere Teilzielgruppe auf.

Interessierte Branchenöffentlichkeit

Hier findet sich ein Großteil Deines Netzwerk und auch die Konkurrenz. Alle
Personen, die aktuell nicht direkter Geschäftskontakt sind. Hier werden The-
men aus der Branche oder zu Deiner Rolle diskutiert. Hier baust Du Dir Deine
Reputation auf und wirst empfohlen.

Finde nun für Dich die relevanten Personengruppen und versuche, die Kern-
zielgruppe zu definieren: Als Personalverantwortliche:r können dies (potenzielle) Mitarbeiterinnen und Mitarbeiter sein, bei einer oder einem CEO alle
Geschäftskontakte plus die Mitarbeitenden – je nach Rolle baust Du Dir Deine
Zielgruppenstruktur auf. Schreibe hier typische und möglichst sympathische
Vertreterinnen und Vertreter dieser Zielgruppen auf, so holst Du Dir angenehme Zeitgenossen in Deine strategischen Überlegungen – so bildest Du die
spätere Realität besser ab.

Leg jetzt los und lese dann erst weiter. Go!

Fertig? Super!

Nun überlege Dir: Wie viele dieser Personen aus Deinen Zielgruppen kennst
Du aus der dinglichen Welt? Lade Personen ein, die Du schon lange kennst, mit
denen Du jedoch noch nicht digital vernetzt bist. Aktualisiere Deine Kontakt-
listen und hinterfrage: Sind diese Zielgruppen bereits Teil Deines Netzwerks?
Falls nicht, kennst Du nun ein langfristiges To Do für aktive Kontaktanfragen.
Hole das ab jetzt jeden Tag für zehn Minuten nach.

Was Du nun in jedem Fall hast: Klarheit für die Frage „Welche dieser Kontaktanfragen soll ich annehmen?"

Der smarte Weg zu Deiner Zielgruppe und zum Netzwerkaufbau

Unterscheide zwischen Deinem Netzwerk und Deinen Zielgruppen. Deine Kontakte im Netzwerk sind das Fundament für Deine berufliche Weiterentwicklung. Bei ihnen geht es darum, als vertrauenswürdige Person wahrgenommen zu werden, locker im Kontakt zu bleiben und sich bei Bedarf gegenseitig zu unterstützen. Sobald Du Deine beruflichen Ziele schärfst, kannst Du sehr schnell ableiten, mit wem Du aktiv in Kontakt treten solltest. Wenn diese Menschen noch nicht hinreichend in Deinem Netzwerk vertreten sind, vernetze Dich aktiv. Parallel akzeptiere Kontaktanfragen im Hinblick auf bereichernde Menschen in Deinem Netzwerk. Bleib hier nicht zu eng gefasst nur auf Deine aktuelle Zielgruppe. Deine Inhalte können Interesse wecken bei Personen, von denen Du es nicht erwartest.

„Es ist nicht genug zu wissen – man muss auch anwenden. Es ist nicht genug zu wollen – man muss auch tun."

Johann Wolfgang von Goethe

13

Schritt für Schritt in die Sichtbarkeit – Deine Umsetzung

Positionieren solltest Du Dich zuerst in der Theorie und dann durch die Tat. Im letzten Kapitel hast Du Dein Fundament gelegt, hast die strategischen Überlegungen zu Deinen Zielen und Themen, zu Deinem Netzwerk und Deinen Zielgruppen erledigt. Wenn Du Deine Sichtbarkeit wirklich steigern willst, dann kommt jetzt der Abzweig in die aktive Anwendung. Du kennst sicherlich den Ansatz: Wenn wir größere Herausforderungen in viele kleinere Schritte splitten, wird sowohl der erste Schritt als auch der Weg viel einfacher. Und genau das machen wir nun in diesem Kapitel: Wir zerlegen den Prozess der praktischen Positionierung.

Wir werden im Detail betrachten: Wie können wir Content entwickeln, der uns und unsere Kontakte in Wallung bringt? Wie eine richtig gute Wiedererkennbarkeit erreichen und unverwechselbar sein? Social Media-Präsenz ist Marathon, nicht Sprint. Wie geht uns auf der langen Strecke nicht die Puste aus? Wie können wir uns am besten organisieren?

Diese einzelnen Schritte werden wir nun vornehmen:

- **Der Content-Prozess** zeigt Dir auf, dass nach dem Planen und Erstellen das „Veröffentlichten" eben nicht der letzte Schritt ist – schließlich startet ab dann das Gespräch an Deinem Stehtisch.
- **Die Kanal-Wahl** triffst Du jetzt noch einmal ganz bewusst. Wir haben hier den Schwerpunkt bei LinkedIn – aber eventuell passt für Dich ja auch eine andere Plattform?
- **Deine Einzigartigkeit** stützt Du mit Deiner persönlichen Handschrift in Text, Bild und Ton. Dieses Konzept des „Formats" kannst Du zur Steigerung Deiner Sichtbarkeit in Deine persönliche Kommunikation integrieren.
- **Der Aufbau von Kontinuität** ist für viele Nutzerinnen und Nutzer die größte Herausforderung. Wir pushen hier Dein Selbstmanagement mit dem Ziel der regelmäßigen Umsetzung.
- **Die Erfolgsmessung** verdeutlicht, wie sich Aufwand in Nutzen wandelt: Dabei haben wir zusätzlich zu den klar messbaren Daten die Gespräche an den Stehtischen der dinglichen Welt im Blick.
- **Sichtbarkeit ohne Sichtbarkeit** – dieses Paradoxon lösen wir auf für alle, die die öffentlich sichtbare Aufmerksamkeit scheuen.
- **Der Umgang mit den „Dickfischen"** in Deiner Branche oder auf Deinem Themenfeld schüchtert Dich nicht mehr ein. Kommentare sind Content-Gold – und Du baust den Mut dafür auf, Dich in die Gespräche an den Stehtischen einzuschalten.

„Machen ist wie Wollen – nur krasser": Dieses Leitmotiv aus dem Netz ist für mich seit langem ein guter Kick, immer wieder meine Denkschleifen zu verlassen und ins Tun zu kommen. Taste Dich nun vor mit den nächsten Schritten in Richtung Sichtbarkeit. Wichtig ist: Mach Dich wirklich auf den Weg. Bleib nicht im Denken stecken. Komm ins Tun.

Investiere in Dich: Solange Du nicht Deinen ersten Content vorbereitest und ihn publizierst, wirst Du nicht sichtbar für Deine Kontakte, sondern stehst fest auf der Bremse, anstatt Deine Schritte auf Deinem Weg zu gehen. Verharre

bloß nicht in Perfektionsansprüchen: Du führst hier
Gespräche zu beruflichen Themen und musst keinen
geschliffenen Beitrag für die Tagesschau produzieren.
Entspann Dich. Ein aus Deiner Sicht suboptimales
Posting ist immer besser als das nicht geschriebene
Posting. Die Parallele zur Geldanlage wird hier deutlich: Die schlechteste Entscheidung ist immer, den Vermögensaufbau nicht zu starten. Selbst, wenn dabei Fehler passieren.

Wie Du richtig guten Content entwickelst

„Wir haben ein tolles Making Of-Video aus einem Workshop: Wir verbinden
Teambuilding mit professioneller Fotografie und haben das gerade mit einem
Kunden umgesetzt. Damit wollen wir bei LinkedIn eine gute Sichtbarkeit errei-
chen." Meine Auftraggeberin Dagmar von Renner ist Seminar-Trainerin, mein
Auftraggeber Ivo von Renner ist Star-Fotograf. Beide haben den Anspruch, ihre
Botschaft bestmöglich zu kommunizieren. In dem Prozess bis zum fertigen
Posting stelle ich ihnen und mir zwei relevante Fragen: Wer soll erfahren, dass
in den Workshops über Selbst- und Fremdwahrnehmung gesprochen wird und
die Teilnehmenden sich direkt danach gegenseitig fotografieren? Weitere Frage:
Was wollen sie bewirken? Die Antworten: Zielgruppe sind ihre beiden Netzwerke aus Kreativen und Geschäftsleuten, die das außergewöhnliche Angebot
erst einmal kennenlernen und verstehen sollen. Im besten Fall empfehlen es
die Kontakte weiter oder sind sogar selbst interessiert.

Natürlich soll Dein Content Deine Zielgruppe ansprechen, sie gut informieren,
emotional berühren oder schlicht unterhalten. Wie Dir das gelingen kann, das
werden wir in diesem Abschnitt detailliert betrachten. Gute Inhalte sind ein
Mix aus guten Ideen und guter Umsetzung. Du kannst auch dieses Thema
strategisch angehen und Ideen „schürfen", Inhalte gezielt aufbereiten und am
Ende dafür sorgen, dass sie auch wahrgenommen werden.

Mit dem geschärften Bewusstsein wirst Du für Dich entscheiden können, wie
Du Deinen persönlichen Weg der Contententwicklung einschlagen kannst.
Diese sollte bei der Umsetzung keinen Stress, sondern Freude bereiten und
langfristig in den Alltag integrierbar sein.

178 Mach Dir im ersten Schritt klar: In jedem Themenfeld verbergen sich Tausende von Botschaften. Das ist gut so, schließlich benötigen wir für unsere lange Wegstrecke in Social Media einen guten Vorrat an Content. Zudem gibt es zwei Gruppen von Menschen: Die einen schreiben gut und gern. Den anderen fällt das Formulieren eines Postings schwerer.

Nimm einen Gedanken mit: Schreiben ist einerseits Talent, andererseits erlernbares Handwerk. Im Zeitverlauf und mit Übung wird es Dir leichter fallen. Deine Worte, Dein Duktus sind völlig ok. Da wir am Stehtisch stehen: Höre Dir erst einmal gedanklich zu, wie Du den Aspekt einem Deiner Kontakte erzählen würdest, mach Dir Notizen. Über den Aufbau eines guten Postings sprechen wir gleich.

Nutze alles, was Dir übers Storytelling bereits bewusst ist. Wir alle lieben gute Geschichten – unser Hirn kann Aspekte auf diese Weise viel besser speichern. In der Darstellung von Konflikten liegt ein Urtrieb für uns Menschen, mit großer Neugier hinzuschauen. Schließlich könnten wir ja etwas über den Säbelzahntiger lernen, das unser persönliches Überleben sichert. „Wer sich nicht ans ‚Drama‘ traut, spare sich das Erzählen. Und wer sich ans Erzählen traut, spare nicht am Drama", so Storytelling-Expertin Katja Schleicher (2021). Wenn Du gern gute Geschichten hörst und erzählst, dann verfolge unbedingt dieses Thema mit weiteren Fortbildungen oder Büchern – diese Vertiefung nehmen wir hier nicht vor.

Eine gute Nachricht vorab: Wir müssen nicht allen Content selbst erschaffen, sondern können gute Ideen und Inhalte von anderen übernehmen und unseren Senf dazugeben – d.h. am besten mit Quellen-Angabe neu zu posten. Vor allem zu Beginn könntest Du noch unsicher sein, welche Deine Inhalte sind. Schau Dich um, was andere machen, und entwickele daraus Deine Botschaften.

Beim Verhältnis von Eigen- zu Fremdcontent reicht ein Verhältnis von 1:2 oder auch 1:3 völlig aus. Damit meine ich nicht plumpes Copy-und-Paste, sondern ich empfehle Dir den sehr fröhlichen Ansatz und das Buch „Steal Like An Artist". Mit dieser Haltung greifst Du Inhalte von Menschen in Deinem Netzwerk auf, die Dir wichtig sind. Du ergänzt wertschätzend Deine Perspektive, „crunchst" die Aspekte aus Deiner Perspektive und gibst Deinen Senf hinzu (Kleon, 2012).

Spüre in Dich hinein, welcher Deiner Sinne stark ist. Es gibt über das Textformat hinaus weitere Darstellungsformen in den sozialen Netzwerken – einige

Menschen kommunizieren stark über Bilder, die nächsten über Audio und wiederum andere per Video. Gibt es eine Medienform, die Du bevorzugst? Starte unbedingt mit dem Format, das Dich am meisten anspricht. Die einfache Kombination aus Text und einem Bild ist nach wie vor die beste Wahl bei LinkedIn und Twitter – damit kannst Du immer Deinen virtuellen Stehtisch eröffnen. Gute Bilder zu finden oder selbst zu erstellen für die Social Media-Nutzung ist einfacher als Du vielleicht jetzt noch meinst. Schau Dir gern auf new-networking.de meine Demo zum Bildbearbeitungs-Tool Canva.com an.

Für Prozessliebhaber und für Freigeister

Vergleichbar mit dem stark unterschiedlichen Talent zum Schreiben ist die Freude an der Planung der nächsten Postings – Prozessliebhaber schnalzen bei einer Exceltabelle mit Redaktionsplan mit der Zunge, Freigeister runzeln die Stirn. Probiere es am besten für Dich aus: Wenn Dir eine Liste von Themen für die kommenden Wochen mehr Sicherheit liefert, dann erstelle sie. Ob Du Dich schließlich daran hältst und sie strukturiert nacheinander abarbeitest oder immer wieder spontane Ideen in Postings umsetzt, ist nicht entscheidend. Hauptsache ist, dass Du zu Deinem Thema aktiv wirst. Hauptsache ist, dass Du sichtbar wirst.

CONTENT-PHASENMODELL

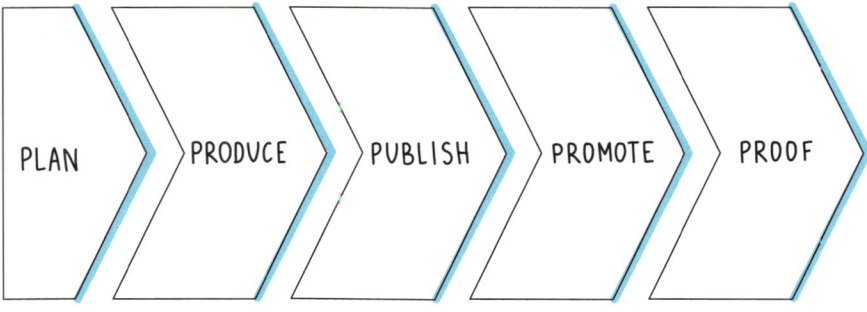

Content-Phasenmodell

Planen, Produzieren, Veröffentlichen (Publishing), Bekanntmachen (Promote) und Prüfen: Diese Schritte im Content-Phasenmodell funktionieren im Englischen mit diesen fünf Verben. Wir nehmen sie als Gerüst, um die Content-erstellung zu strukturieren. Auf Deinem smarten Weg gehen wir sie nun durch, um Dein Bewusstsein für gute Inhalte und deren Publikation in den sozialen Netzwerken zu schärfen.

Planen

Das Planen ist die Phase bis zur Entscheidung, tatsächlich zu einem spezifischen Thema ein Posting zu verfassen. Planung ist die Vorwegnahme zukünftigen Handelns – also komm ins Tun auf der Ideen-Ebene, dann wird Dir die Umsetzung in Form von Postings viel leichter fallen. Kleiner Hinweis: Sollten Dir jetzt bei der Lektüre direkt erste Ideen kommen, findest Du auf Seite 187 ein paar freie Zeilen, um diese zu notieren.

Außerdem: Glückwunsch! Du hast einen Teil der Arbeit bereits erledigt – im strategischen Teil bei der Festlegung Deiner Themenfelder. Diese Felder sind riesig und beinhalten viele einzelne Perspektiven und Protagonisten. Nun geht es darum, jede einzelne Aussage als Pflänzchen wahrzunehmen und zu überlegen: Wie sollte ich die singuläre Botschaft aufbereiten, sodass meine Kontakte verstehen, wie ich auf das Thema blicke? Wie sollen mich meine Kontakte mit dem Thema verknüpfen?

Blick also gern noch einmal zurück auf diese Themenfelder, wenn Du sie festgehalten hast.

Zum Start kannst Du nun aktiv Ideen sammeln und gleichsam Recherchen etablieren, die Du alle paar Wochen oder Monate vornimmst, um Dich neu inspirieren zu lassen. Diese Quellen kannst Du immer wieder nutzen:

- Zapf Dich selbst an: Du bist die beste Quelle und Dein eigener Ideenspeicher. Es ist schon alles da, bloß noch nicht abgerufen: Mach' ein Brainstorming mit Dir selbst. Arbeite am besten analog mit Zettel und Stift oder auf einem Whiteboard oder Flipchart. Lasse die Ideen ohne Bewertung fließen, aussortieren kannst Du später immer noch.
- Zapf die KI an: ChatGPT (chat.openai.com) kann für Dich ein Wegweiser sein bei der Entwicklung oder Optimierung von Inhalten – gehe in den Dialog mit dem Bot und entwickle Ideen. Um möglichst spezifische Ergebnisse zu erhalten und nicht Zeit zu verplempern, gib der Maschine Informationen mit, wer Du bist und in welcher Rolle Du schreibst, welche Deine Ziele sind, wer Deine Zielgruppe ist oder welchen Text Du für ein LinkedIn-Posting optimiert haben magst.

- Zapf andere Menschen an: Folge den Botschaften seriöser Quellen, Expert:innen und Personen. Folge ihnen auf Deinem bevorzugten Kanal, vor allem aber auch auf den anderen Kanälen. So verlässt Du Deine Filterblase, also die immer gleichen Kontakte, die Deine Meinung und Ansichten reflektieren.

- Twitter ist ein sehr guter Kanal, um sich inspirieren zu lassen, selbst wenn Du ihn selbst nicht aktiv nutzt. Gebe im Suchfeld Dein Themenfeld bzw. Deine Keywords ein, ergänzt um den Hashtag. Den Begriff dabei so eng wie möglich fassen und darauf achten, welche Hashtags andere User nutzen, z.B. #Windkraft anstatt #Nachhaltigkeit, #Pfleogeroboter anstatt #Pflege oder #Frauengesundheit anstatt #Health.

- Speichere Dir immer gleich den Fund – das Internet ist flüchtig. Favorisiere dafür den Tweet oder lege die URL zum Posting ab – jedes Posting hat eine eigene Adresse.

- Eine gute Ideenliste hat zehn bis 20 Punkte – dann kannst Du priorisieren. Wenn Du absoluter Einsteiger, absolute Einsteigerin bist, priorisiere die Ideen nach Relevanz und starte mit den Prio 2-Postings. Sobald Du etwas geübter bist, sende die Postings mit Prio 1.

- Bei Instagram musst Du eingeloggt sein, um zu recherchieren.

- Bei LinkedIn kannst Du Beiträge teilweise anhand eines Links finden, wenn Du nicht eingeloggt bist.

- Bei LinkedIn kannst Du (eingeloggt) nicht nur nach Hashtags suchen, Du kannst Ihnen sogar folgen – was ich Dir ausdrücklich empfehle. Hashtags organisieren auf allen Plattformen die Aufmerksamkeitsströme.

- Bei LinkedIn und Twitter kannst Du relevante Postings speichern als Erinnerung für Dein nächstes Posting.

- Frage Dich: Welchen Content hast Du bislang produziert, der als Grundlage für Postings dienen kann? Das können Whitepaper sein, Vorträge, Yammer-Meldungen für die interne Kommunikation, Beiträge für das Intranet oder in Foren, für Pressemitteilungen oder Geschäftsberichte.

- Setze Google Alerts für Deinen Namen sowie für spezifische Keywords in Deinen Themenfeldern, damit wirst Du aufmerksam auf aktuelle Online-Artikel zu dem Keyword.

Gute Ideen sind sehr flüchtig, fang sie ein. Meistens poppen sie unerwartet auf, an der Ampel oder unter der Dusche – also entwickle einen physischen oder virtuellen Ort, an dem Du Deine Ideen ab sofort sammelst. Virtuell eignen sich Programme wie Notizen, Evernote, Say & Go, die als Apps auf dem Smartphone nutzbar und damit immer verfügbar sind. Möglich sind auch ein eMail-Postfach, ein Word-Dokument oder – ganz analog – eine Kladde, die Du immer bei Dir hast. Hauptsache ist, Du legst Dich fest auf einen Speicher und lenkst die Ideen immer gleich dort hinein.

Beobachte Dich ab jetzt aufmerksam: Welche Inhalte von anderen erzeugen Resonanz in Dir? Das können Sätze in Büchern oder Online-Artikeln sein, einzelne Tweets oder Postings.

Gute Botschaft für Führungskräfte: Recherchen lassen sich durchaus mit gutem Briefing delegieren. Aus den Ergebnissen kannst Du Botschaften verdichten und dann wiederum Postings vorbereiten lassen.

Produzieren

Das Wissen um die Architektur eines guten Postings leitet Dich dabei, Botschaften so aufzubereiten, dass sie starke Aufmerksamkeit erzielen. Wichtig ist, dass Du Deinen Kontakten etwas Wertvolles berichtest – wir sprechen dabei auch von „Mehrwert". Das kann eine weiterführende Information sein oder pure Unterhaltung – ganz nach Deiner Persönlichkeit. Beides bereichert aus meiner Sicht die Diskurse.

So kannst Du vorgehen: Schreibe zuerst den „Body" des Postings, also den Textkörper. Halte Dich dabei an die 6 bis 7 journalistischen W: Wer, Was, Wann, Wo, Wie, Warum? Manchmal wird das „Wozu" als siebtes W ergänzt. Du wirst sehen: Dieses „Drauflos"-Schreiben bringt Dich besser in Schwung als den Beitrag druckreif von oben nach unten perfekt formulieren zu wollen.

Im Anschluss überlege Dir eine Titelzeile für das Posting. Genau sie sorgt dafür, dass Deine Kontakte beim Scrollen im Feed stoppen, auf „Mehr anzeigen" klicken und Deinen mit viel Mühe produzierten Inhalt überhaupt lesen. Also mache Dir klar: Welche Emotionen willst Du erzeugen? Was ist hier das Herausragende? Das kann das „Wie" sein, also die Art und Weise, die in diesem Fall ungewöhnlich ist. Das kann ein knackiges Zitat der Quelle oder Dein Gedanke sein, der eine Story aufmacht und unsere Neugierde weckt. Am Beispiel: „Ich bin ein Schisser" hat nicht nur hier in der ausführlichen Variante das Kapitel 4 dieses Buches eröffnet, sondern im Moment der Erfahrung eines meiner LinkedIn-Postings. Sofort wollen wir wissen: Wer ist dieser Schisser? Warum hat er oder sie Schiss? Wird ihm oder ihr geholfen?

Um Deine Postings mit Mehrwert oder Emotionen anzureichern, spare bloß nicht am „Warum". Viele Menschen lassen dies leider aus, weil sie nun wirklich Farbe bekennen müssen und mit ihren Gedanken sichtbar werden. Wenn Du eine Veranstaltung besuchst, tappe bitte nicht in die Falle, ein Foto von Dir vor Ort zu machen und dazu zu schreiben: „Ich bin hier, es ist inspirierend, toll, spannend." Gehe genau einen Schritt weiter und erkläre Deinem Netzwerk, wie und warum das Erlebte Dich inspiriert, welche Aussage genau Dich erreicht oder berührt oder zu welchen neuen Erkenntnissen Dich die Speaker oder Gesprächspartnerinnen gebracht haben.

Nimm diese Ideen und Impulse mit auf in Deine Botschaften und Kommentare. Lass Dir – zumindest ein bisschen – in den Kopf blicken. Genau das ist der Mehrwert, den Du Deinen Kontakten an den Stehtisch mitbringst. Genau dies erzeugt Emotionen bei den Leser:innen und wird diese berüchtigten Likes und Kommentare erzeugen. So lieferst Du inhaltliche Anknüpfungspunkte für weitere Gespräche.

Nenne andere Personen mit Vor- und Zunamen und möglichst mit ihrer Rolle. Du kannst sie auch gezielt an Deinen Stehtisch einladen und sie „taggen": Mit einem @-Zeichen vor dem Namen dieser Person (ohne Leerzeichen!) erzeugst Du einen Link zum Profil dieser Person und löst gleichzeitig bei ihr eine Benachrichtigung zu dieser Erwähnung aus – damit erhält sie davon Kenntnis und die Einladung zum Austausch. Geh damit sparsam um und tagge sehr gezielt Menschen, die LinkedIn besser kennen und vor allem regelmäßig nutzen – und die dann z.B. mit einem Like oder Kommentar reagieren. Obacht: Dies kann von den Personen schnell als Spam empfunden werden. Zudem registriert der Algorithmus exakt, ob Erwähnte reagieren und stuft bei Passivität Dein Posting als Spam ein und spielt es nicht weiter an Deine Kontakte aus.

Lade Deine Kontakte zum Erfahrungsaustausch und Diskurs an Deinen Stehtisch ein. Wenn Du eine starke Meinung hast: Schreibe sie auf. Bitte um Perspektiven, Tipps oder Unterstützung zum Thema. Häufig sind Postings bei LinkedIn erfolgreich, weil sich wirklich viele Menschen über das Thema Gedanken machen, dazu etwas zu sagen haben und entsprechend kommentieren. Dies sind zumeist Themen, die in der heutigen Arbeitswelt viele Menschen betreffen.

Zur Verwendung von **Hashtags** habe ich die folgenden Tipps für Dich:

- LinkedIn: Setze am Schluss die Hashtags und folge diesen Hashtags gleichzeitig.
- Xing: Einsatz möglich, aber keine Möglichkeit, dem Hashtag zu folgen.
- Instagram: Hashtags sind gelerntes Mittel zur Steuerung der Aufmerksamkeit.
- Twitter: Bei 280 Zeichen machen nur ein bis zwei wichtige Hashtags Sinn.

TAKE THAT

Der smarte Weg der Contentproduktion: Richtig gute Postings erklären nicht die Welt, sie laden zum Dialog über die Welt ein. Nutze die 6 W, einen starken Einstieg, strebe nach Mehrwert oder Emotionen, eröffne einen Dialog am Stehtisch, zeig klare Kante, mach Dich per Hashtag auffindbar und tagge Personen, die es betrifft.

Publish: Der große Moment

Das gilt vor allem für Einsteiger ins digitale Netzwerken: Nimm Dir Ruhe und lass Dich nicht stören, wenn Du ein Posting verfasst. Schau Dich um auf dem

Kanal Deiner Wahl: Wie kannst Du das Bild hochladen? Funktionieren auch mehrere Bilder für eine Galerie? LinkedIn, Twitter und Instagram ermöglichen Bildergalerien, und doch funktionieren alle unterschiedlich und dann noch einmal unterschiedlich zwischen Desktop-Anwendung und App.

Was bei LinkedIn funktioniert: Du kannst Dein Twitter-Konto verknüpfen und dann vorm Veröffentlichen anklicken, dass Du den Beitrag beim Posten gleichzeitig twitterst. Ich verwende das hin und wieder, um Zeit zu sparen. Da meine Postings so redigiert sind, dass sie in den ersten Zeichen auf den Punkt kommen, reichen die ersten 280 Zeichen bei Twitter, um dort neugierig zu machen.

Der große Moment ist gekommen. Du drückst auf „Posten".

Sehr wichtig: Mit dieser Handlung ist der Prozess nicht beendet. Jetzt geht's noch einmal richtig los. „Don't post and ghost" lautet ein gängiger Social Media-Tipp. Bitte beherzige das – mit dem Posten eröffnest Du Deinen Stehtisch und lädst zum Austausch ein.

Lass Dein Posting nicht unbeaufsichtigt, wenn die Reaktionen eintrudeln. Sieh zu, dass Du alle Kommentare mit einem Nicken annimmst (liken oder anderes soziales Signal wie Herz oder Leuchte) oder im besten Fall sinnhaft darauf antwortest oder Gegenfragen stellst. Bloß, was und wie?! Stell Dich innerlich an den Stehtisch und überlege: Was würdest Du antworten, wenn wir dort zusammenstünden?

Bei LinkedIn wird Dein Posting mit der Veröffentlichung zunächst nur einer kleinen Teilmenge Deiner Kontakte und Follower angezeigt. Erhält der Beitrag in dieser Kohorte erste Reaktionen in Form von Likes und Kommentaren oder klicken Deine Kontakte auf „Mehr anzeigen" und verweilen auf dem Beitrag, wird er in mehrere Ausspielungen weiteren Personen angezeigt. Das kann bis zu zwei Wochen dauern – daher siehst Du manchmal Inhalte, die ein paar Tage alt sind. Diese haben zumeist viele Reaktionen. Basierend auf Deinen Inhalten, Daten und Deinem Verhalten wird der Beitrag an Dich ausgespielt.

TAKE THAT

Der smarte Weg des Publizierens: Mit dem Posten endet der Prozess nicht – hab das Gespräch an Deinem Stehtisch im Blick und nutze die Kommentare, um mit Deinen Kontakten kurz ins Gespräch zu kommen.

Kommen wir zur Extrameile. Wenn Dein Posting online ist, kannst Du ganz gezielt Persönlichkeiten aus Deinem Netzwerk zum Austausch einladen und die Aufmerksamkeit auf Deinen Beitrag lenken. Nein, ich spreche jetzt nicht von etablierten Gruppen („Pods"), die sich via WhatsApp oder Slack fest zum ständigen gegenseitigen Kommentieren verabreden.

Überlege im Anschluss an die Veröffentlichung: Für welche Person in Deinem Netzwerk könnte dieser Inhalt wertvoll sein? Trau Dich! Bitte nicht plump um ein Like, sondern nutze dies zur Kontaktaufnahme mit einem Tipp plus Link für den Inhalt und ergänze entsprechend Deinem Bauchgefühl, dass Du Dich über einen Kommentar bei LinkedIn dazu freust.

Das bereits unter „Produzieren" erwähnte Taggen ist der Anschub, den Du der Botschaft gleich mitgeben kannst. Expertin Ines Imdahl hat einen eigenen Weg des Taggens für sich entwickelt, der für sie exzellent funktioniert. Sie erwähnt in den meisten Postings einen immer neuen Mix aus Kontakten, die aus ihrer Sicht ein Interesse oder einen Bezug zu diesem Thema haben. Sie fügt also konkret bis zu zehn Namen in den Post hinein und beobachtet, ob diese Personen reagieren. Parallel dazu erfolgt keine weitere Absprache. Damit erzeugt sie bei jedem Posting Interaktionen in Form von Likes und Kommentaren, die ihr den notwendigen Anschub hinsichtlich des Algorithmus bringen.

TAKE THAT
Der smarte Weg der Promotion: Scheue nicht davor zurück, Deinen Botschaften einen behutsamen Anschub zu geben.

Prüfen
Hierbei gleichst Du Deine strategischen Ziele mit den Resultaten ab: Reagieren die richtigen Leute auf Deine Postings? Zeigen die Analysen der Postings, dass die richtigen Berufsgruppen interagieren? Bekommst Du persönliches Feedback von Personen, die zu Deiner Zielgruppe gehören? Bei welchen Themen oder Postings gibt es besonders viele oder intensive Reaktionen? Erfährst Du auf der Tonspur, dass Menschen aus Deinem Netzwerk positiv über Dich sprechen oder Dich weiterempfehlen? Mit diesen Erfahrungen und Kennzahlen schärfst Du die weiteren Postings hinsichtlich der Themenwahl, Tonalität und Botschaften.

Diesen Weg werden auch die kreativen Workshopanbieter für Teambuilding durch Fotografie beschreiten: Sie haben sich überlegt, welche Häppchen sie wählen, um immer mal wieder einzelne Aspekte ihres Angebotes herauszustellen und dazu mit ihren Kontakten bei LinkedIn ins Gespräch zu kommen. Doch bereits das erste Posting, das wir sehr bewusst in ihrem authentischen und emotionalen Storytelling belassen haben, zeigt genau die beabsichtigte Wirkung: Eine neue Bekannte aus dem Netzwerk hatte die beiden bei einem Event ein paar Monate zuvor kennengelernt und bittet kurz nach dem Posting um Kontaktaufnahme. Sie interessiert sich für eine Umsetzung eines Teambuilding-Workshops mit ihrem Agenturteam. Eine solch direkte Reiz-Reaktion-Wirkung entsteht selten. Möglich ist sie.

Komm ins Tun

Während der Lektüre sind Dir bestimmt ein paar Botschaften eingefallen, mit denen Du nun zukünftig sichtbar werden kannst. Hier ist Raum dafür, diese gleich festzuhalten:

1.

2.

3.

4.

5.

Tritt noch einmal einen Schritt zurück und überlege: Welchen Content gibt es, den Du gut weiter verwerten könntest für LinkedIn, z.B. Vorträge, Beiträge im Intranet, in der Mitarbeiterzeitschrift, im Jahresbericht? Das Beste: Die Quelle muss gar nicht von Dir sein. Du kannst sie nun umwandeln und mit Deiner Perspektive anreichern:

1.

2.

3.

Der smarte Schritt zu gutem Content

Ideen lassen sich effizient einfangen und mit Struktur in starke Postings umwandeln. Inhaltlich macht das Warum und Dein Blick auf die Welt den Unterschied. Lass Dir in den Kopf gucken und betrachte das digitale Netzwerken als Austausch zwischen Gleichgesinnten zu beruflichen Themen – und nicht als anspruchsvolle Medienproduktion. Eröffne Deinen Stehtisch und sei eine aufmerksame Gastgeberin, ein aufmerksamer Gastgeber. Die Aufmerksamkeit für Deine Inhalte kannst Du selbst entfachen. Wenn Du Zweifel hast, suche Dir gezielt eine Person, der Du vertraust und mit der Du Dich hin und wieder gezielt zu Deinen Aktivitäten bei LinkedIn oder auf anderen Business-Kanälen austauschen magst. Lass' Dich von diesem Buddy beraten und bestärken. Bau Dir ein enges Netzwerk aus Gleichgesinnten auf, mit denen Du viel interagierst.

Wie Du den richtigen Kanal findest

„Ja, zeigen Sie mir bitte auch Twitter, das könnte Sinn machen." Eigentlich war der Standort-Geschäftsführer eines DAX-Konzerns 2018 für ein 1:1-Coaching mit dem Fokus auf LinkedIn zu mir gekommen. Bereits nach kurzer Recherche hinsichtlich seiner Zielgruppen war klar: Mit Kolleg:innen im Headquarter sowie mit Business-to-Business-Kontakten weltweit konnte er sich direkt bei LinkedIn vernetzen. Meinungsführer:innen, Politiker:innen und Journalist:innen aus seiner Region erreichte er nicht über LinkedIn – sie waren damals auf dieser Plattform nicht vertreten. Also entschied er sich dafür, LinkedIn und Twitter parallel zu „bespielen"; mit Schwerpunkt LinkedIn.

Du siehst: Die Kanalentscheidung ist immer getragen davon, ob Du Deine Zielgruppe und Dein Netzwerk dort erreichen kannst. Dies kannst Du herausfinden, indem Du eine Stichprobe bildest aus z.B. zehn typischen Vertreterinnen Deines Tätigkeitsfeldes und schaust, ob diese mit einem Profil vertreten sind. Ist dies gegeben, kannst Du Dich mit den Funktionen und Gepflogenheiten der Plattformen auseinandersetzen und nun überlegen, welcher Kanal Dich am meisten anspricht. Welche Besonderheiten wie z.B. Formatmöglichkeiten oder Frequenzen kommen Dir entgegen?

Auch das ist digitales Netzwerken: Parallel zu Social Media kannst du Dein Netzwerk in Form eines eMail-Verteilers digital abbilden, zu Deinen Themen auf dem Laufenden halten und somit pflegen. Vor allem, wenn Du eine Positionierung als Expertin oder Experte anstrebst, ist dieser Kanal eine zusätzliche Betrachtung wert. Unabhängig von den Geschäftsmodellen der sozialen Netzwerke sicherst Du Dir damit eine digitale Verknüpfung mit Deinen Kontakten, die juristisch Dir und nicht den Tech-Plattformen gehört.

Nun beobachte Menschen aus Deinem persönlichen Umfeld und unterhalte Dich mit ihnen: Welchen Vorteil bringt ihnen LinkedIn? Warum twittern sie oder wie nutzen sie Instagram? Oder noch immer Facebook? Welche Vorteile sehen sie darin, einen Newsletter zu schreiben?

Wie groß sind die einzelnen Netzwerke? Diese Frage hilft Dir nur bedingt. Twitter zum Beispiel ist in Deutschland relativ gesehen ein eher kleines Netzwerk, für einige Menschen jedoch unverzichtbar und das berufliche Nervensystem. Dort sind ihre Gesprächspartner:innen aktiv, dort pflegen sie ihre beruflichen Beziehungen. Der Blogger Christian Buggisch (2021) hat Jahr für Jahr einen sehr guten, knackigen Überblick geliefert – bis 2021 dokumentierte er die Größe der Netzwerke ebenso wie Veränderungen hinsichtlich neuer Player sowie Trends und lieferte eine Kurzcharakteristik jeder Plattform. Leider hat er diesen Überblick eingestellt (Buggisch, 2022).

Deutlich relevanter als die pure Größe ist die Zusammensetzung der Netzwerke – also welche Personengruppen Du dort treffen kannst und zu welchen Zwecken die Menschen die Netzwerke nutzen. Medienwissenschaftler:innen sprechen in diesem Kontext von der „Funktion" der Plattform. Wenn sich diese überschneidet mit Deinen persönlichen Zielen und Zielgruppen – dann hast Du einen validen Hinweis darauf, dass die Plattform für Dich geeignet ist.

Facebook: Kein Fokus aufs berufliche Netzwerken

Natürlich könntest Du auf Facebook Dein berufliches Networking betreiben. Wenn Deine Zielgruppe dort wirklich aktiv ist: Fein! Nach wie vor ist Facebook laut Statista die Plattform mit den meisten Usern in Deutschland (31,4 Mio.) und in der DACH-Region: (Österreich: 5,12 Mio. in 2022, Schweiz: 3,5 Mio. in 2022) – Tendenz leicht sinkend. Viele Menschen in meinem Netzwerk empfinden die Nutzung von Facebook heute als zu anstrengend. Zu viele Trolle, zu viele negative Kommentare – dies ist auch der Grund, den New Work-Fachjournalist Andreas Weck (2022) über seinen Wechsel von Facebook zu LinkedIn angibt.

Im beruflichen Kontext höre oder lese ich oftmals genau diese Aussage: „Ich bin nur noch wegen der Gruppen bei Facebook". Diese sind für viele Menschen im Beruf ein exzellenter Ort für interessenbasierten Austausch. Beste Beispiele: Die Gruppe der OMR-Community mit 88.695 Mitgliedern oder die Facebook-Gruppe der Digital Media Women, die rund 18.114 Mitglieder (Stand: Juni 2022) hat – in beiden werden freie Positionen annonciert sowie gegenseitige Hilfe und Unterstützung innerhalb eines Netzwerks vorbildlich gelebt.

Was das berufliche Netzwerken angeht, hat LinkedIn Facebook im DACH-Raum in den vergangenen Jahren den Rang abgelaufen. Und deshalb blicken wir detaillierter dorthin.

LinkedIn: Fokus auf Publishing und Netzwerken

B2B-Marketing, Agenda-Setting, Agenda-Surfing, Recherchieren, Recruiting sowie Employer Branding und vor allem während der Pandemie die maskenfreie Zone für das digitale Netzwerken (Koehler, 2021): LinkedIn boomt und entwickelt sich im DACH-Raum vom digitalen Adressbuch zur dynamischen Publishing-Plattform.

„Zu viel Selbstdarstellung", urteilen die einen. „Facebook für Professionals", sagen andere. All das können wir tatsächlich wahrnehmen – doch das sollte Dich nicht abhalten. Wenn Du LinkedIn mit der strategischen Herangehensweise nutzt, die wir hier für Dich bereits entwickelt haben, dann wirst Du nicht in die Falle der Selbstbeweihräucherung oder zu viel Privatheit tappen.

Linkedin ist unter den großen sozialen Netzwerken „dasjenige mit den wenigsten Arschlöchern", formuliert es Informatiker Jaron Lanier, Pionier der Virtual Reality und Silicon Valley-Urgestein, in seinem Buch „Zehn Gründe, warum du deine Social Media Accounts sofort löschen musst" (2018). Der Autor grenzt LinkedIn mit dieser zugespitzten Formulierung von anderen Netzwerken ab, vor allem hinsichtlich Gepflogenheiten und Umgang der User untereinander. Da es bei LinkedIn ums Business gehe und die Plattform ihr Geld vor allem im Bereich Recruiting verdiene, würden die User weniger in „direkte Konflikte" und „taktische Spielchen" gezwungen.

Branchenübergreifend lässt sich sagen: Wenn Deine Ziele wirtschaftlicher Natur sind und Du Kontakt zu Geschäftspartner:innen aufbauen sowie pflegen und Deine Informationen verbreiten willst, dann ist LinkedIn der am besten geeignete Kanal – es geht hier parallel und aufeinander aufbauend ums Netzwerken, um neue Jobs, um Marketing und um Sales. Das gilt sowohl für Angestellte aller Ebenen als auch für Selbständige, die sich auf dieser Plattform begegnen und miteinander in den Austausch kommen. LinkedIn erreicht Leadership-Zielgruppen und ist bekannt dafür, dass Führungskräfte bis in die höchsten Ebenen hier aktiv sind – ganz persönlich und selbst gesteuert oder unterstützt von ihren Teams.

Lange galt LinkedIn als „das internationale Netzwerk". Diese strategische Ausrichtung verfolgt LinkedIn laut Selena Gabat, LinkedIn-Head of Brand Marketing, ausdrücklich nicht mehr (2020). Und dass die Plattform in Deutschland, Österreich und der Schweiz (DACH) kein Nischenkanal für internationale Berufstätige ist, zeigt die pure Größe der Nutzerschaft von 18 Mio. deutschsprachigen Nutzer:innen (Quelle: LinkedIn). Bei rund 50 Mio. Erwerbstätigen im DACH-Raum sind damit mehr als Drittel (36 %) als Nutzende registriert.

Bei LinkedIn erreichst Du mehr und mehr Personen auch außerhalb des privatwirtschaftlichen Sektors. Parteien, öffentliche, bürgerliche, öffentlich-rechtliche Institutionen, wissenschaftliche, politische oder fachliche Netzwerke sowie Stiftungen aller Art sind hier vertreten – zum einen mit Unternehmensseiten und zum anderen die jeweiligen Repräsentanten und Mitarbeitenden mit ihren persönlichen Profilen.

LinkedIn als Plattform für CEO und CxO

Im deutschsprachigen Raum hat sich LinkedIn als Plattform für die höchsten Führungsebenen etabliert. CEO und CxO (mit dem x als Platzhalter für alle fachliche orientierten Executives wie z.B. Chief Technical Office (CTO), Chief Marketing Officer (CMO), Chief Information Officer (CIO) usw.) sind hier am häufigsten präsent mit persönlichen Profilen und aktiver Kommunikation in Form von Postings und Kommentaren. Zur vertiefenden Lektüre sei hier ausdrücklich die Studie „LinkedIndex" empfohlen, in der die LinkedIn-Aktivitäten der CEO per Inhaltsanalyse verglichen werden – siehe dazu auch das Gespräch mit Autor Daniel Jungblut in Kapitel 6. Hinsichtlich der Kanalwahl stellt er fest: „LinkedIn bietet für diese Auftritte das richtige Parkett. Eine große Bühne mit großzügig bestuhltem Auditorium. Hier können Vorstandsvorsitzende ihre Rolle in all den unterschiedlichen Facetten spielen, die man von ihnen erwartet: Als entscheidungsstarke Anführerin, als weitsichtiger Stratege, als umtriebige Managerin, kreativer Visionär oder engagierte Wirtschaftsdiplomatin" (2021).

Vorteil von LinkedIn im Vergleich zu Twitter oder Instagram, so der Autor, ist die Kontrollierbarkeit der Aktivitäten – das Publikum sei wohlwollend, die Streuverluste gering. Das Rollenverständnis der einzelnen Protagonisten, ihr „Portfolio der Kompetenzen", werde hier besonders gut erkennbar.

Xing: Fokus auf Recruiting

Oftmals werden LinkedIn und Xing in einem Atemzug genannt, wenn es um das berufliche Netzwerken geht. Xing und die Dachorganisation New Work

SE verzeichnen laut Statista im Vergleich zu LinkedIn rund 2 Mio. mehr Nutzer:innen in der DACH-Region, aktuell rund 20 Mio. Profile. Xing positioniert sich um, erläutert New Work-CEO Petra von Strombeck im Frühjahr 2022 im OMR-Podcast die Neuausrichtung zur Recruiting-Plattform. Das bedeutet übersetzt: Bei Xing geht es nicht mehr ums Veröffentlichen von Botschaften oder das Teilen von Informationen, sondern um Jobvermittlung zwischen Arbeitgebern, Auftraggebern und Suchenden.

Der gegenseitige Austausch zwischen den Usern steht nicht mehr im Mittelpunkt der Geschäftsstrategie und damit werden fürs Netzwerken relevante Funktionen wie das persönliche Posting nicht weiter ausgebaut oder verfeinert. Bei Xing können wir bis heute in den Beiträgen nur Links und ein Bild integrieren – da ist mager im Vergleich zu den Funktionen, die LinkedIn, Twitter und Instagram für die Veröffentlichung persönlicher Botschaften bieten.

Instagram: Fokus auf Bildwelten, Stories und Kurzvideos

Instagram kann eine Option für Dich sein, wenn Du Zugriff auf viele Bilder hast, wenn sich in Deinem Alltag viele Anlässe für Fotografien ergeben und Du diese im Rahmen Deiner Rolle abbilden kannst. In den Instagram Stories kannst Du bis zu 100 Slides pro Tag publizieren, Dein berufliches Leben abbilden und mit Deinen Geschäftspartner:innen und Kund:innen interagieren. Angestellte aus dem mittleren Management bilden hier ebenso wie glamouröse Unternehmer:innen ihren beruflichen Alltag sowie gesellschaftliche Begegnungen im Netzwerk ab.

Du kannst Deine Inhalte grafisch vielfältig gestalten. Mit Deinen Kontakten kommunizierst Du im Feed für alle sichtbar und in den Stories 1:1. Kurzum: Instagram kann fürs Business genutzt werden, hat parallel allerdings wohl den höchsten Anteil an Inhalten mit privat-persönlichem Storytelling. Sehr treffend finde ich in diesem Kontext Sascha Lobos Bild von Instagram als „Emotions-Maschine" (2022). Der Ton bei Instagram ist lange nicht so ruppig wie bei Twitter.

Twitter: Fokus no – viele Einsatzmöglichkeiten go

Wenn Du Newsjunkie bist, kennst Du Twitter bereits. Twitter vereint viele Nutzungsfunktionen auf sich. Es ist Informationskanal, Netzwerkplattform und Lagerfeuer in einem. Breaking News verbreiten sich hier am schnellsten. Journalist:innen, Interessenvertreter:innen und Aktivist:innen recherchieren und senden hier gleichermaßen. Über deren Hashtags, z.B. #FridaysforFuture oder #MeeToo, werden gesellschaftliche Debatten gestartet und gesteuert. Betroffene berichten direkt aus Krisengebieten (#Ukraine), Politiker:innen führen Diskurse mit ihren Kontakten und Wähler:innen, Wissenschaftler:innen verweisen auf neuste Studien und Erkenntnisse.

Jeder Hashtag bündelt spezifische Interessen und steuert die User zu den Beiträgen: Unter #WM22 finden sich alle Infos zu diesem Fußball-Event. #GE-RITA ist keine Tablette für Senioren, sondern der Hashtag zum Heimspiel der deutschen Nationalmannschaft („GER") gegen Italien („ITA"). Sonntags ab 20.15 Uhr ist Twitter das virtuelle Lagerfeuer für #Tatort-Zuschauer:innen und ein idealer Einstiegspunkt für alle, die Twitter als Second Screen kennenlernen wollen.

Twitter hat sicherlich den höchsten Anteil an Trollen und Hassrede. Internet-Erklärer Sascha Lobo (2019) schreibt über den rauen Ton und Empörungsstürme auf der Plattform: „Zwischentöne funktionieren bei Twitter so gut wie Schwimmflügel bei einem Eisenbahnunfall." 2022 steigert er gemeinsam mit Jule Lobo die negative Bewertung des Netzwerks: „Toxic Twitter – wie Du Dich verhalten und schützen kannst."

Bei Twitter kommen Kommunikator:innen bei einem Event gar auf bis zu 30 Tweets und mehr pro Tag. Eine solche Frequenz macht bei LinkedIn keinen Sinn, hier kann bereits eine tägliche Frequenz mit zu viel Selbstdarstellung als störend empfunden werden.

Ist Twitter ein Kanal für Menschen mit großem Sendungsbewusstsein? Wenn es um selbst produzierte Inhalte geht: Sicherlich. Und trotzdem gilt: Du kannst Twitter nutzen, ohne einen Tweet selbst zu formulieren. Das „Teilen" und damit Weiterverbreiten der Botschaften von anderen ist als Funktion hier wirkungsvoll und wird von den Einstellungen des Algorithmus' nicht gebremst wie bei LinkedIn.

Twitter ist eine exzellente Plattform, um zu recherchieren und schnell zu erkennen, wer zum Thema öffentlich spricht. Da vor allem publizierende Persönlichkeiten aus dem Journalismus, aus Wissenschaft und Politik hier aktiv sind, findest Du sehr effizient jene Personen, die aktuell den öffentlichen Diskurs zu einem Thema prägen.

LinkedIn und Twitter

LinkedIn und Twitter sind aktuell die beiden Kanäle, die sich in ihren Funktionen und Zielgruppen sehr gut ergänzen und geeignet sind, an Diskussionen und der Meinungsbildung im privatwirtschaftlichen und öffentlichen Sektor teilzunehmen und mit den entsprechenden Protagonist:innen in Kontakt zu kommen und Beziehungen aufzubauen.

eMail – keine Plattform, dafür eine Perle

Sei Dir bewusst: Wenn LinkedIn oder Twitter den Betrieb einstellen, kannst Du Deine Kontakte nicht mehr erreichen. Juristisch betrachtet sind die Kontakte dort nicht in Deinem Besitz, wobei Dir die aufgebaute Beziehung niemand nehmen kann. Wenn Du Deine Kontakte „ownen", also besitzen willst, dann solltest Du einen Verteiler mit eMail-Adressen aufbauen. Diese digitale Verknüpfung kannst Du zu einer wahren Perle Deiner persönlichen Netzwerkaktivitäten ausbauen.

Meine Erfahrung: Im Laufe von zehn Jahren sind auf diese Weise bei mir eher nebenbei mehr als 1.000 Kontakte zusammengekommen. Obwohl ich bislang keinen regelmäßigen Newsletter anbiete und den Ausbau nicht aktiv betreibe, bleibt die Beziehung zu den Kontakten auch mit sporadisch gesendeten eMails am Leben und es entwickeln sich daraus immer wieder interessante Anfragen und Kooperationen.

Das Verfassen und Senden von eMails ist zudem für Menschen interessant, die die Sichtbarkeit in den sozialen Netzwerken eher scheuen. Optimal ist es, eMails als zusätzliche Aktivität beim digitalen Netzwerken zu verstehen. Auf diese Weise bist Du einseitig der Ausgangspunkt und Impulsgeber:in der Kommunikation, die zufällige Begegnung am virtuellen Stehtisch entfällt.

TAKE THAT

Wenn Du bislang nicht aktiv bist, starte Deine Aktivitäten am besten zunächst auf dem Kanal, der Dich am meisten anspricht. Schnuppere hinein, gewinne ein Gespür für Austausch, Tonlage sowie Gepflogenheiten und beobachte für ein paar Tage oder Wochen, ob Dich die Nutzung bereichert. Wenn sich Deine Zielgruppen tatsächlich auf mehrere Plattformen verteilen, verzettele Dich nicht.
Starte mit einem Kanal und etabliere die Routine.
Nimm den zweiten Kanal später hinzu.

Ganz anders als erwartet entwickelten sich die Social Media-Aktivitäten des Standort-Geschäftsführers aus dem DAX-Konzern, der sein Netzwerk zunächst auf LinkedIn aufbauen wollte. „Twitter ist für mich eine geniale Plattform," berichtet er begeistert ein paar Wochen nach Start der Nutzung. „Hier führe ich wirklich die besten Dialoge und bekomme wertvolle Impulse. LinkedIn bleibt nun leider etwas links liegen, weil meine Ressourcen gerade so eben für Twitter reichen."

Gleiches habe ich erlebt mit dem Herausgeber mehrerer Zeitschriften, der 2015 seine Social Media-Aktivitäten mit einer Facebook-Schulung starten wollte. Die letzte der vier Stunden nutzten wir für Twitter – und schon während der Session wurde der Herzblut-Journalist regelrecht in den Feed hineingesogen und ich kämpfte um seine Aufmerksamkeit. „Facebook ist ja nett, um mit meiner Familie im Ausland im Kontakt zu bleiben", so sein Fazit, „aber Twitter ist ein hervorragender Resonanzraum für meine beruflichen Themen".

Komm ins Tun

Geh in den Experimentiermodus und forsche für Dich: Nachdem Du Dich mit Freunden und Bekannten über deren Erfahrungen ausgetauscht hast, fokussiere Dich zum Start auf einen Kanal. Falls Du noch kein Konto hast, melde mit Deiner persönlichen eMail-Adresse ein Konto an und nimm Dir 30 Minuten bis zu einer Stunde, um Dich auf der Plattform umzuschauen. Suche Deine Hashtags und lies hinein, wer hier über Deine Themen spricht. Wiederhole dieses Hineinschnuppern noch ein- bis zweimal – dann wirst Du ein Gefühl aufgebaut haben, ob die Plattform etwas für Dich sein kann.

Beim LinkedIn-Login nutze eine private eMail-Adresse, die eine lange Gültigkeit haben wird. Wenn Du eine berufliche eMail-Adresse nutzt und diese aufgrund eines Wechsels nicht mehr gültig ist, könntest Du Probleme bekommen, Dich auf der Plattform einzuloggen. Bei LinkedIn kannst Du mehrere eMail-Adresse hinterlegen und die berufliche eMail-Adresse öffentlich in den Kontaktinformationen des Profils anzeigen. Somit vermeidest Du, als „funky68@…" im beruflichen Kontext sichtbar zu sein.

Der smarte Schritt zu Deiner Plattform

Der beste Kanal für Dich ist jener, auf dem Du im besten Fall gleichzeitig Dein Netzwerk und Deine Zielgruppe vorfindest. LinkedIn ist aktuell in Deutschland die relevanteste Plattform zum Netzwerken im beruflichen Umfeld. Xing ist größer, hat sich aber umpositioniert zur Recruiting-Plattform. Twitter und Instagram haben unterschiedliche Zielgruppen, Tonlagen und befriedigen unterschiedliche Mediennutzungsbedürfnisse. Wenn Du noch keine Erfahrungen hast, melde Dich an und verschaffe Dir selbst den ersten Eindruck. Auch durch den Aufbau eines persönlichen eMail-Verteilers kannst Du große Wirksamkeit beim digitalen Netzwerken entwickeln.

Wie Du unverwechselbar wirst

Vordergründig haben die „Seite drei" der Süddeutschen Zeitung, meine Talk-Reihe „Show & Tell" sowie „Post von Wagner" in der „Bild" oder – viel lieber – im Podcast von Micky Beisenherz nichts gemein. Was alle verbindet: Sie sind ein Format. Der Inhalt wechselt, der Rahmen jedoch bleibt gleich. Damit sind sie wiedererkennbar in einer komplexen Welt voller Botschaften. Was hat das mit Dir zu tun? Du bist frei in Deiner Kommunikation und kannst Formate, also redaktionelle Rahmen, erschaffen. Voraussetzung dafür: Du kreierst wiederkehrende Inhalte einer gleichen Kategorie, die Du in Wiederholung aussenden willst.

Du zweifelst, ob das für Dich als User mit 500 oder 600 Kontakten bereits passen kann? Komm und stell Dich unter die Dusche der positiven Gedanken: Die Art und Weise, wie Du Inhalte schreibst, ist einzigartig: Deine Wortwahl, Dein Blick auf die Welt und Dein Werteset verschmelzen sich in Deinen Inhalten und sind per se einzigartig. Nur Du blickst so auf die Welt. Dies für sich ist großartig – und noch zu steigern. Mit einigen äußeren Einflussfaktoren kannst Du diese Einzigartigkeit stützen und Deinen Kontakten und Deiner Zielgruppe klar vor Augen führen.

Was genau ist ein Format?
Formate lassen unsere Inhalte in der Flut der Botschaften im Newsfeed herausstechen. Dafür haben Formate stets die gleichen grafischen oder akustischen

Elemente wie z.B. Schriftart, Farbgebung, Maße, Jingle, Tonlage. Im optimalen Fall haben Formate eine klare Frequenz und den immer gleichen Zeitpunkt der Publikation. In den sozialen Netzwerken können Formate einen selbstgewählten, spezifischen Hashtag führen.

Vor allem die Farbgebung und grafische Elemente machen Formate schnell wiedererkennbar. Wenn Du in einem Unternehmen arbeitest, ist die Nutzung der Kernfarben des Corporate Brandings möglich – Beispiele dafür finden sich z.B. bei Mitarbeitenden der Telekom, die das Magenta (Pink) nutzen und damit eine gestalterische Verbindung zur Company knüpfen. Wenn Du selbständig arbeitest, hast Du sicherlich eine Wort-Bildmarke, aus der Du entsprechende grafische Elemente entlehnen kannst.

Den größten Einfluss für die Wiedererkennbarkeit und damit den Erfolg eines Formats hat das Design. Weniger entscheidend sind der Zeitpunkt bzw. die Regelmäßigkeit – diese manifestieren die Wirkung. Sei großzügig mit Dir: Ein Format sollte kein Korsett werden, das Dir Luft abschnürt. Es soll Dich stützen. Das Gute ist: Du kannst Formate auch pausieren und wieder aufleben lassen. In Social Media ist das viel einfacher als in der Süddeutschen Zeitung. Deine Kontakte werden keine erbosten eMails schreiben. Der Format-Hashtag schließlich ist das technische „Sahnehäubchen".

Formate können auch kurze Serien sein, die wieder enden. Am Beispiel: Organisationsberater und Experte für neue Arbeitsformen Lars Gaede führte zur Einstimmung auf die von ihm durchgeführte Konferenz „Work Awesome" Interviews mit einigen der Speaker:innen. Er gestaltete die Aufzeichnung im gleichem „Look and Feel", angelehnt an das Design der Konferenz. Bei LinkedIn postete er dazu kurze Gespräche, die schnell wiedererkennbar sind.

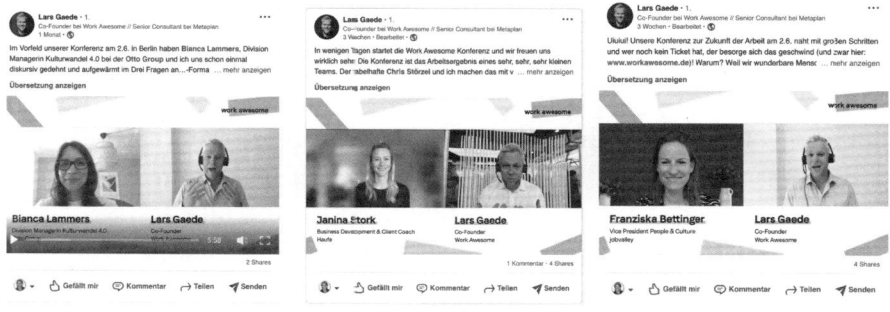

Im Kontext der Formate ist der Begriff „Personal Branding" einmal wirklich passend. Branding ist eine Technik, die der Pferde- und Viehzucht entstammt, um die Tiere nach Rasse oder Eigentümer zu kennzeichnen. Mit Formaten drückst Du Deinen Inhalten einen Stempel auf und entwickelst ebenso wie große Marken eine gute Wiedererkennbarkeit für Dich und Deine Inhalte.

TAKE THAT

Titelzeilen, Bilder und grafische Elemente lassen sich heute für jedermann in canva.com kombinieren. Starte dort ein kostenloses Konto und lass Dir über die geführte Tour zeigen, wie Du auch ohne Grafikdesign-Studium Inhalte für den Einsatz in den sozialen Netzwerken erstellen kannst. Auf new-networking.de findest Du zudem ein Video mit einem kurzen Einblick in die Plattform und einer Demonstration für die Erstellung meines LinkedIn-Titelbildes (Header).

Komm ins Tun: Was macht Dich unverwechselbar?

Hast Du Themen, zu denen Du immer und immer wieder Inhalte verfasst? Erkenne die Muster: Sind das Tipps zu Deinem Themenfeld, Reflexionen, Skizzen oder redaktionelle Darstellungsformen wie Interviews? Was ist der Nutzen oder darüber liegende Gedanke dieser Inhalte, die Klammer – voilà, Du bist auf der Spur für Dein Format. Mit der Formel kannst Du das Format wiedererkennbar machen. Bestimme die Farben, die Headline, die Schriftart und experimentiere mit der Grafik. Zeige das Ergebnis Deinen Buddies und hole Dir Feedback. Starte mit dem Format und lass es wachsen.

Der smarte Schritt zur Einzigartigkeit

Ein Format ist eine inhaltliche Klammer für Deine Inhalte und dient den Rezipient:innen – also allen, die Deinen Content lesen, sehen, hören. Nicht nur bekannte Redaktionen, sondern auch Du kannst damit die Einzigartigkeit Deines Contents betonen und ihn und auch Dich im Kampf um Aufmerksamkeit durchs Personal Branding wiedererkennbar machen. Nutze vor allem grafische Elemente und schrecke vor der Gestaltung nicht zurück, sie ist heute über Tools leicht umsetzbar.

„Ich habe keine Lust, jeden Tag ein Posting zu schreiben. Ich muss zwischendurch auch noch etwas arbeiten." Der Frust der Führungskraft im Bereich Corporate Communications ist im Coaching klar spürbar. Eigentlich will sie LinkedIn aktiver nutzen. Das Thema Corporate Influencing und die Umsetzung in Markenbotschafter-Programmen wird in der Branche viel diskutiert. Sie hat das Gefühl, nicht ausreichend mitzumischen. Sie liest viel im LinkedIn-Feed und sieht einige Expert:innen Tag für Tag präsent mit Postings zum Thema Personal Branding, LinkedIn-Hacks und Storytelling. „Ich werde das nicht schaffen, jeden Tag ein Posting zu schreiben – dann kann ich es doch gleich ganz lassen."

Wenn Du bis hierher chronologisch gelesen hast, wirst Du meine Antwort bereits kennen: Du musst gar nicht jeden Tag einen Beitrag publizieren, um langfristig Erfolg beim digitalen Netzwerken zu haben. Solide Sichtbarkeit entsteht mit einem Posting alle sieben oder 14 Tage – das ist deutlich empfehlenswerter, um sich positionieren. Der lange Atem entscheidet: Werde immer wieder aufs Neue sichtbar mit Deinen Themen, beleuchte sie aus diversen Perspektiven. Vor allem: Bleib in der Zwischenzeit mit Kommentaren dran beim Austausch an den Stehtischen Deiner wichtigen Kontakte, so sie denn aktiv posten.

Kontinuität schlägt Frequenz

Warum ist Kontinuität für mich Erfolgsfaktor Nummer Eins beim wirkungsstarken digitalen Netzwerken? Die Regelmäßigkeit der Kommunikation gibt Deinen Kontakten immer wieder erneut Impulse zu Dir und Deinen Themen und festigt das Bild über Dich in ihren Köpfen. Stark anfangen und stark nachlassen ist das Sinnloseste, was Du machen kannst – zu schnell verpufft die Wirkung.

Lass Dich bloß nicht blenden oder gar frustrieren von all den Heavy-Usern und Expert:innen, die Tag für Tag ihre Inhalte ausbreiten. Nicht missverstehen: Sie machen einen exzellenten Job und sollen Dich gern inspirieren – aber im Hinblick auf die Frequenz der Beiträge solltest Du sie Dir nicht zum Vorbild nehmen. Ja, das tägliche Posting führt zu deutlich mehr Kontakten und Followern und führt Dich schnell zur Expert:innenpositionierung. Die Frage ist: Ist das wirklich Dein Ziel? Solange Du Dich nicht als Rockstar in Deiner Branche positionieren willst – entspann Dich. Wenn doch: Gib so viel Gas wie möglich, ohne Dich zu schnell zu verausgaben!

Wenn Du sagst: „Ich habe keine Zeit dafür", dann antworte ich Dir: Wie? Du hast keine Zeit dafür, über Beziehungspflege Dein Geschäft zu entwickeln oder Deine Karriere zu gestalten? Wie bedauerlich. Solltest Du nun doch Zeit finden wollen, dann lass uns über die Priorisierung Deiner Netzwerkaktivitäten nachdenken.

Wie Du gute Gewohnheiten etablierst

Der gesamte Prozess der Contenterstellung bedeutet Selbstmanagement. Wann genau findest Du in Deinem prallen Wochenablauf Zeit für die tatsächliche Umsetzung? Aus meiner Erfahrung scheitern hier viele auf dem Weg zwischen guten Vorsätzen und guter Umsetzung. Wie kannst Du die Kommunikation und das Netzwerken priorisieren und zu einer Gewohnheit machen, wenn diese bislang keine war? Hier hilft Bewusstsein für den Aufbau neuer Gewohnheiten, denn nichts anderes ist das nun regelmäßige Posten in den sozialen Netzwerken.

Ein guter Tipp ist die Kopplung der neuen Gewohnheit an bereits bestehende – ich bin spätestens 30 Minuten vor dem ersten Termin am Arbeitsplatz und kopple meine erste Tasse Tee oder Kaffee dort mit der Lektüre des LinkedIn-Feeds. Ich hinterlasse direkt Likes und Kommentare und speichere mir interessante Beiträge für meine eigene Kommunikation zu einem späteren Zeitpunkt.

Vergiss das Feiern nicht

Gute Gewohnheit können wir im Dreiklang aus Einfachheit, Erinnerung und Belohnung etablieren (Allmers, Trautmann, Magnussen, 2022). Für mich der beste Hebel: Beim Etablieren der neuen Gewohnheit solltest Du in der ersten Phase Dich selbst bewusst immer wieder feiern, dass Du sie umsetzt. Also schau genau hin in den ersten Monaten und mach Dir Notizen: Mit wie vielen Menschen bist Du wieder in Kontakt gekommen, in Präsenz oder per Like digital? Was erlebst Du an unerwarteten Reaktionen? Hier kommt wieder Dein Buddy ins Spiel, mit dem Du diese Informationen vertrauensvoll teilen kannst.

Komm ins Tun

Motivation ist da: Du willst zukünftig kontinuierlicher kommunizieren – das ist die beste Grundlage. Aber wie gelingt es Dir, diese Motivation in Gewohn-

heit umzuwandeln? Zunächst einmal: Mach Dir klar, dass Regelmäßigkeit
nicht „einfach so" kommt, sondern bewusst etabliert werden will.

Der erste, naheliegende Tipp ist natürlich: Mach Dir einen Termin.
Setz' Dir wirklich Networking-Zeit in den Kalen-
der – es gehört dazu wie der Anruf bei einem
bzw. einer Geschäftspartner:in oder Koope-
rationspartner:in. Damit priorisierst Du das
Thema, das bislang nicht zu Deinen üblichen
Abläufen gehört.

Lass uns noch einen Schritt weiter gehen.
Überlege einmal: Wann und wie ist es Dir
gelungen, eine neue gute Gewohnheit zu
etablieren? Wie bist Du vorgegangen?
Manchen Menschen helfen haptische Er-
innerungshilfen wie z.B. eine Networking-Dokumentenhülle auf dem Schreibtisch, in die sie die nächsten Schritte notieren oder die sie als Ideenspeicher
nutzen. Diese Dinglichkeit führt das virtuelle Handeln immer wieder auf
unseren Schreibtisch zurück.

Wenn Du hier Sorge hast, dass der Aufbau von Kontinuität Dein Thema ist,
dann solltest Du vertiefend lesen. Ich empfehle ich Dir unbedingt das mo-
tivierende Kapitel zu „Gewohnheiten" im New Work-Grundlagenwerk „On
The Way To new Work" (Allmers, Trautmann, Magnussen, 2022). Und bitte
unbedingt die Umsetzung feiern!

Wie hast Du es geschafft, neue Gewohnheiten gut zu etablieren? Schreib mir
gern Deinen Weg und was Dir geholfen hat. Folge mir auf LinkedIn und
schreibe mir eine Nachricht, dass Du gerade dieses Kapitel liest. Das interessiert
mich. Wirklich, wirklich.

Der smarte Schritt zur souveränen Beständigkeit

Kontinuität schlägt Frequenz. Klingt einfach, ist für manche Menschen aber
eine echte Herausforderung. Der bewusste Aufbau von Gewohnheiten ist die
Secret Sauce der andauernden digitalen Sichtbarkeit.

Bin ich erfolgreich? Datenbasiert arbeiten und die Ohren spitzen

Der nächste Schritt macht eventuell erst in ein paar Wochen oder Monaten Sinn, trotzdem solltest Du direkt jetzt die Grundlage legen. Wenn Du später Erfolge messen und Dir den Nutzen verdeutlichen willst, solltest Du nun eine „Nullmessung" vornehmen, um später nach den ersten Aktivitäten die Ergebnisse vergleichen zu können. Diese Datenbeobachtung nennen wir „Monitoring". Hierbei beobachten wir Schlüsseldaten, die auch KPI oder „Key Performance Indicator" genannt werden. Die technischen Plattformen geben uns Zugriff auf unterschiedliche Daten, die Du Dir notieren oder per Screenshot festhalten kannst.

Welche Daten machen Sinn?

Sehr naheliegend ist die Zahl der Kontakte bzw. der Follower. Beide Zahlen kannst Du auf Deinem Profil abrufen oder Dir einen Screenshot davon machen.

Sehr eindeutig ist die Anzahl der Profilbesuche in den letzten 90 Tagen – je aktiver Du wirst, Likes verteilst und kommentierst, desto mehr Personen werden auf Dich aufmerksam und schauen sich Dein Profil an. Damit bekommst Du Aufmerksamkeit für die auf dem Profil hinterlegten Botschaften und baust somit weitere Sichtbarkeit bei anderen Menschen auf.

Zusätzlich zur Stärke des Profils kannst Du die Reichweite Deiner Botschaften beobachten. Relevant ist hier die Anzahl der Impressions (=Views). Das sind Ansichten Deiner Botschaften in den Feeds Deiner Kontakte. Diese lassen sich in Deinem Backend abrufen in Bezug auf einzelne Postings und im Creator-Modus auch in Bezug auf Ansichten in wählbaren, spezifischen Zeiträumen.

Ein weiterer Wert ist der „Social Selling Index (SSI)", der Deine Profilstärke mit einem Indexwert angibt. Diesen Wert findest Du nicht auf Deinem Profil, sondern indem Du ihn bei LinkedIn abrufst: Öffne in Deinem Browser „linkedin. com/sales/ssi" – so noch nicht geschehen, wirst Du noch einmal aufgefordert, Dich bei LinkedIn einzuloggen. Nutze im ersten Schritt nur den Wert neben dem bunten Kreis. Dieser Wert schwankt zwischen Null / nicht auffindbar, wenn Du Dein Profil gerade aufgesetzt hast, bis mehr als 80 – dafür bist Du dann wahrscheinlich User eines spezifischen Vertriebsprogramms von LinkedIn. Der SSI wurde als spielerische Zahl eingeführt, um Profile und Aktivitäten vergleichbar zu machen. Die Zahl schwankt leider und der SSI scheint aktuell nicht weiter entwickelt zu werden. Nimm diese Zahl also nicht allzu ernst.

Ein Beispiel aus meinem Alltag, das ich „Marion, mein erstes Posting" nenne: Nachdem die Teilnehmerin eines Boot Camps ihr Profil solide ausgefüllt hatte, lag ihr SSI bei 31. Nach dem ersten Posting, für das sie einige Likes und Kommentare erhielt, stieg dieser Wert innerhalb einer Woche auf 40 – und er steigt aktuell weiter mit jedem Posting und der weiteren Vernetzung. Er würde auch wieder sinken, wenn sie nicht mehr kontinuierlich postet.

Twitter liefert ebenfalls gute Möglichkeiten des Monitorings. Wenn Du Dein Profil öffnest, findest Du unter „Mehr" und „Analytics" den Zugriff auf die Anzahl der Tweets, der Impressions, der Profilbesuche, der Erwähnungen sowie der Entwicklung der Follower.

Instagram bietet Dir bei Beiträgen über die „Beitrags-Insights" einen Überblick, wie viele Impressions Du erzielt, wie viele Konten Du erreicht hast, hier mit einer Aufsplittung von Follower vs. Nicht-Follower, wie viele interagiert und wie viele User Dein Profil besucht haben. Bei den Stories kannst Du sogar erkennen, wer die Story wahrgenommen hat.

Willkommen zurück im Experimentiermodus: Lass Dich auf keinen Fall im ersten Schritt von der Datenmenge verwirren. Je häufiger Du Deine Plattform nutzt, desto besser wirst Du die Daten verstehen.

TAKE THAT

Rufe die Daten nicht täglich oder wöchentlich ab. Analysiere sie alle sechs Monate, maximal alle drei Monate und lass Dich zu Beginn nicht zu sehr von den Daten und dem Monitoring in Beschlag nehmen. Investiere diese Energie besser in den Beziehungsaufbau zu Menschen in Deinem Netzwerk.

Erfolg kommt parallel auf der Tonspur

Neben dieser technischen, datengetriebenen Seite wird das Messen der Erfolge noch um die menschlichen Aspekte bereichert. Jetzt kommt der echte Nutzen. Wir netzwerken schließlich, um Beziehungen aufzubauen – diese lassen sich nicht so eindeutig über KPI messen. Wenn mir eine Person bei LinkedIn folgt und durch die Lektüre mehr über die Plattform lernt und mir die Kompetenz zum Thema „Netzwerken via LinkedIn" zuspricht, muss ja im ersten Schritt gar nichts passieren. Wenn diese Person zu einem späteren Zeitpunkt in einer Runde präsent ist, in der das Thema „Netzwerken via LinkedIn" thematisiert wird, dann nennt sie eventuell meinen Namen und empfiehlt einer dritten Person, sich mein Profil anzuschauen. Kann ich das messen? Direkt nicht.

Dies ist genau der Benefit von Sichtbarkeit, die Du mit LinkedIn erzielen kannst: Du wirst wahrgenommen von Deinen Kontakten, Du baust neue Beziehungen auf, Du wirst erkannt am Präsenz-Stehtisch, Du wirst auf neue Job-Möglichkeiten angesprochen, Du wirst weiterempfohlen. Und schließlich passiert ein wichtiger Schritt in Deiner Karriere oder in Deinem Business, der auch beeinflusst wurde von Deiner guten Positionierung und Deinen Aktivitäten. Hier steht kein direkter KPI als Ergebnis, und doch wird die digitale Sichtbarkeit Dein Leben positiv beeinflussen.

Was ich erlebe: Menschen, die mir bei LinkedIn folgen, knüpfen im Gespräch an die Inhalte eines Postings an und schildern mir ihre Erfahrungen. Menschen, die ich nicht einmal persönlich getroffen habe, empfehlen mich weiter und daraufhin kontaktieren mich weitere mir unbekannte Persönlichkeiten mit der Bitte um Zusammenarbeit: Mund-zu-Mund-Empfehlungen in bester Form.

Die LinkedIn-Präsenz intensiviert die Kontakte in der „Offline-Welt"

Schön zusammengefasst hat dies Boot Camper Andreas, der als Mann im Vertrieb eines Energieversorgers seit einigen Jahren bei LinkedIn aktiv ist und regelmäßig die Thema Energie rund ums Haus und das Energiesparen aufgreift: „Ich sehe den Nutzen von LinkedIn, aber es hat erst einmal ein wenig gedauert, bis dieser eingesetzt hat. Wenn ich aus beruflichen Gründen bei einer Veranstaltung mit Kunden bin, werde ich von unbekannten Personen angesprochen: ‚Sie sind doch der Andreas von LinkedIn'. Dann kommen wir anders ins Gespräch. Es intensiviert die Kontakte in der Offline-Welt. Am Anfang war das seltsam für mich, wenn ich die Leute nicht direkt kenne. Doch dieser Wiedererkennungswert meiner Personenmarke ist groß und hilft mir im Business. Ich werde als Experte wahrgenommen."

Wir alle hatten mal 20 Kontakte – wenn Du klein anfängst, kannst Du in großem Stil durchstarten. Lege Dir in jedem Fall einen Ordner in Deinem Dateimanager oder Finder an, den Du wiederfindest und in dem Du die Daten (SSI, Kontakte, Follower, Impressions, Profilbesuche, Erwähnungen je nach Kanal) ablegst und vergleichbar machst. Eventuell legst Du Dir eine Excel-Tabelle an, die Dir den Überblick erleichtert. Unter New-Networking.de findest Du ein Dashboard zum Download, welches Dir die Übersicht für LinkedIn erleichtert. Miss in dem Fall jetzt Deine Daten, dann kannst Du später besser feiern.

Der smarte Schritt zur Erfolgsmessung

Den Nutzen Deiner Aktivitäten kannst Du datengetrieben erheben und auf Follower-Zahlen, Kontakte, Profilbesuche und Ansichten im Feed und bei LinkedIn auf den SSI achten. Noch relevanter sind die Effekte dieser Sichtbarkeit in den Köpfen Deiner Kontakte – diese führen zu echter Wirkung wie z.B. dem nicht direkt messbaren Vertrauensaufbau, der Beziehungspflege, guten Gesprächen an den Stehtischen der Präsenz-Welt, Jobangeboten, Weiterempfehlungen oder gar der Expertenwahrnehmung.

Wie Du sichtbar wirst, ohne sichtbar zu sein

Kim (Name geändert) startet einen neuen Job und beginnt vom ersten Moment an, zu beruflichen Themen bei LinkedIn Postings zu formulieren. In den ersten drei Monaten läuft es gut. Kim etabliert sich im neuen Team und erhält von ihren externen Kontakten viele virtuelle Kommentare und parallel in Präsenz Feedback auf die Postings.

Kim tauscht sich aus, erhält Resonanz aus dem Markt in Form von Einladungen zu Veranstaltungen und sogar eine erste Anfrage für eine Paneldiskussion bei einem Branchentreff. Kim pflegt ihr Netzwerk zum Wohle der Firma, so ihre persönliche Überzeugung. Eine Absprache mit dem Vorgesetzten gab es dazu zum Start der neuen Aufgabe nicht.

Dann das böse Erwachen. Der Vorgesetzte bittet Kim zum Gespräch und bemängelt die Qualität der LinkedIn-Kommunikation: Vorbei am Thema, die Qualität ist unzureichend und nicht zielführend für die Company. Ob es negative Reaktionen aus dem Markt gab, fragt Kim. Nein, rein persönliche Einschätzung des Vorgesetzten. Kim will den Job, der ansonsten viel Freude bereitet, nicht gefährden und beschließt, erst einmal abzuwarten und zu verstummen. Gegenüber dem Chef zu diesem Thema ebenso wie bei LinkedIn. „Zu viel zu tun", lautet die Ausrede gegenüber jenen Menschen, die die plötzliche digitale Stille hinterfragen.

Kim analysiert, was passiert ist: Mit den Aktivitäten kam eine Sichtbarkeit, die andere Personen in der Organisation nicht haben – der direkte Vorgesetzte und einige weitere Führungskräfte sind zwar bei LinkedIn mit Profilen präsent, sie schreiben jedoch keine Postings und vergeben kaum Likes, noch sind sie mit Kommentaren aktiv. Könnte dies die Ursache für das negative Feedback sein?

Kim berät sich mit mir. Dass hier eine Kombination aus mangelnder Absprache, Missverständnissen, nicht vorhandener Kommunikationsstrategie fürs digitale Netzwerken in einer ungünstigen Kombination aus Neid und „Klein-Halten" im Spiel ist, ist meine persönliche Schlussfolgerung. Solche Fälle habe ich in Angestelltenverhältnissen mehrfach erlebt. „Spiel Dich nicht so in den Mittelpunkt" – dies hören Angestellte von ihren direkten Vorgesetzten als direkte Rückmeldung oder hinter vorgehaltener Hand als gut gemeinten (Rat-)Schlag von Kolleg:innen in der Kantine.

Postings bei LinkedIn bringen Sichtbarkeit. Was aber, wenn diese nicht gewollt oder gescheut wird? Es gibt einen Weg für alle, die bei der Sichtbarkeit einen Gang runter schalten wollen oder diese nicht wünschen. Ursache kann die ungute Konstellation wie bei Kim sein. Andere Menschen wollen schlicht nicht die breite Sichtbarkeit und wollen die Kontrolle hinsichtlich der persönlichen Sichtbarkeit nicht verlieren. Diese ist nicht gegeben, wenn wir posten – unser Netzwerk bekommt die Botschaften angezeigt und durch weitere Kommentare können unsere Botschaften von den Kontakten der Kontakte gesehen werden, die wir nicht kennen und einschätzen können. Viele Menschen (inklusive mir) bezwecken genau dies und wollen eine Sichtbarkeit über ihr persönliches Netzwerk hinaus – für andere ist genau dies der Grund, nicht aktiv zu werden.

Das Gute in den Netzwerken: Neben der offen sichtbaren Kommunikation gibt es immer auch einen direkten Kanal zu unseren Kontakten. Per persönlicher Nachricht können wir direkt in den Austausch kommen – ohne Sichtbarkeit für andere. Nicht für averse Vorgesetzte, für neugierige Konkurrent:innen oder fürs Netzwerk an sich.

Die einzige Hürde, die Du dafür überwinden musst, ist das zum Teil schlechte Image der persönlichen Nachrichten – leider nutzen viele Verkäufer:innen genau diesen Kanal ungeschickt zur Akquise kurz nach einer Vernetzung. Viele Menschen schauen diese Art von Nachrichten also mit einer gewissen Skepsis an – hier soll also wieder einmal etwas verkauft werden. Trotzdem macht diese Art von „Outbound"-Netzwerken Sinn bei dem Wunsch nach verdeckter Kommunikation und Beziehungspflege mit einer spezifischen Person. Und auch richtig guter Verkauf passiert in diesen persönlichen Nachrichten.

Während viele Menschen nach Sichtbarkeit streben, ist eventuell für Dich das Gegenteil erstrebenswert oder ein sinnvoller Weg. Wenn Dich das interessiert, schau Dir das Interview mit Alina Wenzel zum Thema „Netzwerken, Introvert-Style" in Kapitel 8 an.

Auch hierbei lohnt es, mit guter Strategie vorzugehen und die Taktik anzupassen. Blicken wir noch einmal zurück zu den strategischen Überlegungen:

Was möchtest Du durchs Netzwerken erreichen? Mit wem willst Du netzwerken?

- Ist es die pure Kontaktpflege?
- Sollen die Menschen etwas Aktuelles erfahren?
- Willst Du Dich austauschen und vernetzt lernen?
- Willst Du mit Deinen Kontakten ins Gespräch kommen und dieses Gespräch außerhalb der Netzwerke fortsetzen und ein Geschäft anbahnen?

Die Gründe mögen vielfältig sein – Du solltest Dir klar werden, was Du beim aktiven Netzwerken erreichen willst, und Deine Botschaften entsprechend aufbauen.

Die relevanteste Frage ist: Wie kannst Du beim Formulieren einer persönlichen Nachricht verhindern, als plumpe Verkäuferin, plumper Verkäufer wahrgenommen zu werden, wenn Dich die Adressatin oder der Adressat noch nicht persönlich kennt? Das klären wir gleich direkt mit der Übung für Dich:

Komm ins Tun

Lege für Dich fest, ob das Schreiben persönlicher Nachrichten Teil Deiner Aktivitäten bei LinkedIn, Instagram oder Twitter wird. Setze Dir einen Zeitraum fest für eine persönliche Testreihe – wen willst Du ansprechen mit welchen Aussagen? Beobachten die Reaktionen und verfeinere die Botschaften auf Deinem smarten Weg.

Geh in den kommenden Wochen in den Experimentiermodus und lege Dir eine Taktik zurecht. Beobachte die Rückmeldungen und verfeinere gegebenenfalls die Botschaften:

- Identifiziere zwölf Personen, mit denen Du netzwerken willst.
- Dein erster Step: Die Vernetzung. Sollte diese noch nicht erfolgt sein, dann folge den Personen zunächst bei LinkedIn (also nicht vernetzen, nur „folgen"!) und aktiviere die Glocke oben rechts im Profil. Damit wirst Du über jedes bzw. jedes relevante Posting dieser Person in Deinen Mitteilungen informiert. Interagiere mit den Inhalten mehrfach, auch rückwirkend. Setze Likes, wenn Du das denkst, und schreibe möglichst Kommentare von mindestens 25 Worten oder mehreren Zeilen zu den Botschaften. Werde also so gut wie möglich sichtbar am Stehtisch der Person, mit der Du Dich vernetzen willst.
- Nun vernetze Dich mit der Person. Ergänze eine wertschätzende Botschaft zu Deiner Anfrage: warum und was Du am Content schätzt oder – falls die Person nichts postet – welche Gemeinsamkeiten Du auf dem Profil entdeckt hast.
- Wenn die Person Deine Anfrage bestätigt, lass einen Tag oder das Wochenende verstreichen und starte ein Gespräch per persönlicher Nachricht. Liefere der Person Deinen Kontext: Warum meldest Du Dich, was ist Dir aufgefallen?
- Sollte der Dialog starten, schreibe der Person, was Dich umtreibt und warum Du ins Gespräch kommen willst, und schau, was passiert.
- Lade die Person zu einem Telefonat oder zu einem Kennenlernen auf einen Kaffee ein. Vorsicht bei Menschen mit großen Netzwerken! Diese erhalten so viele „Auf einen Kaffee treffen"-Anfragen, dass sie darauf meistens nicht reagieren. Hier solltest Du besonders konkret werden, was Dein Ziel ist und welcher Vorteil sich für Dein Gegenüber herausarbeiten lässt.
- Wenn Du keine Reaktion erhältst, bedeutet dies nicht automatisch Ablehnung, auch wenn Du und ich das gern interpretieren. Nachhaken empfiehlt

sich eher mit einem Kompliment für den interessanten Content oder das Profil der anderen Person und dem Hinweis: „Falls Sie sich für das Thema XYZ interessieren, freue ich mich auf unseren Austausch."

● Wundere Dich nicht: Wenn Du Anfragen von anderen erhältst, das Gespräch außerhalb von LinkedIn fortzusetzen, könntest Du bald eine Sicherheitswarnung sehen. Aktuell laufen Testreihen mit künstlicher Intelligenz, bei der Anfrage nach einem Absprung von der Plattform einen Sicherheitshinweis zu setzen. Wir werden sehen, wie sensibel die User darauf reagieren, dass die Plattform in ihren persönlichen Nachrichten scannt, um Missbrauch zu verhindern.[5]

Dieser Weg fußt auf meinen Werten und meinen persönlichen Erfahrungen. Gleiche ihn ab mit Deinen Werten und Deiner Art und Weise zu kommunizieren – finde Deine Worte und Deinen Weg des Beziehungsaufbaus. Analysiere das Ganze nach ein paar Wochen – hat sich aus den zwölf Personen ein Gespräch entwickelt, das Dich weitergebracht hat? Das ist ein guter Schnitt bei Personen, die Dir bislang nicht bekannt waren.

Ich habe ein solches Experiment selbst durchgeführt, um herauszufinden, ob diese Art der Kommunikation mir zusätzlich zu meiner Sichtbarkeit einen Mehrwert bietet. Meine persönliche Ausgangslage: Ich bin sehr sichtbar und erhalte dadurch direkte Anfragen für meine Angebote. Ich verfolge also eine „Inbound-Strategie", bei der ich meine Ressourcen in Postings, Likes und Kommentare bei anderen investiere, dadurch sichtbar werde und in der Folge interessierte Klient:innen auf mich zukommen. Das ist eine angenehme Situation, denn auf diese Weise bin nicht ich die Fragende, sondern die Klient:innen haben Interesse und wollen sich mit mir austauschen.

Für ein paar Wochen habe ich folgendes ausprobiert: Personen, die sich mit mir vernetzen wollten oder mein Profil besucht haben, habe ich eine persönliche Nachricht geschrieben und einen Tipp zur Optimierung ihres LinkedIn-Profils gegeben. Etwa die Hälfte der Personen hat darauf nicht reagiert. Die andere Hälfte hat sich bedankt, aber natürlich nicht direkt den Wunsch nach einer Profiloptimierung geäußert oder geantwortet: „Oja! Ich brauche ein LinkedIn Coaching, lassen Sie uns bitte direkt sprechen."

---

5 https://blog.linkedin.com/2022/october/25/new-linkedin-profile-features-help-verify-identity–detect-and-r (abgerufen am 3.11.22)

Die gute Quote an Antworten hat mir gezeigt – es gibt eine Möglichkeit, hier ohne Sichtbarkeit in den Austausch zu gehen und einen weiteren Austausch außerhalb von LinkedIn anzustreben. Da meine Auslastung aufgrund der sichtbaren Aktivitäten passt, habe ich diesen Weg nicht weiterverfolgt. Dass er möglich ist, habe ich herausgefunden.

„Nicht gefragt ist ein Nein", so Gründerin und Autorin Tijen Onaran im Fast & Furios-Podcast (2022) zum Thema Netzwerken. Sie drückt damit aus, dass wir mit eigenen Anfragen bei unseren Partnerinnen und Partnern im Netzwerk die Erfolgsquote unserer Vorhaben erhöhen können. Ist diese sportliche Haltung ein möglicher Weg für Dich? Was hast Du zu verlieren? Wenn die Person nicht antwortet: Niemand sieht das – außer Dir. Niemand wird dies entrüstet weitererzählen, solange Du wertschätzend vorgehst. Du hast nichts zu verlieren außer gute Chancen. Nutze sie!

Auch Kim ist diesen Weg gegangen und hat ihr Netzwerken auf das nichtsichtbare Terrain verlegt. Nach dem ersten Jahr im Job erfuhr der Vorgesetzte vom Konzept der Markenbotschafter-Programme und von dem Wert, den Mitarbeiter:innen durch die Kommunikation über ihre persönlichen Profile mit beruflichen Themen für den Unternehmenserfolg entfalten können – wenn man sie denn lässt und dabei unterstützt. Nach einem gemeinsamen Workshop und einer Schulung auf allen Hierarchie-Ebenen ist in Kims direktem Umfeld ein gemeinsames Verständnis von persönlicher Kommunikation in den Business-Netzwerken zum Wohl der Firma entstanden. Heute ist sie wieder deutlich sichtbarer auf LinkedIn.

Der smarte Schritt der Annäherung

Sichtbarkeit ist eine Entscheidung. Nicht alle Menschen wollen sichtbar werden oder fühlen sich wohl bei dem Gedanken daran. Eine alternative Herangehensweise ist die kontrollierte Sichtbarkeit durch die persönliche Ansprache der Kontakte bei LinkedIn. Da viele Menschen genervt sind von allzu vertriebsorientierten Annäherungen über das persönliche Postfach sollte hier Kontext genutzt und echter Mehrwert geliefert werden. Je größer das Netzwerk einer Person ist, desto größer ist die Wahrscheinlichkeit, keine Reaktion zu erhalten.

Personal Branding-Expertin Stephanie Tönjes schreibt am 27.5.22 bei LinkedIn:

„Hast du nichts anderes zu tun, als auf LinkedIn zu sein, zu posten und zu kommentieren? Arbeitest du irgendwann auch mal? 🥴.

Diese Frage kennen sicherlich viele von uns, die tagtäglich hier auf diesem Netzwerk unterwegs sind. So auch Cawa Younosi, der das #Linkedin-Game geradezu perfekt beherrscht.

Doch wer meint, das eine sei Arbeit und „dieses LinkedIn" oder „dieses #SocialMedia" sei Freizeit, der hat den Sinn noch nicht ganz verstanden. Als Global Head of People Experience und Head of People Germany bei SAP gehören Kommunikation und Social Media ganz klar zu Cawas Job dazu. Vielmehr noch: Das sind Kernaufgaben! Da gibt es kein entweder oder, sagt er in unserer neuen #30xFriends Podcast-Folge.

…

Take Aways 💯

🔵 Don't fake it till you make it! 💡 Man kann und sollte nur über das berichten, was man vorher schon geleistet hat."

Dieses LinkedIn-Posting verweist auf einen Podcast mit Cawa Younosi, dem Personalchef von SAP und dessen Aktivitäten in den sozialen Netzwerken. Podcast-Gastgeberin Stephanie Tönjes, interne Personal Branding-Expertin bei der Deutschen Telekom, hat den Beitrag verfasst. Folge ihr unbedingt, sie liefert exzellenten Content zu unserem Thema. Ich halte für sie für eine sehr versierte Fachfrau, die seit mehr als fünf Jahren zu diesem Thema kommuniziert.

Doch der letzte hier zitierte Satz lässt mich beim Lesen stutzen. Du weißt es bereits: Ich vertrete die Ansicht, dass wir durchaus zu Themen posten können, für die wir uns zukünftig positionieren wollen. Was wir also noch nicht geleistet haben, was uns aber interessiert. Wo wir uns hin kommunizieren wollen.

Ein paar Minuten denke ich nach, dann schreibe ich folgenden Kommentar und zitiere zunächst die Zeile, damit sie meinen Kontext kennt:

„Ich möchte einen Punkt deutlicher differenzieren, liebe Stephanie Tönjes: ‚Don't fake it till you make it! 💡 Man kann und sollte nur über das berichten, was man vorher schon geleistet hat.'

Wegen dieser Einstellung und dieser Haltung kommen aus der Erfahrung in meinen Camps viele Corporate Influencer:innen oder Mitarbeiterinnen und Mitarbeiter NICHT in die Sichtbarkeit. Weil sie meinen, nur über *Geleistetes* oder *Fertiges* sprechen zu können. Wichtig finde ich: Wir können auch zu Themen posten, die wir uns erschließen und die wir aktuell recherchieren. Wir dürfen bloß nicht so tun, als ob wir das dann *geleistet* haben. Oder wir können auch zu Themen posten, für die wir uns zukünftig positionieren wollen. Ansonsten: 💙 Danke für diese tolle Liste 🙌 🙌 🙌 "

Durch diesen Kommentar schalte ich mich an ihrem Stehtisch ins Gespräch ein. Hier lesen viele Augen mit, die sich mit dem Thema „Leadership via LinkedIn" befassen. Ich widerspreche und bringe meine Perspektive ein, und dies mit großer Wertschätzung. Ausdrücklich bedanke ich mich die guten Inhalte. Ist es wichtig, dass ich widerspreche? Nein! Ich hätte ihr auch einfach beipflichten und einige Erfahrungen aus meiner Lebenswelt ergänzen können. Dies aber war mein Gedanke und daher habe ich ihn artikuliert. Ich widerspreche eher selten und nur, wenn es echte Überzeugung ist. Und ich versuche in solchen Momenten, meine Haltung deutlich zu begründen, um nicht zu trollen. Um die richtigen Worte zu finden, stelle ich mich innerlich an den Stehtisch und überlege: Wie würde ich es formulieren, wenn wir nebeneinanderstünden? Wie bekommt sie meinen Kommentar nicht in den falschen Hals?

Dieses Beispiel soll Dir zeigen: Natürlich kommen wir mit Menschen ins Gespräch, die die gleichen Themenfelder beackern. Das können Role Models sein, Interessierte, Konkurrent:innen oder wie wir heute so schön sagen: Marktpartner:innen. Expert:innen zu „meinem" Thema haben meistens – schluck! – deutlich größere digitale Netzwerke. Davon lasse ich mich nicht hemmen, sondern ich lese und ich lerne mit. Diese Kommunikator:innen sind der Grund, warum ich manches Mal bei LinkedIn abdrifte bei der Recherche für meine Workshops. In ihren Postings finde ich neue Perspektiven auf mein Thema und schärfe so meine eigene Meinung. Dies empfinde ich als Bereicherung und Motivation pur.

Und manches Mal geht es sogar über diesen Austausch am virtuellen Stehtisch hinaus. Das passiert: In den Kommentarspalten entstehen wertvolle Diskussionen und Impulse, die wir zunächst in den unsichtbaren persönlichen Nachrichten und später im persönlichen Gespräch fortführen, uns so besser kennenlernen und mit unseren Ideen und Umsetzungen die Welt wieder ein kleines Stück voranbringen.

Komm ins Tun: Sprich mit am Stehtisch der Expert:innen

Finde das Posting einer Person, die zu Deinen zentral gesetzten Themen-feldern kommuniziert. Schreibe einen Kom-mentar mit Wertschätzung für die Person mit inhaltlicher Anknüpfung zur ursprüng-lichen Botschaft. Bringe Deine Erfahrungen und Perspektive ein. Solltest Du noch unsicher sein, dann stimme Dich dazu kurz mit einem Buddy ab. Wenn sich ein virtuelles Gespräch entwickelt, nimm dies zum Anlass, Dich direkt mit diesen Impulsgeber:innen zu vernetzen oder direkt zu sprechen. Ja, schreib eine persönliche Nachricht. Für Menschen mit Geburtsjahr vor 1975: Schreib eine eMail. Oder, total verrückt, greif' zum Telefon!

Der smarte Schritt des Mit-Redens

Expertinnen und Experten aus Deinem Themenfeld mit großer Reichweite versammeln häufig aktive Runden an ihren Stehtischen. Lass Dich davon nur beeindrucken, aber nicht abschrecken. Hier lesen viele interessierte Augen mit. Nimm dies als Motivation, mit sinnstiftenden Kommentaren oder ver-tiefenden Fragen aktiv zu werden. So schärfst Du einerseits Deine Sicht aufs Thema und kommst zudem mit wertschätzender Kommunikation in eine gute Sichtbarkeit – sowohl beim Absender, der Absenderin als auch in dessen bzw. deren Netzwerk.

Ich freue mich schon sehr darauf von Dir zu hören, welchen dieser Schritte Du nun bewusster angehst und wie Du Dein bisheriges Netzwerken nun ver-feinerst. Einen Schlenker zurück zu New Work möchte ich noch machen, mit der Zusammenfassung der einzelnen Steps, zurück zum großen Ganzen.

Der smarte Weg in die Sichtbarkeit

In der neuen Arbeitswelt kannst Du Deine berufliche Entwicklung selbstbestimmt gestalten ebenso wie die begleitende Kommunikation. Wenn Du Dir bewusst bist, wie und warum Du arbeiten willst, kannst Du dies über Deinen Content nach außen darstellen und mit Deinen Learnings, Erfahrungen und Meinungen sichtbar werden.

Die digitalen Netzwerke sind dabei digitales Business-Event und Contentspeicher in einem: Hier kannst Du recherchieren, reflektieren und Deine Gedanken und Taten in Diskussionen sichtbar werden lassen. Tag für Tag, Woche für Woche, Monat für Monat – in Deiner Frequenz.

Positionierung und Sichtbarkeit – das funktioniert nicht von „Null auf Hundert". Denke Dir die Wirkung eher wie einen Dimmereffekt. Deine Wirkkraft erhöht sich mit vielen hunderten, am Ende tausenden Aussagen und daher Schritt für Schritt.

Kontinuität ist beim digitalen Netzwerken gleichzeitig die größte Herausforderung und auch der größte Erfolgsfaktor. Wie können wir sie erreichen? Mit Deinen kommunikativen Aktivitäten erzeugst Du immer und immer wieder Impulse in den Hirnen und Herzen Deiner Kontakte – auch bei den „Dickfischen". So erreichst Du langfristig Deine Ziele, gewinnst neue Kontakte, Kooperationspartner:innen, Kund:innen und Klient:innen.

Für mich ganz wichtig: New Networking hat im ersten Schritt nichts mit maximalen Views, Tausenden von Likes und langen Kommentarspalten zu tun, die Du als soziales Wesen natürlich wahrnehmen und Dich mit ihnen messen wirst. New Networking bedeutet, mit den richtigen Botschaften die richtigen Personen zu erreichen und an den passenden Stehtischen mitzureden. Selbst wenn Du eher introvertiert bist und eigentlich gar nicht sichtbar werden willst – auch dann gibt es einen smarten Weg für Dich, die Business-Netzwerke zu nutzen.

> „Wir können wählen, zurück in die Sicherheit
> oder vorwärts in Richtung Wachstum zu gehen.
> Wachstum muss immer wieder gewählt werden; die
> Angst muss immer wieder überwunden werden."
>
> Abraham Maslow

14

New Networking: Dein Platz in der neuen Arbeitswelt

„Kathrin, ich habe schon 196 Likes auf dem Posting und 40 neue Kontakte – genial!" Kerstin hat ein LinkedIn-Posting mit vielen Interaktionen „draußen", während wir eine Workation verbringen. Leicht ironisch und mit kindlicher Freude zählt sie die Likes und Views nach oben, während wir unsere Termine und Aufgaben absolvieren und dabei den Blick auf die Ostsee genießen. Seit eineinhalb Jahren arbeitet sie als HR Managerin in einem großen Konzern in Hamburg. Sie selbst postet selten bei LinkedIn, alle paar Monate verfasst sie einen Beitrag. Das Liken und Kommentieren nutzt sie rege – ihr ist bewusst, dass sie auch damit gute Sichtbarkeit erreichen kann. Zu ihrem Posting sagt sie: „Super, wie das läuft. Das Foto war eher aus der Hüfte geschossen und der Text schnell formuliert."

Auf einem Selfie zeigt sie sich selbst im Kreise von Kolleg:innen. In ein paar Absätzen drückt sie ihre Freude über das Zusammenkommen mit vielen Kolleg:innen beim Firmenjubiläum aus. Auf diese Weise zeigt sie ihr Team, gibt einen Einblick ins Unternehmen und in die Kultur und erläutert ihr Ziel: „So kann ich uns als attraktiven Arbeitgeber zeigen: Come and join us." Im Beitrag bedankt sie sich für die schnelle Integration in die Organisation und spricht emotionalen Dank an die internationalen Kolleg:innen aus, die anlässlich des Jubiläums Videogrüße aus aller Welt eingesendet haben. Nach vielen Monaten des pandemiebedingten Rückzugs können die Mitarbeiter:innen diese Freude gut nachempfinden und feiern nicht nur an den Stehtischen des Jubiläums-Events, sondern auch an Kerstins virtuellem Stehtisch mit. „It is great to have you on board, Kerstin!", steuert der CCO seine Wertschätzung transparent bei. Sogar eine Kollegin von Kerstins ehemaligen Arbeitgeber meldet sich: „Seems you're enjoying the ride...(but we do miss you, still :))"

Ist das nun banal oder wertvoll? Wie schätzt Du diese und auch Deine Aktivitäten in den Business-Netzwerken ein, nachdem wir uns nun langsam dem Ende unseres gemeinsamen Weges nähern? Wir Menschen sind soziale Herdentiere und agieren schon immer in vernetzten Strukturen. Wir alle sind frei in der Entscheidung, ob wir die digitalen Möglichkeiten in der neuen Arbeitswelt für uns nutzen, um das wertvolle Asset unseres Berufslebens in einer zunehmend komplexen Welt zu pflegen: Richtig gute Beziehungen.

Bevor wir beide, Du und ich, nun bald wieder getrennte Wege gehen oder uns eventuell schon bereits persönlich kennengelernt haben (up to you!), lass uns hier noch einmal auf unsere Fragen blicken, die wir zum Start unseres smarten Weges aufgeworfen haben und die wir nun so langsam beantwortet haben sollten:

- Wozu das Ganze? Was bringen die Plattformen? Wie können wir digital sichtbar werden und souverän netzwerken?
- Warum wird das Netzwerken in der neuen Arbeitswelt noch relevanter?
- Was machen wir mit dieser Sichtbarkeit und wie hilft sie uns in der neuen Arbeitswelt?
- Wie können wir gute Inhalte erschaffen, wenn alles schon gesagt scheint?
- Wie können wir das Netzwerken an den dinglichen und den digitalen Stehtischen optimal miteinander verbinden?

Lass mich also die Erkenntnisse entlang unseres Weges zusammenfassen und Dir zugleich ein paar Gedanken mitgeben, die Dir zukünftig das New Networking im Alltag erleichtern sollen.

So nutzt uns das Gelike und Geteile

Menschen, die miteinander sprechen und beim Netzwerken Vertrauen aufbauen, diskutieren nicht 24/7 über die Heisenbergsche Unschärferelation (ich habe keine Ahnung, was das ist – es klingt herrlich hochtrabend). Die Menschen sprechen über die Kultur in ihrem Unternehmen und ihre Freude, zu einem Team zu gehören, so wie Kerstin. Sie formulieren berufliche Herausforderungen und was ihnen fehlt zum Lösen eines aktuellen Problems. Sie zeigen den Mehrwert ihrer Arbeit oder ihrer Dienstleistungen auf und erzählen, was das Sabbatical mit ihnen gemacht hat. Sie fassen zusammen, was sie in einem Buch, Vortrag oder Seminar gelernt haben. Sie sprechen über viele Themen, die uns alle in der Arbeitswelt bewegen: Fachkräftemangel, berufliche Neuorientierung, neue Formen des Leaderships. Mentale Gesundheit in Zeiten, die uns beruflich und privat viel abverlangen. Einige Menschen sprechen sogar sehr transparent über ihre Blockaden und Krankheiten, während andere diese nur in einer 1:1-Situation offenlegen würden.

Ja, wir können die Gespräche an den virtuellen Stehtischen als banal abtun. Aber genau das passiert an allen dinglichen Stehtischen dieser Welt. Es geht ums Fußballspiel am Vorabend, um gutes Essen, um Tratsch und Klatsch aus der Organisation. Wir tauschen uns aus zu beruflichen Themen, die mal eher fachlich und mal mehr menschlich sind.

> ## TAKE THAT
> An den dinglichen Stehtischen geht es thematisch häufig noch viel banaler zu als an den digitalen. Hier sind häufig die Extrovertierten dominanter und übertönen den Rest, der nur zuhört.
> Am Ende geht es an allen Stehtischen darum, dass wir uns als Person besser einschätzen können und Menschen durch gleiche Interessen und Werte Vertrauen zu uns aufbauen können.

Meine Überzeugung: Der Wert Menschlichkeit treibt nicht nur die New Work-Welt an, er ist auch zentral beim Aufbau von digitaler Sichtbarkeit und Souveränität beim Netzwerken. Für viele Menschen ist es herausfordernd, die eigene, authentische Stimme zu finden und sich unverkrampft an die Stehtische zu gesellen. Wir haben es bereits besprochen: Personen, die innerlich gekündigt haben oder die Störgefühlen hinsichtlich ihrer beruflichen Rolle oder ihres Status' verspüren, schrecken vor Transparenz oder Sichtbarkeit eher zurück. Dies ist zutiefst menschlich.

Wer sich beruflich frei ausleben kann entsprechend den persönlichen Stärken und Interessen, der wird viel leichter aufspielen. Wer sich im Klaren darüber ist, wo die berufliche Reise hingehen soll, kann über die Kommunikation von Interessenfeldern und Haltungen die persönliche Entwicklung steuern und befeuern – und völlig selbstbestimmt im Austausch mit dem Netzwerk das eigene Renommee aufbauen.

Unsere demokratische Gesellschaft bietet uns das große Privileg der Redefreiheit. In der heutigen Arbeitswelt haben wir zudem die digitale und innere Freiheit, uns thematisch zu positionieren und damit gezielt zu steuern, was andere Menschen *durch* uns erfahren und was sie *über* uns erfahren. Und was sie somit über uns als Person denken und sprechen. Welche strategischen Fragen Du Dir auf dem Weg dorthin stellen solltest, haben wir ausführlich besprochen.

Sichtbarkeit ist noch nicht Netzwerken

Die Digitalisierung in der neuen Arbeitswelt führt zudem dazu, dass wir heute viel häufiger asynchron arbeiten in Kollaborationstools, sprich in der Cloud. Für uns Menschen ist es dabei als Basis einer guten Zusammenarbeit wichtig, für den Aufbau von Vertrauen zu den Mitarbeitenden und Kolleg:innen immer wieder die direkte menschliche Begegnung zu erleben. Durch sie entsteht die immaterielle Wertschöpfung in Form von Zufallsbegegnungen, Ideen und Innovationen viel besser als in der digitalen Zusammenarbeit. Gleiches gilt fürs Netzwerken: Wir können uns auf den Plattformen asynchron austauschen, unsere Botschaften streuen, die Reichweite sogar skalieren und mit einem Posting viele tausend Menschen erreichen. Doch am Ende ist es nicht die Masse der Vielen, die sich im Bereich Business-to-Business für unsere Produkte oder

Dienstleistungen entscheiden oder die uns einstellen. Sondern es ist eine Person oder eine Handvoll Menschen, die sich im besten Fall unseren Interessen und Zielen gemäß entscheiden.

Verwechsle also bitte nicht Sichtbarkeit mit Netzwerken: Was nutzen Dir tausende von Followern, wenn Du einzelne Personen nicht kennenlernst und Beziehungen aufbaust? Die Wertschöpfung nimmt ihren Anfang in der Sichtbarkeit, hier bahnen sich neue Begegnungen an. Unsere beruflichen Ziele erreichen wir, indem wir ins aktive Netzwerken wechseln und den direkten Kontakt von Mensch zu Mensch suchen.

> # TAKE THAT
> New Networking bedeutet nicht reziprokes Geben und Nehmen. New Networking bedeutet: Geben und Loslassen.
> Und dann die unerwartete Wirkung willkommen heißen.

Wir tappen also nicht in die Like-Falle: Wir stoppen nicht beim Zählen von Views und Reaktionen und interpretieren diese Signale als Hurra-Geschrei zur Großartigkeit der eigenen Persönlichkeit. Ziel ist es, über unsere digitale Sichtbarkeit in Form von Postings und Kommentaren genau jene Menschen anzusprechen, die sich für unsere Themen interessieren. Die Art und Weise, wie wir unsere Botschaften senden und durch unsere Worte unsere Haltung erlebbar wird, führt im nächsten Schritt zu weiterem Interesse an unserer Person. Menschen, die uns bislang nur digital erlebt haben, verknüpfen das Thema und unsere Haltung dazu nun mit unserer digitalen Identität – mit allen Facetten, die wir an den virtuellen Stehtischen preisgeben. Dieser Reputationsaufbau passiert über viele Wiederholungen, Posting für Posting.

Kein Like, trotzdem große Wirkung

Bei New Networking gehen wir noch einen Schritt weiter: Wir haben einen besonderen Blick für jene Kontakte, die uns aufgrund unserer digitalen Sichtbarkeit entdecken oder die wir entdecken. Uns ist bewusst: Hier geht es 100 Prozent persönlich zu. Da sitzen reale Menschen hinter den Profilbildern. Im digitalen Raum findet realer Beziehungsaufbau statt. Zugleich ist uns bewusst: Es bleibt ein Delta zwischen Menschen, die wir ausschließlich digital kennen, und jenen, denen wir am Präsenz-Stehtisch die Hand schütteln. Erst im persönlichen Kontakt wird das Bild zu dem Menschen komplett, kommen wir in den vollen Beziehungsgrad, BG 100. Das können wir genießen. Doch für berufliche Wertschöpfung und den Vertrauensaufbau reichen heute die BG 90, die wir digital erzielen können, allemal aus. Ein beruflicher Handshake zur Besiegelung der neuen Position oder des wichtigen Auftrags kann heute auch digital, in einem Zoom-Call oder einer persönlichen Nachricht bei Twitter, LinkedIn oder Instagram erfolgen.

Was wir auch gesehen haben: Einige Reaktionen, die wir durch unsere Sichtbarkeit erzeugen, bleiben zunächst unsichtbar und unkontrollierbar, weil sich die Botschaft zwar im Kopf des Gegenübers festsetzt, wir dies aber nicht durch ein Like angezeigt bekommen. Sobald wir regelmäßig posten und interagieren, sollten wir an den physischen Stehtischen mit Reaktionen auf unsere digitalen Aktivitäten rechnen und offen sein für die Reaktion von uns gänzlich fremden Personen, die ihre Beziehung zu uns einseitig aufgebaut haben. Wir sollten uns innerlich freuen und uns selbst ein High Five geben, wenn Personen uns ansprechen, die schon einiges über uns wissen. Nun switchen wir das 1:1-Gespräch aus dem Digitalen ins Dingliche und setzen es einfach fort. Wer uns bereits digital kennt, bei dem fangen wir nicht mehr bei Null an.

Nehmen wir an, dass Du in einem beruflichen Setting unterwegs bist, das stark hierarchisch ist und in dem New Work-Themen bislang keine Rolle spielen. Wenn Du nun für Dich beschließt: Ich will hier raus und sehe eine Zukunft für mich in einer Arbeitswelt, die mir mehr persönliche Freiheit einräumt und die mir zugleich mehr Verantwortung überträgt. Dann kannst Du beim digitalen Netzwerken das erste Spielfeld der freien Gestaltung der Arbeitswelt für Dich erobern. Diesen Teil kannst Du für Dich völlig selbstbestimmt gestalten und Deine Komfortzone durch das Sprechen in den unkontrollierbaren digitalen Raum hinein ausdehnen.

Neun Leitplanken, um Sichtbarkeit zu gestalten

Der Gedanke an das Posten und der Aufbau von Sichtbarkeit fühlen sich auch nach unserem gemeinsamen Weg für Dich noch immer so an, als ob Du völlig unvorbereitet auf die Bühne geschubst wirst und im grellen Scheinwerferlicht vor einen dunklen Saal von tausenden von Menschen stehen sollst? Um den Mut für den notwendigen Klick zum „Veröffentlichen" aufzubauen und Deine Sichtbarkeit zu gestalten, nimm diese neun gedanklichen Leitplanken mit:

1. **Akzeptiere, dass Du ein soziales Herdentier bist:** Wir beobachten unsere Marktpartner:innen: Was geben sie von sich? Wie argumentieren sie? Wie viele Follower haben sie – und wir (noch) nicht? Lass Dich von solchen Beobachtungen nicht blockieren. Nimm sie wahr und lass Dich inspirieren: Was kannst Du hier lernen und für Dich mitnehmen? Wie unterscheidest Du Dich inhaltlich? Nutze die Aufmerksamkeit an den Stehtischen von Menschen mit großen Netzwerken. Werde dort sichtbar und positioniere Dich mit Deiner Perspektive zu den Themen. Solange Du wertschätzend formulierst, wirst Du mehrheitlich positive Resonanz erfahren. Merke Dir: Du bist einzigartig aufgrund der Mischung Deiner Facetten – lass das ruhig zu. Merke Dir aber auch: Wir alle sind eine:r von Millionen da draußen und lange nicht so wichtig und im Spotlight, wie wir zuweilen meinen.

2. **Nutze die Freiheit und setz Dich über Hierarchien hinweg:** In den Business-Netzwerken kannst Du Menschen folgen und Dich über alle Hierarchie-Ebenen hinweg vernetzen. Was die einen lieben, ist für die anderen ein Graus: Der Austausch in sozialen Netzwerken findet unabhängig von Berichtslinien statt. CEOs und Führungskräfte stellen ihre Arbeit heute oftmals auf der virtuellen Bühne dar. Daniel Jungblut (2021) spricht dabei gar von „Performanz" der Arbeit. Folglich können sie von jedermann am Stehtisch angesprochen werden. Interaktion unterscheidet dabei das New Networking vom Personal Branding. Der wertschätzende Austausch innerhalb der persönlichen Community, auf Augenhöhe, abseits des Hierarchie-Denkens, wird zum Maßstab für zeitgemäßes Leadership. Die Wertschätzung gegenüber einer Person in einer Hierarchie wird zunehmend ausgedrückt über die Art und Weise, wie das persönliche Netzwerk und die einzelnen Kontakte für alle sichtbar gepflegt werden.

3. **Jede:r kann gute Inhalte schaffen: Du auch!** Wenn Du den Gedanken zulässt, dass Dein Blick auf die Welt für andere hilfreich sein kann, dann erkennst Du den Wert von persönlichen Botschaften. Deine Kontakte erwarten von Dir keine theoretischen Abhandlungen auf dem Niveau von Dissertationen. Sie wollen schlicht und einfach wissen, was oder wie Du über dieses spezifische Thema denkst. Gute Inhalte speisen sich aus gründlichen Beobachtungen, dem Wissen um Schmerzpunkte in Deinem Umfeld bzw. in der Branche. Sie entstehen aus der Verknüpfung Deiner persönlichen Facetten und Erfahrungen und der Lust zu zeigen, wo Du stehst und was Du alles noch entdecken willst. Den heiligen Gral wirst Du in Deiner Branche nicht entdeckt haben. Also gibt es keinen Grund, das vorzutäuschen.

Wir alle sind auf unserem Weg: Vordenker:innen wagen sich dabei etwas mutiger vor auf ein Terrain, auf dem neue Gedanken und Thesen geprüft und diskutiert werden.

4. **Geh in den Experimentiermodus:** Die digitalen Plattformen sind hoch dynamisch hinsichtlich der technischen Entwicklungen. Niemand außerhalb der Plattformen kennt die Funktionsweise der Algorithmen zu 100 Prozent, es gibt allenfalls ein Grundwissen, hie und da Insiderwissen sowie Erkenntnisse aus Experimenten. Was heute noch für den Aufbau von digitaler Sichtbarkeit funktioniert, kann schon morgen eine Sackgasse sein. Bleib offen für die technischen Aspekte und lerne durch Experimentieren und den Austausch mit anderen immer weiter dazu. Vergiss vor allem vor lauter Technik nicht, dass Deine Inhalte in Deinem Netzwerk, bei Deiner Zielgruppe und bei Dir selbst zünden sollten.

5. **Gib dem Zufall eine Chance:** Hier kommt noch einmal etwas Neues, das wir noch gar nicht besprochen haben. Einige Menschen versuchen auch heute noch, das Internet oder den Feed bei LinkedIn, Instagram oder Twitter bis zum Ende zu lesen, ähnlich einem Postfach. Verabschiede Dich davon, alles wahrnehmen zu können. Lass den Zufall der zehn Postings zu, die sich Dir in den zehn Minuten der Lektüre zeigen. Ein paar davon geben Dir frisches Gedankenfutter. Schließe den Feed ganz bewusst wieder, um den frischen Input zu verarbeiten.

6. **Trau es Dir zu:** Die neue Arbeitswelt wird flankiert von langfristigen Herausforderungen wie dem Klimawandel, der digitalen Transformation und vielschichtigen wirtschaftlichen, sozialen und politischen Entwicklungen. Die hohe Komplexität und viele Unsicherheiten fordern uns persönlich vieles ab. Wir alle können unseren kleinen Teil beitragen. Also gilt es, Deine eigene Stimme zu entwickeln und die Themen zu finden, zu denen Du Dich sprechfähig fühlst. Auch hier sehen wir die Parallelen zur New Work-Welt: Wenn Du für Dich beantwortet hast, was das wirklich, wirklich ist, hast Du Dein Fundament gelegt und wirst den Rest viel einfacher bewältigen.

7. **Werde sensibel für Deine Blockaden.** Du verspürst keine (mehr)? Top! Ansonsten mach Dir klar: Persönliche Kommunikation auf der virtuellen Bühne schüttelt nicht jede:r aus der Hosentasche. Spür in Dich hinein: Was hält Dich noch ab? Was steht Dir im Weg? Während Du an äußeren Umständen wenig ändern kannst, hast Du die Möglichkeit, mit Dir selbst ins Gespräch zu kommen und zu schauen: Wo stehe ich? Was fehlt mir noch zum ersten oder für den nächsten Schritt? Erinnere Dich an Kara Pientka

und die Selbstregulation: Was genau ist der Gedanke? Das Drama oder Real Mindset? Mögliche Hürden zu erkennen und sie in Dein persönliches Qualitätsmanagement zu wandeln – das wird Dich nach vorn bringen.

8. **Sorge in guten Zeiten vor für Selbstzweifel.** Die einen haben ein Bonbonglas mit Zetteln voller positivem Feedback, die anderen ein eMail-Konto mit wertschätzenden Rückmeldungen: In Momenten des Zweifels kannst Du derart gut gerüstet Deiner inneren, kritischen Stimme etwas Kraftvolles entgegensetzen. Verlass Dich nicht darauf, dass das Lob zum richtigen Zeitpunkt von außen kommt – präpariere Dich besser in den guten Tagen für die Momente des Selbstzweifels (Kleon, 2012). Falls Du das noch nie gemacht hast – Du kannst direkt starten. Frag einfach Deine direkten Kontakte in einem persönlichen Gespräch oder per kurzer eMail-Umfrage, was sie persönlich an Dir schätzen. Wir alle haben Stärken. Das Bewusstsein dafür gilt es zu entwickeln und mit diesem Wissen bei der persönlichen Kommunikation und der Positionierung und digitalen Sichtbarkeit zu arbeiten.

9. **Mach Pausen. Sie geben Dir Kraft.** Die ständige Erreichbarkeit und der nie endende Strom neuer Nachrichten sollten Dich nicht in die Irre leiten, dass Deine Aufmerksamkeit am virtuellen Stehtisch rund um die Uhr notwendig ist. Lass Dich von den interessanten Gesprächen digital und auch dinglich nicht zu sehr absorbieren. Im Gegenteil: Stoppe hin und wieder ganz bewusst. Nimm die Social Media-Apps für ein paar Tage oder Wochen vom Smartphone. Du hilfst Dir und Deinem Umfeld nicht, wenn Du Dich komplett verausgabst und ausbrennst. Schaffe Abstand zu Deinen digitalen Aktivitäten. Tanke auf mit allem, was Dir persönlich guttut. Danach siehst Du wieder klarer und kannst Deine Position erfrischt einnehmen oder neu justieren.

Positionierung ist ein Prozess. Du allein bestimmst das Tempo. HR-Expertin Kerstin hat anfangs nicht 196 Likes pro Beitrag erzielt. Über Jahre hat sie sich dem Veröffentlichen von eigenen Botschaften sehr zögerlich genähert – ihre Skepsis war groß und die Klarheit, zu welchen Themen sie sich äußern möchte, stellte sich erst nach und nach ein. Und obwohl sie sich selbst nicht wöchentlich mit eigenen Postings zu Wort meldet, sondern viel mehr per Like und Kommentar aktiv ist: Die Kommunikation in den Business-Netzwerken zeigt Wirkung. Ungefähr ein Jahr nach dem Start ihrer Aktivitäten wird Kerstin eingeladen in ein übergreifendes Netzwerk aus HR-Spezialist:innen, um sich bei persönlichen Treffen über die Herausforderungen in der heutigen Arbeitswelt auszutauschen. Sie resümiert: „Das ist sehr wertvoll für mich. Hier kann ich über den eigenen Tellerrand blicken und erhalte durch den Erfahrungsaustausch Einblicke in andere Unternehmen. Ohne die Aktivitäten bei LinkedIn wäre es dazu nicht gekommen. Mein Profil und die Aktivitäten haben mir zudem beim Wechsel in das neue Unternehmen sehr geholfen. Und ich kenne kein aktuelleres Fachmedium als LinkedIn. Alles in allem ist das sehr nützlich für mich."

Komm ins Tun

Digitale Zufallsbegegnungen können der erste Anknüpfungspunkt für den Aufbau eines beruflichen Netzwerks sein – wenn wir dies zulassen. Wenn Du nun motiviert bist, aktiver zu werden, dann komm direkt in die Umsetzung und vertage es nicht auf morgen. Poste auf dem Kanal Deiner Wahl einen Beitrag zu dem Thema, das Dich am meisten bewegt. Hier eine kleine, ganz uneigennützige Idee und die finale Übung: Wie wäre es mit Deinem Feedback zu unserem smarten Weg? Fasse Deine aktuellen Erkenntnisse und Reflexionen zusammen und schreibe ein Posting dazu. Natürlich freue ich mich riesig über jede Art von Mund-zu-Mund-Werbung zu New Networking – sei Dir meiner Dankbarkeit gewiss. Ich traue mich, Dich um diese Art von Unterstützung zu bitten, weil ich wiederum auch immer und immer wieder Inhalte teile, die mich begeistern.

Ich bin sehr gespannt, was Dich persönlich weitergebracht hat und welchen inhaltlichen Schwerpunkt Du Dir herauspickst. Was hat sich für Dich persönlich durch dieses Buch geändert? Bitte vergiss nicht, mich zu erwähnen. Lade mich an Deinen Stehtisch ein, indem Du mich taggst und den Hashtag #NewNetworking setzt. Zu welchem Thema Du auch immer aktiv wirst: Ich komme in jedem Fall vorbei und feiere Dich. Ich freue mich sehr darauf, Dich beim New Networking besser kennenzulernen und mit Dir ins Gespräch zu kommen. Dies ist eine wichtige Umsetzung auf dem smarten Weg. Vor allem, wenn Du bislang zum Team „Zurückhaltend" gehört hast.

Der smarte Weg über die Sichtbarkeit hinaus

Expertinnen und Experten zu einem spezifischen Thema sind stets sehr begehrt. Wenn Freiheit und Selbstbestimmtheit Deine Kernwerte sind, bringst Du Dich durch kontinuierliches Kommunizieren zu Deinen Themen in die Sichtbarkeit und damit in die beste Position in der heutigen Arbeitswelt. Altes Hierarchie-Denken und „one face to the customer" sind bei New Work ebenso passé wie beim New Networking. Das Netzwerk interagiert untereinander und benötigt keine übergreifende Steuerung, es funktioniert aus sich heraus. Lebenslanges Lernen entlang der persönlichen Interessen ist gesetzt. Du selbst gestaltest durch Deine Aktivitäten nicht nur Deine digitale Sichtbarkeit. Mit dem steten Aufbau Deiner Reputation sicherst Du Dir einen Platz an allen relevanten Stehtischen Deiner Branche oder Deines Berufsfeldes. Damit bist Du bestens aufgestellt für Deine berufliche Zukunft.

Sobald Du Dir Sichtbarkeit durch Kommunikation aufgebaut hast, kannst Du aus dieser abstrakten Größe heraus einzelne Menschen identifizieren, die sich zunächst für Dein Thema und später auch für Dich als Person interessieren. Seelenstriptease ist nicht notwendig: Du entscheidest und steuerst, was und wie viel Deine Kontakte über Dich als Person erfahren. Parallel strebst Du den wertschöpfenden Kontrollverlust an: Die Botschaften und der Diskurs zu Deinen Themen sollen sich über Interaktionen in die Netzwerke Deiner Kontakte hinein verbreiten und herumsprechen. In Deinem Unternehmen sorgst Du somit für die interne Sichtbarkeit und legst den Grundstein für Deine weitere Entwicklung – unabhängig von der Hierarchie und ohne dabei von anderen Personen abhängig zu sein.

> „Kein Thema ist so alt, dass nicht etwas Neues
> darüber gesagt werden könnte."
>
> Fjodor Michailowitsch Dostojewski

15

Neue Sicht auf den Kontrollverlust

Erinnerst Du Dich an den CEO aus dem ersten Kapitel? Der aktiver wurde und heute über seine Frage zum „Gelike und Geteile" schmunzelt? Der zunächst sehr auf die Anzahl der Kontakte und seiner erhaltenen Likes und Kommentare fixiert war? Heute ärgert er sich nicht mehr, dass Personen nicht liken oder einen Kommentar hinterlassen. Heute weiß er: Direkte Reaktionen sind nur *ein* äußerlich sichtbarer Indikator für die Wirkung beim Gegenüber. Für uns unsichtbar, im Kosmos unseres persönlichen Netzwerks, passiert so viel mehr.

Ob im Telefonat oder beim Lunch: Als Führungskraft ist er nicht mehr verwundert, wenn Personen aus seinem Netzwerk ihn auf Inhalte aus einem LinkedIn Posting ansprechen – obwohl sie dort noch nie ein Like oder einen Kommentar hinterlassen haben. „Unserem" CEO ist bewusst, weil er es mehrfach erlebt hat: Seine Botschaften erzeugen Wirkungen, sichtbar und zugleich verdeckt.

Zunächst hatte er Angst vor dem Kontrollverlust. Nun strebt er ihn an. Die Reaktionen kommen zeitverzögert und von Menschen, die er im wahrsten Sinne des Wortes nicht auf dem Schirm hatte. Er hört genau hin, welchen Aspekt seine Kontakte und auch Mitarbeiter:innen ansprechen, und erfragt nun ihre Blickwinkel zum Thema und fordert das Feedback bewusst ein. Auf diese Weise legt er Aspekte offen, die ihm bislang nicht bewusst waren.

Ein letztes Komm ins Tun (also hier)

Wie ist es Dir bislang ergangen? Hast Du diese Wirkung auch schon erzielen können? Melde Dich gern bei mir und berichte von Deinen Erfolgen und Erlebnissen. Wie Du siehst: Ich liebe gute Geschichten. Diese sammele in einem Bonuskapitel, dass Du auf new-networking.de abrufen kannst und in dem die Community einen Raum zur Resonanz erhält.

Der smarte Weg endet nicht hier

Beim New Networking setzen wir uns Ziele und formulieren kontinuierlich Botschaften zu unseren Themenfeldern, um dann Impulse bei unseren Kontakten und Followern zu setzen.

„Unser Content startet das Gespräch.
Die Gespräche festigen die Beziehungen.
Die Beziehungen führen zu Möglichkeiten."

Gabriel Rath bei LinkedIn am 12.11.22

Immer wieder wirst Du auf Deine Themenfelder blicken und beim Schreiben Deine Gedanken sortieren. Nimm neue Erkenntnisse und Erfahrungen auf und tausche Dich mit dem aktiven Teil Deines digitalen Netzwerks dazu direkt auf den Plattformen aus. Das Vertrauen in die Wirkung abseits der virtuellen Stehtische wirst Du nach und nach entwickeln und die positive Wirkung schätzen lernen. Sende kontinuierlich Deine Botschaften, um genau diesen Moment immer wieder zu erleben: Gespräche, in denen das Gegenüber Dich, Deine Themen und Deine Position bereits kennt. Setze digitale Gespräche mit Deinen einzelnen Kontakten – im fluiden Wechsel und ohne mit der Wimper zu zucken – in der dinglichen Welt fort. Und verarbeite dann diese Erkenntnisse wiederum in einem nächsten Posting, um neue Impulse aus Deiner digitalen Sichtbarkeit zu gewinnen. Ob Du neue Ideen in der digitalen oder dinglichen Welt schöpfst, ist nicht entscheidend. Das gute Argument und die gute Geschichte zählen, nicht die Ebene der Kommunikation.

Danke, dass ich Dich ein Stück des Weges bis hierhin begleiten durfte. Ich wünsche Dir nun viel Erfolg bei Deinen weiteren Schritten zu digitaler Sichtbarkeit und souveränem Netzwerken. Nutze beides als Nährboden für gute Geschäftsbeziehungen und berufliche Erfolge. Setze beides als wichtige Bausteine bei Deiner persönlichen und zielgerichteten Kommunikation ein. Lass Dich nicht unterkriegen in dieser von Unsicherheit und Wandel geprägten Zeit: Schalte Dich ein, finde Deine Stimme und knüpfe mit

kontinuierlicher Kommunikation bewusst Dein Sicherheitsnetz für Deinen weiteren Werdegang in der vernetzten Arbeitswelt.

Den Rest erledigt Dein Netzwerk. Schritt für Schritt.

Literatur- und Quellenverzeichnis

Albers, Markus (2010). *Meconomy: Wir in Zukunft leben und arbeiten werden – und warum wir uns jetzt neu erfinden müssen (Orange Edition).* Berlin: epubli.

Allmers, Swantje (2022). *New Work. Wo wir stehen. Was uns piekst.* In Digital You Show & Tell Podcast. https://digital-you.libsyn.com/new-work-wo-wir-stehen-was-uns-piekst-digital-you-show-tell-mit-swantje-allmers (abgerufen am 24.10.22).

Allmers, S., Trautmann, M., & Magnussen, C. (2022): *On The Way To New Work. Wenn Arbeit zu etwas wird, was Menschen stärkt.* München: Vahlen.

Bergmann, Frithjof (2004): *Neue Arbeit, neue Kultur* (8. Auflage). Freiamt: Arbor.

Birkenbihl, Vera F. (2016). *Fragetechnik…schnell trainiert. Das Trainingsprogramm für Ihre erfolgreiche Gesprächsführung.* München: mvg.

Buggisch, Christian (2021). *Social Media, Messenger und Streaming – Nutzerzahlen in Deutschland 2021.* In: Christian Buggischs Blog. https://buggisch.wordpress.com/2021/01/04/social-media-messenger-und-streaming-nutzerzahlen-in-deutschland-2021/(abgerufen am 14.12.2022).

Buggisch, Christian (2022). *Keine Statistik.* In: Christian Buggischs Blog. https://buggisch.wordpress.com/2022/01/03/keine-statistik/ (abgerufen 16.6.2022).

Breidenbach, J., & Rollow, B. (2019). *New Work needs Inner Work* (2. Auflage) München: Vahlen.

Cain, Susan (2013): *Still. Die Kraft der Introvertierten* (13. Auflage). München: Wilhelm Goldmann.

Clercq, Isabel de (2018). *#Vernetzt arbeiten. Soziale Netzwerke in Unternehmen.* Frankfurt a.M.: Frankfurter Allgemeine Buch.

Corbet, Damian (2019). *The Social CEO. How Social Media Can Make You A Stronger Leader.* London, New York, Oxford, New Delhi, Sydney: Bloomsbury Business.

232   Diekmann, Nicole (2021). *Die Shitstorm-Republik: Wie Hass im Netz entsteht und was wir dagegen tun können.* Köln: Kiepenheuer & Witsch.

Dunbar, Robin (1993). Coevolution of neocortical size, group size and language in humans. In: *Behavioral and Brain Sciences* 16, 4: Seite 681–694.

Ebner, W. & Eck, K. (2022). *Die neue Macht der Corporate Influencer. Wie Mitarbeiter:innen die Kommunikation von Unternehmen verändern.* München: Redline.

Eck, Klaus (2022). Die Bedeutung der Social CEOs nimmt zu. In N. Kremer & C. Wolff (Hrsg.), *C-Level auf Zukunftskurs. Wie Sie Ihr Profil schärfen und Ihre Positionierung stärken.* Freiburg, München, Stuttgart: Haufe.

Ferrazzi, Keith (2009). *Geh nie alleine essen! Und andere Geheimnisse rund um Networking und Erfolg* (2. Auflage). Kulmbach: Börsen Medien.

Friebe, H. & Lobo, S. (2008). *Wir nennen es Arbeit: Die digitale Boheme* (2. Auflage). München: Heyne.

Gabat, Selena. (2020). *OMR #316 mit Mopo-Verleger Artist von Harpe und LinkedIn Marketing-Chefin DACH Selena Gabat.* In: OMR-Podcast. Host: Philipp Westermeyer: https://omr.com/de/podcast/omr-316-mit-mopo-verleger-artist-von-harpe-und-linkedin-marketing-chefin-dach-selena-gabat/ (abgerufen am 13.6.22).

Gäckle, Ann-Kristin (2022). *Employee Advocacy. A qualitative empirical analysis on the introduction of a Corporate-Influencer-Program within the Robert Bosch Foundation.* Stuttgart: DHBW Business Administration.

Grant, Adam (2013): *Geben und Nehmen. Warum Egoisten nicht immer gewinnen und hilfsbereite Menschen weiterkommen.* München: Droemer Knaur.

Hoffmann, Kerstin (2020). *Markenbotschafter – Erfolg mit Corporate Influencern. Überblick, Strategie, Praxis, Tools.* Freiburg, München, Stuttgart: Haufe.

Ibarra, Herminia (2015). *Act like a leader, think like a leader.* Boston: Harvard Business Review Press.

Imdahl, I., & Steeger, J. (2022). *Warum Frauen die Welt retten werden und Männer dabei unerlässlich sind.* München: Komplett-Media.

Jankowski, Jule (2022). *Zwischen Alt und Neu liegt Gut. Wie wir mit GOOD*
WORK eine zukunftsfähige Arbeitskultur gestalten können, ohne alles neu
machen zu müssen. München: Vahlen.

Jungblut, Daniel (2021). *Update 2021. CEO-LinkedIndex. Wie sich CEOs auf*
LinkedIn präsentieren. (Studie von Palmer Hargreaves GmbH): https://www.
linkedindex.de/ueber-den-linkedindex/ (abgerufen am 03.10.2022).

Jungblut, Daniel (2022). *CEO-LinkedIndex. Wie und warum sich CEOs auf*
LinkedIn präsentieren. (Studie von Palmer Hargreaves GmbH): https://www.
linkedindex.de/ueber-den-linkedindex/ (abgerufen am 03.10.2022).

Klasing, Insa (2019). *Der Zwei-Stunden-Chef. Mehr Zeit und Erfolg mit dem*
Autonomie-Prinzip. Frankfurt, New York: Campus.

Kleon, Austin (2012): *Steal Like An Artist. 10 Things Nobody Told You About*
Being Creative. New York: Workman.

Kluge, S. & Kluge, A. (2020). *Graswurzelinitiativen in Unternehmen: Ohne Auf-*
trag – mit Erfolg! München: Vahlen.

Koehler, Kathrin (2021). Weckruf für die smarte LinkedIn-Nutzung. In: *W&V-*
report, Marketeer in Transition. München: Werben & Verkaufen.

Laloux, Frederic (2016). *Reinventing Organizations visuell: Ein illustrierter Leit-*
faden sinnstiftender Formen der Zusammenarbeit. München: Vahlen.

Lanier, Jaron (2018). *Zehn Gründe, warum du deine Social Media Accounts*
sofort löschen musst (2. Auflage). Hamburg: Hoffmann und Campe.

Levine, R., Locke, C., Searls, D., & Weinberger, D. (1999). *Das Cluetrain Mani-*
fest: https://www.cluetrain.com/auf-deutsch.html (abgerufen am 22.9.2022).

Lobo, J. & Lobo, S. (2022). *Special: Toxic Twitter und die Shitstorms.* In: Podcast
Feel the News: https://feel-the-news.podigee.io/16-special-toxic-twitter-und-
die-shitstorms (abgerufen am 13.6.22).

Lobo, Sascha (2019). *Realitätsschock. Zehn Lehren aus der Gegenwart* (2. Auflage). Köln: Kiepenheuer & Witsch.

Lobo, Sascha (2022). *Wie hat sich dein Leben verändert? – Sascha Lobo im Hotel*
Matze. Podcast: Hotel Matze. Host: Matze Hielscher. https://www.happyscri-

234 be.com/public/hotel-matze/sascha-lobo-wie-hat-sich-dein-leben-verandert (abgerufen am 28.10.22).

Lohse-Friedrich, Kerstin (2022). Was Corporate Influencer leisten können. In: *KOM. Magazin für digitale Kommunikation*, online: https://www.kom.de/erfahrungen-mit-dem-aufbau-eines-corporate-influencer-netzwerks-bei-der-robert-bosch-stiftung/ (abgerufen am 22.10.22).

Manson, Mark (2021). *Die subtile Kunst des darauf Scheissens* (11. Auflage). München: mvg.

Miller, Donald (2017). *Building A Story Brand. Clarify Your Message So Customers Will Listen*. New York: HarperCollins Leadership.

Nowak, Claus (2015). *Geometrien der Veränderung. 70 Modelle für Führung, Coaching und Change-Management*. Meezen: Christa Limmer.

Onaran, Tijen (2022). *#Netzwerken – Warum ist es wichtig und wie machen wir es richtig?* Podcast: Fast & Curious. Hosts: Lena Sophie Kramer und Verne Pausder. https://open.spotify.com/episode/2HeRh7IpDq6WNKW82SKiwi?si=eS9ZOvMIQKObURF8C3KeSw (abgerufen am 5.7.22).

Schleicher, Katja (2021). Storytelling: More Story – More Glory. In: *W&V-report, Marketeer in Transition*. München: Werben & Verkaufen.

Schnell, A. & Schnell, M. (2021). *Die Modern Work Tour. Eine Weltreise in die Zukunft unserer Arbeit*. Offenbach: Gabal.

Sincero, Jen (2013). *Du bist der Hammer. Hör endlich auf, an Deiner Großartigkeit zu zweifeln, und beginn ein fantastisches Leben* (3. Auflage). München: Ariston.

Stepper, John (2015). *Working Out Loud. For a better career and life*. New York: Ikigai Press.

Trautmann, M. & Magnussen, C. (2022). *NWX-Special 2: Wolfgang Grupp, Trigema; Jutta Rump, Universität Ludwigshafen und Nina Zimmermann, kununu*, On The Way To New Work. Podcast. Host: Michael Trautmann und Christoph Magnussen. https://newwork.podigee.io/328-nwx-special-2-wolfgang-grupp-trigema-jutta-rump-universitat-ludwigshafen-und-nina-zimmermann-kununu (abgerufen am 18.7.22).

Von Strombeck, Petra (2022). *New Work Chefin Petra von Strombeck: "Race*   **235**
zwischen Xing und LinkedIn wird irrelevanter". OMR-Podcast. Host: Philipp
Westermeyer. https://omr.com/de/daily/new-work-xing-petra-von-strom-
beck/ (abgerufen am 25.10.2022).

Watzlawick, P., Beavin, J.H. & Jackson, D.D. (1967). *Pragmatics of Human
Communication*. New York: W. W. Norton.

Weck, Andreas (2022). *Von Zingst bis ins Metaverse*. In: Podcast New Work
Chat vom 11. März.22. Host: Gabriel Rath: https://newworkchat.podigee.
io/97-andreas_weck (abgerufen am 25.7.22).

Wehrle, Martin (2020). *Der Klügere denkt nach. Von der Kunst, auf die ruhige
Art erfolgreich zu sein* (2. Auflage). München: Wilhelm Goldmann.

Wenzel, Alina (2021). *Workbook of Silent Power*: https://workbook.bookofsi-
lentpower.de/ (abgerufen am 19.9.2022).

Zack, Debora (2012). Networking für Networking-Hasser. Sie können auch
alleine essen und erfolgreich sein! Offenbach: Gabal.

Zayats, Marina (2020). *Digital Personal Branding. Über den Mut, sichtbar zu
sein. Ein Guide für Menschen und Unternehmen*. Wiesbaden: Springer Gabler.

Quellenhinweise

Kapitel 5, LinkedIn Studie:

https://www.mynewsdesk.com/de/linkedin-deutschland/pressreleases/
linkedin-erreicht-16-millionen-alle-18-sekunden-ein-neues-mitglied-in-
dach-3069225.

Kapitel 8, Posting Adam Grant

https://www.linkedin.com/posts/adammgrant_if-you-never-ask-for-
help-you-deprive-others-activity-6460307435662950400–ST1?utm_
source=share&utm_medium=member_desktop (abgerufen am 19.9.2022).

Kapitel 11, YouGov-Studie zum Thema Netzwerken (2019)

https://www.mynewsdesk.com/de/linkedin-deutschland/pressreleases/
netzwerken-im-beruf-wie-fahrradfahren-mit-ruckenwind-2952883
(abgerufen am 21.6.22).

Kapitel 13, Nutzerzahlen Facebook Deutschland:

https://de.statista.com/statistik/daten/studie/550596/umfrage/anzahl-
der-monatlich-aktiven-facebook-nutzer-in-deutschland/ (abgerufen am
16.6.2022).

Nutzerzahlen Facebook Österreich:

https://de.statista.com/statistik/daten/studie/296115/umfrage/facebook-
nutzer-in-oesterreich/ (abgerufen am 28.10.2022).

Nutzerzahlen Facebook Schweiz:

https://de.statista.com/statistik/daten/studie/70221/umfrage/anzahl-der-
nutzer-von-facebook-in-der-schweiz/ (abgerufen 16.6.2022).

Nutzerzahlen LinkedIn:

https://www.mynewsdesk.com/de/linkedin-deutschland/pressreleases/
linkedin-erreicht-18-millionen-mitglieder-in-dach-3179195 (abgerufen am
21.6.22).

[https://de.statista.com/statistik/daten/studie/628657/umfrage/linkedin-mitglieder-in-der-dach-region/] (abgerufen am 12.6.22).

Nutzerzahlen Xing:

https://de.statista.com/statistik/daten/studie/481399/umfrage/anzahl-der-xing-nutzer-in-der-dach-region (abgerufen am 28.10.22).

Erwerbstätige in Deutschland:

https://de.statista.com/statistik/daten/studie/1376/umfrage/anzahl-der-erwerbstaetigen-mit-wohnort-in-deutschland/ (abgerufen am 13.6.22).

Danke

Hendrik. Für alles. Für den weiten Raum. Das offene Ohr. Die Geduld. Die Großzügigkeit. Die Unterstützung. Und dafür, dass Widmungen zu Running Gags werden.

Maribel. Für die ruhige Hand. Los, lass es uns noch einmal über Airdrop probieren.

Rosi und *Wilfried* (†). Für Euer Mitfiebern unterm Walnussbaum und weit darüber hinaus.

Die *Digital You Community*. Für den regen Austausch, die wertvollen Impulse, die immer neuen Fragen, die uns alle weiterbringen.

René. Für den entscheidenden Impuls.

Juliane Seyhan. Für unseren gemeinsamen Weg. Für die vielen Motivationen und den immer inspirierenden Austausch. Dafür, dass Du das Buch aus der Perspektive der Autorin denkst.

Anke Humphrey. Für den immer wertschätzenden Austausch und die sicherlich herausfordernde Aufgabe, mich im Zaum zu halten. Und die Anteilnahme an meinen privaten Momenten.

Constantin und *Vera*. Für „den smarten Weg".

Vera Müller. Für das Cover und Deine Sorgfalt.

Andreas. Für das stete Interesse.

Kerstin. Für zehn Jahre kollegialen und freundschaftlichen Austausch. Für den Sparring, Zeile für Zeile. Für den Nacken.

Nicole Zätzsch. Für die Stärken. Fürs geduldige Gegenlesen. Für Deinen Humor und die Wertschätzung. Für den Plausch hinten bei uns im Westend-Flur.

Insa. Für die 528 HZ Frequency Positive Energy.

240   *Swantje Allmers.* Für den wertvollen Austausch zum Thema.

Der anonyme CEO. Ihre Skepsis war mein Turbo.

Michael Müller-Wünsch. Für die offene Reflexion.

Juliane Kupfer. Für die grandiose Unterstützung bei Digital You.

Melanie Arens. Für den inspirierenden Austausch zu Markenbotschafter-Programmen.

Magdalena Höbarth. Für Deine Begeisterung und das engagierte Eintauchen ins Thema.

Susanne Rohr. Für die stete Wegbegleitung und die Sehnsucht nach dem Deininger Weiher.

Kara Pientka. Für das Aufdröseln und Entzaubern des Mutes. Für die fröhliche Improvisation. Für „simple, but not easy".

Ines Imdahl. Für die ausführliche Reflexion aus Sicht der Expertin.

Daniel Jungblut. Für die exzellente Studie, den Tiefgang und soziologischen Überblick.

Kerstin Lohse-Friedrich. Für das transparente Resümee des Markenbotschafter-Programms.

Alina Wenzel. Für die wertvollen Einsichten in ein mir unbekanntes Feld.

Matthias Messmer. Für den roten Faden und das „Wozu".

Britta Behrens. Für Deine LinkedIn Expertise und unseren Austausch.

Richie Pettauer. Für die großartige Empfehlung auf meinem Profil. Und die vielen Insights, samt Dog Content.

Ragnar Heil. Für den frühen Einblick in die WOL-Welt und dadurch viele Erkenntnissen zu digitaler Identität und zum vernetzten Lernen.

Die GOL-Ladies für einen lupenreinen Mastermind und fröhliche Runden in Präsenz.

Tarané Yuson. Für Geschichten aus 1.000 und einer stürmischen Nacht. Für Good Vibes und viel Weisheit rund um die Alster und andere Gewässer.

Die Autorin

Kathrin Koehler ist Digital Coach, Autorin und Speakerin für das digitale Netzwerken in der B2B-Kommunikation. Sie ist Geschäftsführerin der Digital You Coaching und Training GmbH und unterstützt mit ihren Programmen mittelständische Unternehmen, Konzerne, Führungskräfte sowie Selbständige aus diversen Branchen.

Strategie, Kontaktfreude und Zukunftsorientierung sind Kathrin Koehlers Stärken, ergänzt von den Kernwerten Fröhlichkeit und Wissbegier. Als Kommunikationsexpertin ist sie überzeugt davon, dass wir als Berufstätige und Führungskräfte eine digitale Sichtbarkeit ohne Selbstbeweihräucherung aufbauen können.

Ihr Fokus liegt auf Corporate Influencer- bzw. Markenbotschafter-Programmen sowie der persönlichen Positionierung. Sie wird geschätzt für ihre unterhaltsam-informativen Online-Sessions, häufig flankiert von Social Media-Strategien. LinkedIn hat in Deutschland nur sechs „Rock Your Profile"-Trainer:innen zertifiziert: Kathrin Koehler zählt sich stolz dazu.

Ihre Herkunft ist die Printbranche: Nach einem Tageszeitungs-Volontariat und der Redaktions- und Reporterinnen-Tätigkeit beim Badischen Tagblatt in Baden-Baden schloss sie das Studium der Medienwissenschaften in Hannover mit einer Diplomarbeit zur Zeitschriftennutzung im Urlaub ab. Nach einer turbulenten Zeit bei der EXPO 2000 in Hannover, u.a. als Gast des Tourismusausschusses im Bundestag, wechselte sie in die Printvermarktung bei Gruner + Jahr in Hamburg. Beim Stern verantwortete sie als erste Frau die Anzeigenumsätze aus der Automobilindustrie und entwickelte die Vermarktungsstrategie des Zeitgeist-Titels Neon. Als Führungskraft bei Burda in Berlin moderierte sie mit der Clio-Rolle Networking-Events mit insgesamt mehr als 1.000 Teilnehmenden. Aus der Rolle der Head of Strategic Marketing wechselte sie als Head of Digital ins Digitalfach und schuf schließlich in einem Changeprojekt des Münchner Stammhauses ihre eigene Position ab.

Damals hatte die Social Media Welt sie längst erfasst: Seit 2012 arbeitet sie in Berlin als zertifizierte Trainerin und freiberufliche Beraterin.

Zu ihren Kunden zählen u.a. LinkedIn, Otto Group, Vattenfall, Fraunhofer Institut, Hasso Plattner Institut, TÜV Rheinland, Robert Bosch Stiftung sowie Verlage, Verbände, Stiftungen, Netzwerke, Agenturen, Hochschulen sowie Unternehmer:innen, erfolgreiche Selbständige und Führungskräfte.

Mit dem Format Digital You Show & Tell bietet Kathrin Koehler ein Live-Angebot bei LinkedIn, Twitter und Youtube zum vernetzten Lernen in ihrer Community an. Als Digital You Podcast ist dieses Format bei Apple Podcasts und Spotify abrufbar.

Kathrin Koehler lebt mit Mann und Tochter in Berlin Charlottenburg. Sie gärtnert in Brandenburg und isst am liebsten fangfrische Makrele am Strand auf Sylt.

Kathrin Koehler bei LinkedIn:

https://www.linkedin.com/in/kathrin-koehler/

Webseiten:
www.digital-you.de.
www.kathrinkoehler.com